高等院校学前教育专业教材

儿童发展概论

Ertong Fazhan Gailun

（第2版）

主　编　秦金亮

副主编　夏　琼　卢英俊

中国教育出版传媒集团

高等教育出版社·北京

内容提要

本书系学前教育专业基础课教材。全书包括绪论和九章内容，具体包括：儿童发展的生理基础、注意与感知觉发展、记忆发展、想象与思维发展、语言发展、情绪发展、社会性发展、个性发展、道德发展等。全书在吸收国内外儿童发展最新研究成果的基础上，力图以生理、认知、社会、文化四个维度来构建儿童发展的学科知识体系，并在体系的统整性、教材的弹塑性、知识的创生性、文字的可读性、内容的可理解性等方面有所突破。第 2 版教材增加了丰富的数字化资源，以进一步拓展学习者的视野。

本书既可作为高等院校学前教育专业本、专科教材，也可作为幼儿园教师继续教育教材使用。

图书在版编目（ＣＩＰ）数据

儿童发展概论 / 秦金亮主编. -- 2版. -- 北京：高等教育出版社，2023.12
ISBN 978-7-04-059090-6

Ⅰ. ①儿… Ⅱ. ①秦… Ⅲ. ①儿童心理学－概论 Ⅳ. ①B844.1

中国版本图书馆CIP数据核字(2022)第131179号

| 策划编辑 | 刘晓静 | 责任编辑 | 刘晓静 | 封面设计 | 于　博　杨伟露 | 版式设计 | 于　婕 |
| 责任绘图 | 杨伟露 | 责任校对 | 王　雨 | 责任印制 | 刁　毅 | | |

出版发行	高等教育出版社	网　　址	http://www.hep.edu.cn
社　　址	北京市西城区德外大街 4 号		http://www.hep.com.cn
邮政编码	100120	网上订购	http://www.hepmall.com.cn
印　　刷	三河市华润印刷有限公司		http://www.hepmall.com
开　　本	787mm×1092mm　1/16		http://www.hepmall.cn
印　　张	16.75	版　　次	2008 年 1 月第 1 版
字　　数	310 千字		2023 年 12 月第 2 版
购书热线	010-58581118	印　　次	2023 年 12 月第 1 次印刷
咨询电话	400-810-0598	定　　价	39.00 元

前　言

　　《儿童发展概论》自 2007 年出版以来得到同行们的支持和信任，在一定程度上推动了广大学前教育工作者"完整儿童观"的形成。"儿童发展"作为专业术语已有百年的历史，但作为知识体系的学科形态只有 20 多年的历史，儿童发展过去一直是儿童心理学的领地，在学前教育专业课程体系中，国内惯行的称谓有"学前心理学""儿童发展心理学""学前儿童心理学"等，"儿童发展概论"突破了儿童发展研究的"心理学中心论"的知识体系与学科壁垒思维定式，将认识、理解儿童从传统心理行为层面，进一步拓展为分子－细胞－器官－组织系统－心理行为－社会－文化的多层次交互的复杂、完整儿童。第 2 版教材以党的二十大精神为引领，认真贯彻落实《教师教育课程标准（试行）》中"儿童发展"课程模块的内容和要求，具有鲜明的特色。

一、教材特色

1. 深度理解完整儿童

　　完整儿童超越传统的以显性心理－行为作为研究儿童的基本单元。第 2 版教材在第 1 版教材从生理、认知、社会、文化四个层级系统构建儿童发展知识体系的基础上，注重以当代生命科学在分子、基因、细胞水平认识早期儿童生命（从受精卵）的系统演化，在时－空上精细化多学科对儿童发展的研究与理解。从横向看，认识儿童是从分子水平到社会－文化的多层级复杂过程，研究儿童需要多学科方法整合，形成从分子－细胞－器官－组织系统－心理行为－社会－文化相互贯通交融的立体方法框架。从纵向看，儿童生存是全生命历程的生存过程，一方面早期儿童经历会影响人的一生，另一方面不同发展时期的人会不断回望童年经历、先前历程，并意识、潜意识地建构着童年、过去，形成早期儿童发展与儿童早期发展的交织。过往童年是人后续发展的生存基础，不同阶段的生存向度又不断建构着过往的童年体验，即陈鹤琴说的"儿童时期不仅作为成人之预备，亦具他本身的价值"。

2. 真诚面向鲜活的儿童

心理学自成为独立学科以来，科学主义的实验室研究占据主导范式，分析式、剥离生活的研究成为儿童心理学的主流。这些研究在推进客观行为、精细行为、心理形式研究，推进研究工具科学化，发展去情境一般规律等关于行为的儿童、认知的儿童、科学的儿童方面做出了贡献，但在意向儿童、信念儿童、互动儿童、生态儿童、真实儿童、深度儿童、鲜活儿童方面存在短板。"面向鲜活儿童"已成为当代儿童发展科学的核心使命和方法论基本追求。

本次修订尽力传递、细化最新的研究观念，在研究内容方面尽力吸收有深度的研究；在研究方法层面有意识地吸纳发生学思想、系统发展思想、动态系统思想下的纵向研究、系统纵向研究的成果，让学生感受发展科学方法论的独特与魅力。在方法、技术层面显示面向鲜活儿童的可能与儿童发展科学研究浸入儿童生活的活力状态。

3. 加强数字化资源建设

在第 1 版教材中我们就重视学与教的关系，预设了学生的预习－自学－选学－深学－拓学的基本学习轨迹，每章有"本章导航""小结"等便于预习、自学的宏结构框架，有"信息栏""进一步学习资源""趣味现象做做看"等助推深学、拓学、选学、乐学的选择性、拓展性学习，有"关键概念""思考与探究"等思、行结合的综合性学习、行动性学习的路径。第 2 版教材更加重视多样化、立体性数字化资源的建设，让学生在学习时根据自己的水平和兴趣进行取舍，让教师在教学时根据教学任务的要求进行选择与重构。

二、使用建议

按照《普通高等学校本科专业类教学质量国家标准》教育学类学前教育专业学位核心课程"学前儿童发展科学"的要求，《儿童发展概论》教材的使用需学生先修读"儿童人体科学"课程（含实验），使学生具备了解儿童微观发展机制的分子－基因－细胞－组织－系统相关知识背景后再学习该课程。考虑到全国各院校课程开设的差异，建议未修读"儿童人体科学"课的院校可以对本教材的第一章、各章的"儿童认知神经科学"部分作适当的取舍。但基本观念应树立"完整儿童"的理解尺度，认识、理解一个"完整、鲜活的儿童"就必须建立从分子水平到社会－文化的体现"关系发展系统"元理论精神的知识与方法体系。

我们所处的时代是一个知识创新与衰竭都呈几何级数变化的时代，任何教材的新知识都不足以反映学科的前沿性，我们在尽可能接纳国内外教材、专著、学术刊物公布的最新成果的基础上，更加重视创生资源的创生性和创生新资源的新动能机制的激发。

本次修订由浙江师范大学杭州幼儿师范学院"儿童发展"课程团队完成，由秦金亮任主编，夏琼、卢英俊任副主编。各章作者分工：绪论（秦金亮）；第1章（卢英俊）；第2章（夏琼、张颖）；第3章（朱蓓凌、付倩倩）；第4章（赵均榜、陈德枝）；第5章（曹漱芹、袁至欣）；第6章（李婷玉、贾成龙）；第7章（黎安林、孙莉）；第8章（滕春燕、王静梅）；第9章（张慧、付瑶）。全书的修订框架与数字化资源构架由主编提出，具体召开过三次修订讨论会，各章修订初稿完成后，由副主编审定专业内容，数字化资源部分由孙莉进行技术标准统一。

第1版教材得到了老一辈心理学家杨治良教授、林崇德教授、车文博教授、沈德立教授、黄希庭教授、方俊明教授、王振宇教授的关心和支持；也得到了美国伊利诺伊大学 Laura E. Berk 教授、哈佛大学 Charles A. Nelson 教授、布朗大学 Lee Jin 教授、英国伦敦大学 Mark H. Johnson 教授、多伦多大学 Kang Lee 教授相关资料的无私馈赠。本次修订，参考国内外学者的研究成果均做了注明，所用教学资源均获得作者使用授权，在此一并表示衷心的感谢。最后要感谢高等教育出版社对修订工作的重视和大力支持，特别感谢刘晓静编辑为本书所做的精细而高质量的工作。

尽管作者们为写好本书做了最大的努力，但仍存在种种疏漏不当之处，敬请广大读者提出宝贵意见，帮助我们不断提高教材编写水平。

秦金亮

2023 年 5 月于杭州

目　录

绪论

本章导航

本章将有助于你掌握：
- 儿童发展的概念、特点、研究领域
- 儿童发展与人类发展的关系
- 儿童发展阶段的划分与年龄特征

- 儿童发展研究的演变历程
- 儿童发展研究的现状
- 儿童发展研究的趋向

- 儿童发展研究设计
- 儿童发展研究的具体方法

- 儿童发展认知神经科学研究兴起的学科背景
- 儿童发展认知神经科学的形成与研究主题
- 儿童发展认知神经科学对学前教育的启示

广义的儿童的年龄范围通常为0—18岁。《儿童发展概论》主要定位于儿童的早期发展（0—6岁），主要对0—6岁儿童即学前儿童发展的多方面进行整体性概述，它涵盖传统的学前心理学。其目标是服务学前教育工作者。

第一节　儿童发展概述

从学科层面看，儿童发展已形成统一的学科。近十年来以"儿童发展"命名的教材有几十种，以儿童发展研究为己任的著名杂志有 *Child Development*、*Development Science*、*Developmental Review*、*Child Development Perspectives New Directions for Child Development* 等，并成立了国际性的学术组织——儿童发展研究协会（Society for Research in child development，SRCD）。从实践层面看，联合国儿童基金会（United Nations International Children's Emergency Fund，UNICEF）是致力于儿童发展与权益保护的联合国组织机构，经济合作与发展组织（Organization for Economic Cooperation and Development，OECD）组织撰写会员国的儿童发展报告，相当多的国家制订了《儿童发展计划》，可见儿童发展是全球性的公共事业，是国家发展的根本性事业。

关于儿童发展的研究历史较长，但在相当长的时间内，各学科都是孤立地进行研究的。近几十年来，儿童发展的研究由学科分割研究，走向了跨学科的整合。儿童发展的研究成果凝聚着来自不同领域的研究者的劳动结晶。为了解决儿童发展中出现的各种棘手问题，来自心理学、社会学、文化人类学、人体生物学等领域的专家携手合作，共同进行研究。1925年，著名心理学家武德沃斯（R. S. Woodworth）发起成立了一个国际性的学术组织——儿童发展研究协会，该协会的宗旨是从事跨学科的儿童发展研究，目前有50多个国家加入该组织。促使儿童发展跨学科整合的重要动因是专业领域的工作者——学前教育工作者、公共卫生工作者、社会服务工作者等，面对的是一个完整的儿童，发展着的儿童，而不是分割成从若干学科所看到的儿童。因此有必要有一个综合的儿童发展学科来统整原来分割的学科研究。近年来，倡导跨学科的儿童发展研究日益增多，以《儿童发展》命名的教材日益增多。

一、儿童发展的概念

发展指事物由小到大、由简单到复杂、由低级到高级的变化；在指人时，指个体身体、生理、心理、行为方面发育、成长、分化、成熟、变化的过程。广义的发展是指个体身心整体的连续变化过程，不仅是数量的变化，

☞视频：什么是

儿童发展

更重要的是质的变化，如躯体各部分比例的变化，心理方面如智慧结构的变化、情绪的变化等。广义的发展不仅指儿童生长成熟的过程，也指成人后衰退消亡的过程。

儿童发展主要是指个体从不成熟到成熟的成长阶段，它是个体生命全程发展的一个组成部分，在这一过程中，个体的身心日趋完善和复杂化。这一发展变化从生命形成到成熟大体表现出以下规律：一是身心活动从混沌未分化向分化、专门化发展；二是身心活动从不随意性、被动性向随意性、主动性发展；三是认知机能从认识客体的直接的外部现象向认识事物的内部本质发展；四是对周围事物的态度从不稳定向稳定发展；五是由一个自然人、生物人向社会人、文化人发展。发展过程不是一次性完成的，而是不断完善、螺旋式上升完成的。

二、儿童发展的特点

儿童发展既不同于成人发展，更不同于老年发展，它在个体的发展中有独特的地位，具有以下三个特点。

（一）发展的基础性

儿童发展有快有慢，发展中既有量变，又有质变；发展中既有普遍性，又有个体性。所有的这些发展都为个体一生的发展奠定基础。学前教育是为0—6岁儿童服务的，属于教育制度的第一阶段，学前教育机构是系统促进儿童生理、心理、社会、文化等方面发展的第一场所，儿童的基础性发展已成为儿童的基本权利。

（二）发展的递进性

儿童处于一种快速的、递进性的发展状态。我们在划分儿童发展的阶段时，一岁以内的儿童是以周为单位的，1—3岁儿童是以月为单位的，而成人几年之内整体没有什么变化。这从一个侧面反映了儿童发展是快速递进性的，因而有发展的"关键期"。

（三）发展的易感性

儿童发展一方面容易朝着积极的方向快速发展，另一方面也容易朝着消极的方向发展。对教育和环境来说，一方面有利的、积极的教育和环境会促使儿童快速地发展，另一方面，不利的、消极的教育和环境极易使儿童受到伤害，使儿童产生发展性障碍甚至产生病症状态。

三、儿童发展的研究领域

儿童发展科学（child development science）的研究对象包括从个体生命的诞生到个体走向成熟的整个发展历程，它是发展科学的一个重要组成部分或重要分支领域。儿童发展可分为以下四个研究领域：

第一，生理发展。该领域研究躯身尺寸、比例的变化，身体各种系统功能的变化，大脑与神经系统的变化与发展，身体运动与行为的变化，以及生理健康。

第二，认知发展。该领域研究认知过程与智力的变化，包括注意、感知觉、记忆、思维、想象、言语、创造力、问题解决等认知能力的变化。

第三，个性与社会性发展。该领域研究情感，情绪的发展，人际认知的发展，自我意识的发展，自我控制与调节的发展，同伴友谊的发展，社会行为的发展，道德发展，等等。

第四，文化性发展。该领域研究文化感知、文化记忆、文化认同、文化思维、文化自觉能力的发展，文化沟通、文化融合能力的发展，文化熏染、文化调适、文化适应能力的发展，等等。

自 20 世纪 80 年代以来，有关儿童个性发展、社会性发展、文化性发展的研究已超过了生理发展、认知发展研究。1999 年，由 17 位著名科学家组成的综合科学委员会撰写了题为《从神经细胞到社会成员——学前儿童发展科学》这一极具影响力的研究报告，从细胞到社会、文化的不同层面对儿童发展进行全方位的剖析阐释，这不仅丰富了儿童发展研究，而且极大地促进儿童发展研究的跨学科性。

四、儿童发展与人类发展

人类发展包括种系发展和个体发展。动物种系发展和人类种系发展构成种系发展的全部历史。个体发展是指人从出生到死亡的发展；儿童发展是个体发展的重要组成部分，是人类发展的一个分支学科。人类种系的发展是动物种系发展的延续，个体发展是种系发展的浓缩复演，正如恩格斯所说："正如母体内的人的胚胎发展史，仅仅是我们的动物祖先以蠕虫为开端的几百万年的躯体发展史的一个缩影一样，孩童的精神发展则是我们的动物祖先、至少是比较晚些时候的动物祖先的智力发展的一个缩影，只不过更加压缩了。"[①] 下面简要介绍动物种系进化与人类发展的基本历程。

（一）动物种系的发展与人类发展

动物种系进化的历程可分为以下四个阶段：

1. 单细胞动物阶段

科学家推测，地球大约在 46 亿年前形成，在地球形成后相当长的时间内没有生命现象。大约过了十几亿年，地球上开始出现生命现象。生命出现

---

① 马克思, 恩格斯. 马克思恩格斯选集: 第四卷 [M]. 北京: 人民出版社, 1995: 383.

后，不断发展和分化，大约在 17 亿年前，动物和植物开始分化，在约 5.8 亿年前出现了动物。

单细胞动物的神经系统是一种散漫的、无意向的、无中枢的网状神经系统，能产生刺激感应性反应，即能在一定范围内按照环境中的变化要素及自身的生存需要来调整自己的动作。单细胞——动物所具有的感觉细胞，具有传导功能，这种传导体现了最简单的心理现象，即感觉的萌芽。变形虫是一种低等的水生动物，是典型的单细胞动物。一个变形虫就是一个细胞，是一团形态不固定的原生质。变形虫没有专门的神经系统、感受器官和效应器官，而是由一个细胞执行着各种机能。但在变形虫身上能看到其结构的初步分化，即有内浆和外浆之分。

2. 多细胞动物阶段

由单细胞动物发展到多细胞动物，是动物进化史的一个里程碑。从多细胞动物开始，动物身体的各个部分为适应生活环境的变化而逐渐分化，出现了许多专门接受外界刺激的特殊细胞，这些细胞的集成，形成了专门的器官如感觉器官、运动器官等。多细胞动物的神经细胞（神经元）之间的联结叫突触。突触式的联系使神经系统出现了新的功能，即能够建立巩固的暂时神经联系，对信号刺激物形成稳固的条件反射。这是心理现象产生的标志。从这个意义上讲，动物步入了儿童发展的最初阶段，即感觉阶段。

3. 低等脊椎动物阶段

单细胞原生动物和多细胞的环节动物，都属于无脊椎动物。从多细胞的环节动物开始才出现了心理的最初反应形式——感觉。无脊椎动物的发展水平属于感觉阶段。

低等脊椎动物主要包括鱼类和两栖类动物的早期阶段。动物从无脊椎动物进化到脊椎动物后，其神经系统发生了很大变化，具体标志是出现了脊椎和脑泡。脑泡最初有前脑脑泡、中脑脑泡、后脑脑泡（菱脑脑泡）三个部分。这些脑泡会逐渐演化成高等脊椎动物的前脑、间脑、中脑、后脑和末脑。至此，动物可以依赖知觉的过程，对周围的事物作出整体的反应。也就是说，这一阶段动物才真正登上知觉阶段的台阶。

4. 高等脊椎动物阶段

从低等脊椎动物进化到高等脊椎动物，经历了一个漫长的演化过程。高等脊椎动物主要包括两栖动物、爬行动物、鸟类和哺乳动物。哺乳动物是由爬行动物进化而来的。它们的神经系统更加完善，大脑半球出现沟回，从而扩大了大脑皮层的表面积。这为大脑皮层担负更重要的调控机能奠定了物质基础。同时，哺乳动物脑的各部分的机能也更为分化，有利于心理和行为的发展。

哺乳动物发展到高级阶段，出现了灵长类动物，其中最具代表性的是类人猿。类人猿的神经系统达到了相当完善的程度，其大脑的外形、结构、机能等已接近现代人脑。大脑皮层机能的完善，不仅使类人猿对外界刺激的分析和综合能力增强，而且使其对事物之间关系的认识达到了新的高度。类人猿思维的水平达到思维的萌芽阶段。在这一阶段，类人猿能够利用简单、粗糙的工具解决一般性的问题，能够模仿人的动作，具有手势语言等。

（二）人类种系的发展

人类是由动物进化而来的。古生物、考古研究发现，人类的祖先是高度发展的、现已灭绝的猿类。根据目前化石资料证明，古猿类出现在至今大约3000万年前，之后，猿类逐渐分化为两支：一支演变为森林古猿（约2000万年前）；另一支演变成腊玛古猿（约1400万年前）。森林古猿一直在茂密的森林生活，逐渐演变成现代的类人猿；而腊玛古猿由于离开森林在原野上过地居生活，逐渐演变成人类的直接祖先——南方古猿（550—130万年前）。过着地居生活的南方古猿，能直立行走，但它们还不会制造工具。在300—50万年前，南方古猿发展为最早的人类——猿人。从直立行走的南方古猿到能制造工具的猿人，就是从猿到人的进化史。

人类学家认为，人类发展经历了四个时期：一是早期猿人，生活在300—100万年以前。早期猿人的发展特点是能制造粗糙的工具，靠集体的力量捕食度日。二是晚期猿人，生活在150—50万年前。晚期猿人的特点是能制造各种石器并懂得利用天然火。三是早期智人，生活在20—4万年前。早期智人的特点是对石器的改进更大，利用更广，还学会了人工取火。四是晚期智人，生活在5—1万年前。晚期智人的特点是会猎取野兽，会采集植物果实，但还不会用金属制造工具，不会烧制陶器，不会驯养家畜，不会耕种植物。

在人类发展的历史长河中，以下几个标志对人类发展有特别重要的意义：第一，直立行走和手的发展。这是从猿到人转变过程中具有决定意义的发展标志。直立行走使双手从行走机能中解放出来，为劳动准备了条件，也使其身体姿势发生了重大的变化，头部可以抬起，视野得以扩大，来自视觉器官的刺激增多，摄入脑的形象刺激增多，这些都促进了大脑机能的发展。双手的发展使其成为劳动的器官，在抓握和操纵物体时，双手由于与物体的接触而接受了各种各样的刺激，从而促进了感知觉的发展。第二，使用和制造工具。使用和制造工具标志着劳动的开始。恩格斯指出，"劳动是从制造工具开始的"[①]，"手不仅是劳动的器官，它还是劳动的产物"[②]。劳动总是要适应新

---

① 马克思，恩格斯. 马克思恩格斯选集：第四卷 [M]. 北京：人民出版社，1995：379.
② 马克思，恩格斯. 马克思恩格斯选集：第四卷 [M]. 北京：人民出版社，1995：375.

的动作，由于劳动所引起的肌肉、韧带以及骨骼的特殊发育遗传下来，并不断以新的方式应用于新的越来越复杂的动作，人手才高度完善，劳动是完成从猿到人的转变过程中的决定性因素。人类通过劳动工具作用于劳动对象，并在劳动中积累经验，认识劳动工具的种种客观属性、劳动工具与劳动对象的关系即工具与客观世界的关系。这一切使得人类慢慢产生了各种各样的观念。第三，在劳动实践中产生语言。语言同劳动关系十分密切。恩格斯曾说过："首先是劳动，然后是语言和劳动一起，成了两个最主要的推动力，在它们的影响下，猿脑就逐渐地过渡到人脑。"[①] 语言在人类的进化过程中起着举足轻重的作用，语言的发展不仅改变了人们社会交往的方式，而且通过语言推动了人类抽象思维能力的发展，使人类的心理发展水平实现了质的飞跃。语言的文化传承功能为人类的认知发展、文化发展奠定了坚实的基础，是推动人类高级机能发展的重要动力。

从上述人类发展的特点可以看出：动物种系的发展更多地受物质条件的影响和生物规律的支配；而人类种系的发展是在遵循生物规律的基础上，深受社会因素、文化因素的影响，并遵循人类的历史文化规律的。人类群体的独特社会性、文化性决定了人类生活是物质生活和精神生活的统一。社会文化的发展也制约着人类的发展。

五、儿童发展阶段的划分

如何根据儿童发展本身的规律科学地划分发展阶段，是一个复杂而艰巨的科学难题，它是儿童发展研究的一个重要内容。

（一）发展阶段划分标准

依据一定标准划分个体发展阶段的典型理论，可归为如下几类。

1. 单纯以生物的变化或种系的演化规律划分

柏曼（L. Berman）以内分泌腺的发育优势作为发展阶段的划分标准，将个体发展阶段划分为胸腺时期（幼年）、松果腺时期（童年）、性腺时期（青年）。

弗洛伊德（S. Freud）以性本能的发展作为发展阶段划分标准，将个体发展阶段划分为口唇期（0—1 岁）、肛门期（1—3 岁）、前生殖器期（3—6 岁）、潜伏期（6—11 岁）、青春期（11—20 岁）。

施泰伦（W. Sten）根据复演论的思想，把人类个体的发展等同于种系的发展，将个体发展划分为三个阶段：（1）幼儿期（6 岁以前），对应从哺乳期动物到原始人类阶段；（2）意识的学习期（从入学到 13 岁），对应人类古老

---

① 马克思，恩格斯. 马克思恩格斯选集：第四卷 [M]. 北京：人民出版社，1995：377.

文化阶段；（3）青年成熟期（从 14 岁到 18 岁），对应近代文化阶段。

以上这些个体发展阶段都是单纯以生物的变化或种系的演化规律来划分的，有生物主义倾向，所以不可能科学地反映儿童发展的阶段性，只能作为参考依据。

2. 以心理特质的变化为依据划分

皮亚杰（J. Piaget）以智慧或认知结构的变化为依据划分个体发展阶段：感知－运动阶段（0—1.5、2 岁）、前运算阶段（1.5、2—6、7 岁）、具体运算阶段（6、7—11、12 岁）、形式运算阶段（11、12—14、15 岁）。

埃里克森（E. H. Erikson）将生物、文化和社会这三种因素相结合来划分个体发展阶段：基本的信任感对基本的不信任感（0—1.5 岁）、基本的自主感对基本的羞耻感和怀疑（1.5—3 岁）、基本的主动感对基本的内疚感（3—5、6 岁）、基本的勤奋感对基本的自卑感（6—11、12 岁）、基本的同一性感对基本的同一性感混乱（11、12—17 岁）、基本的亲密感对基本的孤独感（成年早期）、基本的繁殖感对基本的停滞感（成年中期）、基本的自我整合感对基本的绝望感（成年晚期）。

苏联心理学家达维多夫（V. V. Davgdov）以儿童活动形式的转变作为个体发展阶段划分的标准：直接情绪性交往活动（0—1 岁）、摆弄实物活动（1—3 岁）、游戏活动（3—7 岁）、基本的学习活动（7—11 岁）、社会有益活动（11—15 岁）、专业的学习活动（15—17 岁）。

个体发展阶段的划分，从不同的视角、不同的标准可产生多样的划分类型。我国学者根据以上各种划分标准和我国儿童自身活动的特点，形成了较为一致的个体发展阶段划分标准：新生儿期（出生到一个月）、乳儿期（1 岁以内）、婴儿期（1—3 岁）、幼儿期（3—6 岁）、学龄儿童期（7—11、12 岁）、少年期（11、12—14、15 岁）、青年期（14、15—17、18 岁）、成年期（18 岁以后）。如果对应我国的学制，则个体的发展阶段可相应分为：先学前期，即婴儿期（3 岁以前，家庭和托儿所）、学前期，即幼儿期（3—6 岁，幼儿园）、学龄初期，即学龄儿童期（7—11、12 岁，小学）、学龄中期，即少年期（11、12—14、15 岁，初中）、学龄晚期即青年期（14、15 岁—17、18 岁，高中）。

☞信息栏：舒特戴森关于儿童音乐能力发展的年龄特征

尽管个体发展阶段划分的视角各不相同，但划分的基本准则却是有共识的，儿童发展学界普遍认为划分个体发展阶段的基本准则是：在一定社会教育条件下，个体发展在各个不同时期，表现在身体、生理、认知、情感、个性、文化性、社会性等方面发展水平上的特殊矛盾或本质特点的总和。

（二）儿童发展的年龄特征

儿童发展既有连续性又有阶段性，所以整个发展过程就表现为若干连续的阶段。那么这些过程究竟如何变换呢？一个阶段向另一阶段的质的变化又是发生在什么时候？这些问题都与年龄有着密切的联系，因此在儿童发展研究中通常把它们界定为儿童发展的"年龄特征"问题。儿童发展的年龄特征与发展阶段的划分标准是一个问题的两个方面，它们互为依存。为此苏联儿童心理学家强调，儿童发展的年龄特征是客观存在的，我们可将其归纳为以下三个方面：

第一，儿童发展的年龄特征是指在儿童发展的各个年龄段中形成的一般的、典型的、本质的特征，它与儿童生理发展的年龄段有关，但不是完全由年龄决定的。年龄特征是在一定社会、教育条件下生理、心理、社会整合机制的结果，儿童发展既有连续性，又有阶段性，每一个阶段既留有上一阶段的特征，又含有下一阶段的新的特质。

第二，在一定条件下，年龄特征既相对稳定，同时又可以随社会生活和教育条件而改变；既不存在一个古今中外统一的、一成不变的、永久性的年龄特征，也不存在一个绝对不变的年龄特征，也就是说年龄特征既有稳定性，又有可变性。年龄特征的稳定性主要有三个原因：一是社会教育条件虽然不断发展变化，但在一定时间内有其相对稳定性；二是儿童掌握知识经验有一定的顺序性，在一般条件下，大多数儿童的发展次序和所需时间是相同的；三是生物发展有相对稳定的程序，生物成熟对儿童发展的影响有一种共同的规律。年龄特征的可变性主要表现两个方面：一是社会教育条件的变化可以引起儿童年龄特征的变化，但这种变化不是立刻就能反映出来的，要经过一定的时间；二是个体存在差异，在共性中还有个性，即在特定条件下不同个体在年龄特征上可能有所差异，如不同个体发展的速度可能会加速或延缓，有时会表现出某些特殊的发展特征。

第三，儿童发展由于存在个体差异，其在年龄特征上也存在不平衡性。儿童的年龄特征是从许多儿童的发展事实中概括出来的，它仅代表了这一年龄段大多数儿童发展的典型特征和一般趋势，而不能代表每个儿童的年龄发展特征。所以在年龄特征问题上要正确处理一般与个别、典型性与多样性的关系。

（三）儿童发展各阶段的主要特点

1. 婴儿期的特点

婴儿期一般指从出生到 3 岁，也有的人将出生一个月内的婴儿称为新生儿，将从出生到 1 岁的婴儿称为乳儿，将 1—3 岁称为婴儿期。婴儿期是儿童生理发育与心理发展最迅速的时期，这一时期儿童的神经系统与大脑发育迅速，新生儿的脑重只占成人脑重的 25%，3 岁时婴儿的脑重已达到成人的 75%。从大脑皮层看，婴儿的大脑皮层细胞迅速扩展，突触日趋复杂化，白质与灰质明显分开，并开始实现髓鞘化。从大脑功能看，3岁婴儿已具有大脑功能单侧化倾向，右利手婴儿的左半球逐渐显示出语言优势。这一时期婴儿的行走动作、手的动作得到了发展，其动作发展的顺序是从头部到尾端、从躯干到四肢；在感知觉方面婴儿的视敏度、听敏度、颜色视觉、听觉、立体知觉等已初步形成，婴儿具有符号记忆能力、信息编码能力、动作思维能力以及简单的问题解决能力。这一时期婴儿的学习分三个层次：习惯化、工具性条件反射、语言的掌握。言语发展是婴儿发展的重要内容，儿童发展学家普遍认为：语言的获得标志着婴儿期的结束。婴儿的情绪不断分化，他们出现了社会性微笑等社会性情感，出现了依恋性社会行为，在游戏中学会与同伴简单交往。

2. 幼儿期的特点

幼儿期（3—6岁）是儿童身心飞速发展的时期，对应我国学制的幼儿园阶段。由于幼儿身心发展快速和生活范围扩大，他们对周围世界充满了好奇和探索的欲望，产生了参加活动的愿望，增强了独立意识。但幼儿能力有限，常常需要成人的帮助。这一时期儿童发展的主要矛盾是：渴望独立参加社会实践活动的新需要同独立活动所需的经验与能力的不平衡。从生理特征看，幼儿的脑重与体积接近成人，大脑皮层结构进一步复杂化，表现为神经纤维增多增长，额叶面积增大，神经纤维髓鞘化已基本完成，脑电波从以 β 波为主逐渐转变为以 α 波为主。大脑皮层抑制机能速度增强，睡眠时间由新生儿的每天20小时以上，减少为11~12小时。幼儿的主导活动是游戏，它是促进幼儿发展的最好形式。幼儿的认知活动带有明显的具体形象性和不随意性，但其抽象概括性和随意性也开始发展；幼儿的记忆容量、记忆广度在增加，有意识记能力明显增强，他们形成了初步的记忆策略和记忆能力。幼儿的语言能力不断发展，表现为词汇数量的增加、词汇内容的丰富和深化、词类范围的扩大、积极词汇的增加、语法规则的初步掌握以及口语表达能力的提高。幼儿的个性倾向逐步形成，人际交往中的攻击性行为、亲社会行为开始出现；他们能按成人的要求逐步掌握社会行为规范，并能初步评价自己的行为，控制和调节自己的行为。幼儿已初步形成了自我意识，能以一种全新的方式去认识世界，表达和解释自己的想法和愿望，接受成人的教育，同时希望能有效地影响他人。上述表明幼儿的社会性、文化性得到了初步发展。

3. 学龄儿童期的特点

学龄儿童期（7—11、12岁）这是儿童发展的重要转折时期。7—12岁是儿童进入小学学习的时期，也称学龄初期。儿童进入小学后，学习活动逐步取代游戏活动，成为儿童的主要活动形式，并对儿童产生重大影响。由于小学的学习具有目的性、系统性、强制性等特点，这就要求教师重视调动儿童学习的积极性。同时学习也是儿童根据社会的要求完成社会义务，产生责任感、义务感，培养其意志、情感，发展其社会交往技能的重要途径。低年级儿童还具有明显的学前儿童的特点；高年级儿童随着青春期的来临，开始具有少年期的一些特征，是少年期的雏形，因而学龄儿童期表现出明显的过渡性特征。

4. 少年期的特点

少年期是青春发育时期，从十一二岁到十四五岁，对应我国学制中的初中阶段，也称学龄中期。这一时期是儿童身体各方面迅速发育的第二个高峰期，主要表现为身高、体重、体形、大脑结构、头面部变化，身体、生理各方面机能增强，生殖系统发育成熟和第二性征出现。这一时期，儿童身体发育十分迅速并达到成熟水平，而心理的发展速度则相对缓慢，处于从幼稚向成熟的过渡时期。这种生理特征上的成人感，使儿童从心理上希望进入成人世界，扮演全新的社会角色，这样就使其身心处于一种非平衡状态。这一时期，儿童的思维由形象到抽象，发生了质的飞跃；儿童自我意识高涨，性意识觉醒，反抗心理突出，情绪表现强烈，人际交往发生显著变化。

5. 青年期的特点

青年期是从 14、15 岁到 17、18 岁，对应我国学制中的高中阶段，也称学龄晚期。经过少年期生理与心理上的剧变，青年期个体的生理与心理趋于成熟和稳定。在认知方面表现为观察能力、记忆能力、思维能力走向形式化、抽象化、符号化。在社会性方面表现为自我意识具有独立性和自省性，自尊心增强，自我评价深化，自我价值观确立，人际交往扩大，同伴群体稳定，社会性发展接近成人。青年期以后，人的生理、心理已达到成熟，社会性、文化性发展趋于稳定。

第二节 儿童发展研究的历史与现状

儿童发展研究既建立在不同时期的社会意识水平对儿童的解读之上，也建立在对儿童发展的密切关注之上。

一、儿童发展研究的演变历程

儿童发展研究大致可以划分为以下三个阶段。后两个阶段已经使用一定的研究方法探究儿童发展规律。

（一）早期社会儿童观的形成

关于儿童发展早期的研究起源于人们对童年的认识。在原始社会时期，生产力水平极端低下，人们急切地希望儿童快速加入成人的行列，能够进行采集、狩猎等劳动。在相当长的历史时期，"儿童"与"成人"的概念还未分化，"儿童"概念在历史的长河中还未浮现。然而，古代的先哲们都很关注儿童问题。

在我国，先秦思想家孔子、孟子、老子、荀子从"性与习"或"性与伪"方面探讨儿童发展的先天性与后天性问题，但他们大多将儿童看作成年人成长的一部分，是未长大的成人。老子是最早发现儿童智慧的学者之一，他认为大智慧者若处于婴孩的精神状态，是绝圣之举。

在西方，古罗马教育家认为应"给孩子最大的尊严"。昆体良（M. Quintilian）强调童年的重要性，认为我们都生性自然地清楚地记着童年时期所吸收的东西。古希腊思想的集大成者亚里士多德（Aristotle）将人的发展分为三个时期：一是身体成长时期，二是爱好至上时期，三是理智至上时期。亚里士多德认为5岁以前儿童要通过娱乐、游戏来学习，5—7岁要通过口语、实力来学习。因此教育史家劳伦斯·克雷明（L. A. Cremin）认为亚里士多德是"第一个多少理解小孩子需要的人"[①]。中世纪的儿童观是以"儿童生而有罪"为核心的，教会认为儿童生来就具有原罪，只有通过畏神教育才能消除原罪。文艺复兴运动高举人文主义精神的大旗，充分肯定人的地位、人的力量、人的智慧、人的价值、人的尊严。这种新的人性观对儿童观产生了全新的影响。人本主义教育思想的杰出代表夸美纽斯（J. A. Comenius）认为儿童从出生起就自然地播有知识、道德和虔诚的种子，教育可以使这些种子发展、成长起来，这就是他著名的"种子论"。洛克（J. Lockt）认为儿童来到人世间时其精神方面犹如一块"白板"，想做成什么就做成什么，这就是著名的"白板说"，它与"原罪说"形成鲜明的对立。启蒙主义教育家卢梭（J. Rousseau）更是认为人生来没有邪恶，只有冲动；而本性的最初冲动始终是正确的；他认为儿童从出生就是真正意义的人，儿童具有独立存在的价值。

（二）儿童发展科学的前期形态

法国启蒙主义教育运动之后，教育领域出现教育心理学化运动，教育心理学化运动主张教育应以心理学规律为依据，儿童教育应以对儿童心理的认识为前提，其代表人物是裴斯泰洛齐（Pestalozzi）、赫尔巴特（Herbart）、福禄培尔（Froebel）。教育心理学化运动思潮，使儿童教育建立在科学心理的基础上形成共识，这些教育先驱在教育实践中运用并发展了心理学，特别是在实践中开始重视科学的研究方法，为学前儿童心理学的诞生奠定了基础。

儿童发展科学产生于19世纪后半期，其先驱性工作如下。瑞士教育家

---

① 劳伦斯. 现代教育的起源和发展 [M]. 纪晓林，译. 北京：北京语言学院出版社，1992：11.

裴斯泰洛齐用日记法对他不足 3 岁的孩子进行观察，于 1774 年出版了《一个父亲的观察日记》。这本书现在看来科学价值有限，但应算是儿童发展研究的先声。德国医生提德曼（Tiedeman）用日记法对自己孩子的发展进行了详细的观察记录，于 1787 年出版了《儿童心理发展的观察》一书。我国清代医学家王清任于 1830 年在《医林改错》中明确描述了婴儿身心发展的特点："小儿初生时，脑未全，囟门软，目不灵动，耳不知听，鼻不知闻，舌不言。至周岁，脑渐生，囟门渐长，耳稍知听，目稍有灵动，鼻知香臭，语言成句。"法国儿科医生罗别许（Lobisch）于 1851 年出版《儿童心理发展史》一书，偏重儿童生理发展的研究。法国席格门（Sigismund）于 1856 年出版《儿童与世界》一书，记录他的儿子出生以后的动作、语言等方面的发展。德国库斯谟（Kussmual）于 1859 年出版《新生儿心理生活的研究》一书，这本书是对较多婴儿进行观察实验以后统计整理出的结果的总结。他将糖水、盐水、奎宁水①等分别放在新生儿口中，观察他们的反应，这已经接近实验法了。德国儿童研究者根兹麦（Genzmer）于 1873 年出版《新生儿的感官知觉的研究》一书，记录并系统地分析了婴儿各种感觉发展的特点。英国生物学家达尔文（Darwin）长期观察自己孩子的心理发展，于 1876 年出版了《一个婴儿的传略》一书。德国生理学家普莱尔（W. Preyer）是儿童发展学的创始人。他对自己的孩子从出生到三岁每天进行系统观察，然后把这些观察记录整理成一部著作《儿童心理》。该书于 1882 年出版，被公认为是一部科学的、系统的儿童发展学著作。儿童发展科学正式成为一门科学的标志就是 1882 年普莱尔《儿童心理》的出版。

把普莱尔视为科学儿童发展科学之父，主要是由以下四个方面共同决定：（1）从时间上看，《儿童心理》是第一部研究儿童发展的著作。（2）从《儿童心理》出版的目的和内容上看，普莱尔之前的学者都不完全以儿童发展作为研究的主要课题，而是像达尔文那样，研究儿童发展只是为进化论提供依据。而普莱尔的《儿童心理》的目的在于研究儿童自身的心理特点，对儿童的身体发育和发展进行专门的论述。（3）从研究方法和手段上看，普莱尔对自己的孩子从出生直至三岁这段时间不仅每天都进行系统的观察和记录，而且也进行诸如内省法之类的科学心理实验。（4）从影响上看，《儿童心理》一经出版，就受到国际心理学界的高度重视，各国心理学家先后把它译成了十几种文字，向全世界推广，从此儿童发展学随之发展起来。可见，普莱尔的《儿童心理》一书对科学儿童发展科学的发展有深远的影响。

我国最早进行儿童心理研究的是陈鹤琴，最早讲授"儿童发展心理学"

---

① 奎宁水是一种汽水类的软性气泡饮料，使用以奎宁为主的香料调味，带有一种天然的植物性苦味。

课程的也是陈鹤琴。他观察并记录自己儿子的身心发展情况，如身体、运动、模仿、游戏和语言等，并于 1925 年出版了《儿童心理之研究》一书。儿童心理学家孙国华在国外对婴儿进行研究后于 1930 年出版了《初生儿的行为研究》一书。儿童心理学家黄翼在 20 世纪三四十年代对儿童的语言、绘画、性格评定等方面进行了研究。艾伟编制了儿童心理测验，萧孝嵘、陆志韦和吴天敏介绍并修订了国外的儿童心理测验。艾伟、肖恩承、萧孝嵘、黄翼等分别撰写了儿童心理学教科书，等等。这些早期的儿童发展心理学家为我国儿童发展学科的建立奠定了基础。

（三）儿童发展科学的演变特点

自普莱尔以来，儿童发展科学进一步发展，其演变有以下特点。

1. 研究日益系统规范

儿童发展科学最常用的方法是观察法和实验法，《儿童心理》就是一部系统观察的杰作。我国的第一本儿童心理学著作《儿童心理之研究》也是陈鹤琴先生系统地观察记录自己儿子身体、运动、模仿、游戏、语言等方面发展的成果。

2. 儿童发展研究的范围在扩展

学前儿童发展研究的对象主要集中在低龄儿童，发展的连续性决定了不能孤立地研究儿童。美国心理学家柯林沃斯（H. L. Hollingworth）最先提出儿童发展应站在人的毕生发展的高度来研究，1930 年，他出版了一本《发展心理学概论》。美国的另一位心理学家古德伊洛弗（J. Goodenough）也持有类似的看法，并于 1935 年出版了《儿童心理发展》一书。他认为，研究儿童发展既要重视外在行为，又要重视内在心理状态；既要重视正常人的发展变化，又要重视非正常人的发展变化。随着毕生发展思想的深入人心，1957年，美国《心理学年鉴》专题中用"发展心理学"取代了"儿童心理学"。

3. 儿童发展各领域的研究越来越精细化

早期的儿童发展研究是以对儿童整体的系统观察为特征的。皮亚杰开创了对认知发展进行系统研究的先河，20 世纪 70 年代以后，情绪、个性、社会性研究得到了长足发展。同时对儿童发展各阶段的研究也越来越精细化，如 20 世纪 70 年代以后人们对婴儿的感知觉、注意、记忆、情绪、早期依恋进行了系统的研究，并发展了偏好法、习惯化法、伴随性操作行为强化法、自然反应法、脑成像技术法等一系列研究方法，创办了专门研究婴儿的杂志《婴儿行为与发展》。

4. 儿童发展理论由学派纷争走向繁荣

20 世纪前半叶是儿童发展理论研究学派纷争的时期，机能主义、行为主义、精神分析、格式塔心理学、发生认识论、人本主义、认知主义是其主要的理论源泉，儿童发展理论形成了百舸争流的繁荣局面。

5. 儿童发展研究方法多元化，研究方法论指向整合

儿童发展学科的初创期主要是一些心理学家、生理学家的研究。随着 20 世纪后半叶学科高度分化与高度综合趋势的到来，儿童发展学科越来越走向整合，学科之间的相互交叉、相互渗透日益明显；不同研究方法也走向相互借鉴、相互融合，对各自的优点和局限进行了系统的总结，如认知发展领域对儿童电视注意特点的研究就系统地运用了眼动记录法、自我报告法、视觉定向法、脑电波记录法、再认测验法等手段。

二、儿童发展研究的现状

随着社会的进步，人们对儿童发展的关注日益增强。当代儿童发展研究呈现了空前繁荣的局面：基础教育的普及和对基础教育的重视使人们对低幼儿童的发展研究倾注更多的人力、财力；公共卫生、社会福利事业的发展，使家庭、社区、医疗、公共福祉部门更多地关注儿童发展中的病理问题、社会问题、文化问题，特别关注特殊群体、弱势群体儿童的发展问题；科学技术的进步为儿童发展研究提供了可靠的保障，模拟现实技术、脑电技术、分子生物学技术是推动儿童发展研究精细化的主要技术支持。

☞信息栏：儿童发展研究的主要专业期刊与手册

当代儿童发展研究已形成以下热点研究领域。

（一）婴儿发展研究

近年来婴儿发展研究取得令人瞩目的成果，这主要得益于研究方法的进步，如运用自然反应法、偏好法，以婴儿的吸吮、转头、眨眼、注视等非言语行为为指标，推断婴儿的知觉、记忆等，将生理、行为指标有机结合起来。大量的研究表明，新生儿、婴儿在听知觉，视知觉，对事件、客体、空间位置、数的知觉，以及通道的知觉能力等方面远超出皮亚杰理论所及范围。

（二）社会性发展研究

早期的关于儿童社会性发展的研究主要集中在儿童道德判断、儿童对社会游戏规则的认识方面。自 20 世纪 80 年代以来，儿童社会性的研究已成为儿童发展的最主要研究领域之一，如婴儿面孔识别与面孔认知，婴儿基本情绪能力，社会信息加工能力，观点采择能力，对他人行为的认知判断，以及对有关性别角色、友谊、权威、公正等概念的形成与发展研究，儿童依恋及其行为模型的研究，儿童气质的研究，儿童自我概念、自尊、自我控制的研究，等等。

（三）儿童心理理论研究

儿童心理理论研究主要涉及儿童关于心理状态的认识，儿童关于现实世

界中的事件、自身与他人行为的认识，儿童关于心理状态中信息、愿望、意图、动机等相互间关系的认识等。儿童他心理论是对 3—5 岁儿童认知特点的一个重大发现。由于儿童他心理论与儿童的日常生活认知关系十分密切，儿童他心理论的发展水平会影响儿童的道德发展、人际关系发展、情绪与个性的发展，因而儿童他心理论的研究一跃成为认知发展、社会性发展的核心领地。在短短十几年里，儿童他心理论已成为当前儿童发展研究中最引人注目的研究课题。

（四）生活记忆发展研究

记忆是儿童经验积累和心理发展的重要前提，记忆发展研究对儿童发展研究具有重要的意义，但由于长期以来受艾宾浩斯研究传统的影响，儿童记忆研究远离生活。近年来，回归儿童生活记忆的研究成为新的热点，研究者在婴儿记忆、儿童记忆容量、儿童元记忆、儿童生活记忆的建构性特点等方面都取得了重要成果，在儿童自传记忆、儿童前瞻记忆、儿童错误记忆、儿童内隐记忆等方面都有重要进展。

（五）语言发展研究

自乔姆斯基（A. N. Chomsky）的心理语言创立以来，语言发展研究一直是儿童发展研究的活跃领域。新近婴幼儿语言发展研究主要集中在婴儿语音识别研究、母亲语言环境研究、语言音节研究等方面。在语用研究方面，研究者对前言语交流、不同年龄语言交流能力的发展、语言元交流的发展、情绪表达与语言表达等方面进行了系统研究。在语言环境的影响方面，研究集中于语言模仿、语言强化、父母活动对儿童语言的影响、儿向语言的使用等方面。在语言元认知方面，研究主要集中在儿童语言知觉、语言知识、语言自我控制等方面。

（六）儿童日常认知研究

受社会文化观和生态观的影响，儿童发展研究开始重视"日常认知"研究。儿童日常认知研究就是在自然生活情境中，以常人方法学来研究儿童的记忆、语言、学习、思维、生活技能、社会行为等。

（七）儿童发展认知神经科学研究

儿童发展认知神经科学是利用认知神经科学手段来研究儿童认知发展问题的一门儿童发展新兴学科。儿童发展认知神经科学力图通过神经科学方法与心理行为研究方法的整合特别是脑成像技术来研究促进儿童发展的神经机制，探索儿童发展的行为、心理与神经机制的关系。尽管儿童发展认知神经科学的形成不到 10 年的历史，但它几乎影响了儿童发展研究的所有传统领域。儿童发展认知神经科学的特点是整合性和超学科性，约翰逊（M. H. Johnson）认为，未来的发展认知神经科学家是超学科的，须接受多学科的训练。[①]

（八）认知行为遗传学研究

认知行为遗传学是在分子遗传学的水平探索儿童发展中遗传与环境的关系问题。认知行为遗传学的研究对象多以同卵双生子、异卵双生子为主，通过纵向研究设计，以分子生物学技术为手段，来研究个体发展中基因密码、表观基因与各种环境因素之间的相互作用。

三、儿童发展研究的趋向

（一）儿童发展研究多层次、多领域的整合趋向

儿童发展问题是教育、卫生、公共福祉、家庭、社区、医院、学校等实践领域共同关注的基本问题，其研究需要多学科交叉、渗透，以及多领域的协同攻关。从研究层次来看，需要贯通分子、基因、细胞、生理、心理、行为、社会、文化的不同层面，目前新兴的人类发生生物学、发展认知神经科学、分子行为遗传学已很好地体现了这一特点；从领域来看，也需要传统领域相互沟通，如儿童他心理论很好地沟通了认知发展、情绪与社会性发展、个性发展的关系。

（二）儿童发展研究理论形态的两极趋向

新近的儿童发展研究理论走向了宏大理论和微型理论两极。宏大理论以系统发展观、生态发展观、行动发展观为代表，微型理论以各种形色的情境理论为显现。

（三）儿童发展研究方法论的统整趋向

儿童发展研究方法论的统整表现在：研究完整的儿童必须是科学主义下的实验室范式与自然主义下的生态范式统整；量化研究与质化研究的统整；科学精神与人文精神的统整。

（四）儿童发展研究的实践转向

随着社会的进步，改善儿童的生存状态，促进儿童健康和谐的发展，日益使儿童发展研究的实践需求凸显出来。儿童发展病理学研究、儿童发展指导研究的兴起，以及游戏中、活动中、美术中、音乐中、舞蹈中儿童发展问题的研究已显示了这种实践转向。

总之，在当代儿童发展研究中，跨越传统学科疆界是对儿童发展研究者素养的极大挑战，也是对儿童发展学习者的挑战。儿童是一个发展的、完整的生命存在，是物种进化与个体生命发生发展的统一。认识儿童，把握儿童的发展，必须从儿童遗传的分子组合、生物信息密码、神经细胞、身体组

[①] JOHNSON M H. Developmental Cognitive Neuroscience[M]. 2nd, Oxford: Blackwell Publishing Ltd., 2005: 178.

织，到儿童的同伴、邻里、社会、文化背景等，进行多角度、全方位的理解。我们与对儿童真正认识的距离，既有知识的距离，更有能力的距离；既有思想观念的距离、方法技术的距离，更有思维方式和方法论的距离。

第三节　儿童发展研究方法

☞视频：儿童发
展研究方法

　　儿童发展研究需要多种方法的整合。本节主要介绍儿童发展研究设计类型和收集资料的具体方法。不论是质的研究设计还是量的研究设计，儿童发展研究设计主要有传统的横向研究设计、纵向研究设计、交叉研究设计和新近兴起的跨文化研究设计。一般来说，质化研究更多倾向于采用纵向研究设计，目的在于探明儿童的动态发展过程。量化研究更多倾向于采用横向研究设计，但少量的纵向研究设计也对量化研究产生了深远的影响，如美国斯坦福大学的智力追踪研究。在确定了研究设计的类型之后，研究者要决定采用何种具体的方法来收集信息、检验假设。本节主要介绍儿童发展研究常用的观察法、访谈法、个案研究法、问卷法、测验法、实验法和文化比较法等方法。

一、儿童发展研究设计

　　所谓研究设计是指对如何实施研究所做的具体规划。具体地说，研究者需要根据研究目的，经过周密的思考制订出包括如何统计分析数据在内的整个研究工作的具体计划和安排。

　　（一）横向研究设计

　　横向研究设计是在同一时间内，对不同年龄组被试进行观察、访谈、测量、实验，以探究儿童发展的规律或特点的研究设计方式。例如，为了研究儿童理解自身和他人心理状态的能力，研究者运用横向研究设计对 3 岁至 6 岁四个不同年龄组的儿童进行了实验，结果发现，4 岁左右的儿童开始理解自身与他人的心理状态。

　　横向研究设计最突出的优点是能在短时间内收集到较多的资料，有助于描述儿童发展的规律与趋势；此外，样本也易选取与控制。因此这种设计成本低，省时省力，见效快，目前儿童发展研究多采用这种设计。其不足之处在于，被试的取样是几个年龄点，是静态地获得年龄点资料，故不足以确切地反映个体儿童发展的连续性和转折点。依据横向研究所描绘出的儿童发展曲线有可能受到"世代效应"的影响，即不同世代群体由于所处社会文化、历史条件和遭遇事件的不同而表现出在儿童发展上有差异的现象。例如，如果测量青少年、成年人、老年人对摇滚音乐的兴趣，可能会得到这样的结论：个体对摇滚乐的兴趣随年龄增长而减弱。但事实上，这更可能与不同的社会时代对音乐的兴趣变化有关。另一个典型的例子是，横向研究的结果表明，60岁以后智力明显下降。那么，这种下降是由年龄发展本身引起的，还是由老年组被试的受教育程度比年轻组被试低引起的呢？这需要进一步的深入分析。可见，由于时代变迁，被试经历的环境不同，根据横向研究得出的发展趋势就有可能产生谬误。横向研究的缺陷是不能说明发展的因果关系，无法解释个体的早期经验对以后发展的影响。

（二）纵向研究设计

纵向研究又称追踪研究，是在较长的时间内对同一群被试进行定期的观察、测量、实验，以探究儿童发展的规律或特点的研究设计方式。如为了考察智力的发展过程，美国心理学家推孟（L. M. Terman）于1921年开始对约1 500名超常儿童进行追踪研究，积累了这些被试从童年到老年的智力发展资料。

纵向研究的优点是：研究者通过长期的追踪研究，可以获得儿童发展连续性与阶段性的资料，从而系统、详尽地了解个体量变与质变的规律。纵向研究还有助于探明个体的早期发展与未来发展的联系，对了解个体发展的原因与机制十分有益。这些都是横向研究所无法比拟的。纵向研究的缺点是周期长、费用大；在研究期间，样本的恒定非常困难，被试会因死亡、搬迁、厌烦等原因流失，从而影响取样的代表性。此外，纵向研究需要被试反复做一些测验，这就不可避免地使被试产生"练习效应"。纵向研究也同样存在着"时代变迁"效应，影响研究的有效性。

（三）交叉研究设计

交叉研究设计是将横向研究设计与纵向研究设计结合在一起，以更好地探察儿童发展变化的特点与转折点的研究设计方式。以性别角色态度研究为例，研究者通过时序设计来考察性别角色态度如何随年龄、社会生活事件的变化而变化。有研究者在1945年对10岁群体样本进行性别角色态度评定，然后在他们20岁（1955年）和40岁（1975年）时再重新进行评估。在1955年，研究者对另一组10岁群体样本（1945年出生的群体）进行性别角色态度评定，以后每隔10年再重新评估一次。该研究既有纵向研究设计，也有横向研究设计。

（四）跨文化研究设计

跨文化研究设计也称交叉文化研究设计。在儿童发展领域，跨文化研究设计是通过对不同社会文化背景的儿童进行研究，以探讨儿童发展的普遍规律及不同的社会文化条件对儿童发展的影响的研究设计方式。跨文化研究始于人类学，并逐渐成为行为和社会科学研究的重要方法。

跨文化研究有其独特的研究设计思路：在儿童发展一般研究中，将社会文化视为恒常条件，研究其中个人或群体行为的差异；而跨文化研究则将同一文化背景中个人或群体行为的差异当作恒常，将文化模式当作变量，以研究不同文化中群体的心理与行为差异，考察文化因素对儿童发展的影响，从而探明人类心理与行为发展变化的文化普适性和差异性。因此，跨文化研究最重要的意义是有助于检验、修正并完善有关儿童发展的理论。

跨文化研究的实质是进行文化间的比较。这就要求研究者从不同文化中收集到的数据资料及其处理方法具有文化等值性。马尔帕斯曾区分出三种文化等值性：一是机能等值，指不同文化背景下的个体对同一问题的反应表现出基本相同的心理机能；二是概念等值，指不同文化背景下的个体对特定刺激物的意义有共同的理解；三是测量等值，指研究者从不同的文化中收集数据资料的心理测量方式具有可比较性。齐茨和方富熹进一步认为，研究对象的对等性、研究对象分类系统机能的对等性、样本的可比性、测验和作业任务的可比性、程序的可比性、动机的可比性、言语的可比性等，都是跨文化研究必须重视的问题。

跨文化研究的兴起源于两个方面：首先，随着世界经济一体化的趋势，人们的交往越来越频繁。不同地区和文化背景、不同交往方式的碰撞，使心理学家们日益感到研究不同文化和社会环境中人们的心理过程有何异同的迫切性，以便增进人与人之间的相互理解。其次，心理学的研究是通过对样本的考察来推断普遍结论的，但样本是否具有足够的代表性，一直受到人们的质疑。如格雷厄曾采用内容分析法分析 1992 年前美国心理学会发行的 6 种重要期刊中 1 500 篇论文的研究对象，结果发现，前 5 年的受试中白人占 96%，后 5 年的受试中白人占 98%。只依据研究白人受试的结果，自然不能推论解释其他人种的心理特质。

二、儿童发展研究的具体方法

以下几种研究方法常运用在儿童发展研究中。

（一）观察法

观察法是儿童发展研究较为常见的一种方法，它是指研究者通过感官或运用一定的仪器设备，有目的、有计划地观察儿童的心理和行为表现的方法。在进行观察之前，研究者要拟订周密的计划，包括对要观察的行为下操作性定义，确定观察的情境或场所，确定观察的时间和单元，确定记录的方法及分析资料的方法。根据观察条件的不同，观察法可分为自然观察法和实验室观察法。

自然观察法是指在日常生活环境中观察个体行为的方法，通常是在家庭、学校、幼儿园或游戏场所对儿童的行为进行观察并予以记录。根据研究的目的，自然观察法又可分为以下几种：

（1）样本描述法。样本描述法指在预先选择的情境中对特定的对象按照时间的顺序进行连续的观察并记录发生的一切行为，包括儿童的所作所为以及他人对其言行的影响。其优点是记录内容丰富详尽，可探明行为发生的原因及可能的影响因素，缺点是记录的资料可靠性差及难以量化。

（2）时间样本法。时间样本法指在固定的时间间隔内观察预先选定的行为，在观察开始之前，研究者要先研究观察时间的长度、间隔及次数。其优点是可对观察所得资料进行量化分析，但这种方法仅适用于经常出现的行为，不适用于极少发生的行为。由于仅限在特定的时间内进行观察，这种方法不能保证行为的完整性。

（3）事件样本法。事件样本法指以某一事件发生的整个过程为观察对象，要求研究者深入儿童的生活或游戏场所中等待事件的发生并对事件的经过和前因后果加以记录。其优点是能保持行为自然发生的完整性，能够探讨影响行为的因素，帮助了解情境与行为之间的关系；其缺点是观察所得资料不易量化。

（4）特质评定法。研究者事先准备好评定量表，量表的内容主要是关于人格特质的。研究者根据观察所得的被试的行为特征，对被试的人格特质进行等级评定。这种方法简便易行，适用范围广。

自然观察法的最大优点是它可以使研究者了解儿童在日常生活中的行为表现，而且它可用在缺乏语言表达能力的婴儿身上。自然观察法提高观察研究效度的有效方法是：避免研究者个人偏见，减少研究者对儿童的影响，让儿童处于自然状态。

实验室观察是一种经过严密设计的观察，适用于研究在自然情境中很少发生或不被社会所允许的行为，其程序是在儿童面前呈现一个被认为会促进所要研究行为发生的刺激，然后以不被儿童觉察的方式（通常用单向玻璃或录像）对儿童进行观察，看儿童是否会表现出所期待的行为。如道德研究，研究者把儿童带到一个有很多有趣玩具的房间里，要求儿童不要动这些玩具，然后研究者借故离开，观察这些儿童在没有人监督的情况下会不会做出违规行为。

（二）访谈法

访谈法是研究者通过与儿童进行口头交谈，了解和收集有关其心理特征和行为特性资料的一种方法。根据对访谈内容和过程的控制程度，访谈法可分为结构性访谈法和非结构性访谈法。结构性访谈法要求所有的研究对象都必须依照一定的次序来回答相同的问题，这种标准化或结构性格式的目的，在于使每一个研究对象都处于相同的情境，这样对他们不同的反应才能加以比较。这种方法一般用来检验理论或假设。非结构性访谈指事先不制订标准程序或问题，由研究者与研究对象就某些问题进行自由交谈，研究对象可随便提出自己的意见。这种方法可以获得一些研究者未曾预料到的信息，但不适用于检验理论或假设。

访谈法适用于一切具有口头表达能力的不同文化程度的研究对象，它的优点是能有针对性地收集研究数据，研究有更大的自由度，可追问或重复。如当研究者发现所记录的回答不完全，或者还想进一步了解一些情况时，可再对研究对象进行访问。访谈法的缺点是不适用于年龄太小或不能清楚理解他人语意的儿童。研究者必须确信他们所得到的回答是真实准确的，而不是研究对象按照社会期待的方式所做的回答。如果是研究年龄趋势，还必须保证不同年龄的儿童都以相似的方式来解释问题，否则通过研究所发现的年龄趋势可能并不是儿童在感觉、思想或行为上的真正变化，而只是反映了儿童理解及沟通能力的差异。访谈无法选取大样本开展研究，研究结论难免会以偏概全，访谈所得的资料难以量化。

要确保访谈成功，研究者事先要做充分的准备。第一，研究者要了解研究对象（访谈对象）的一些背景信息。第二，带齐访谈工具，包括要问的基本问题的文字说明，记录用的纸笔、录音笔、照相机以及摄影机等。第三，访谈成功与否很大程度上取决于研究对象的态度，因此研究者要善于营造轻松和谐的气氛，取得研究对象的信任。第四，研究者要善于把握方向与主题，使谈话始终围绕访谈目的进行，避免脱离主题漫谈。此外，研究者还要针对研究对象的年龄及心理特点巧妙提问，以获取他们的真实态度和想法。第五，访谈记录也很重要，这是分析和得出结论的直接依据。记录方式有当场记录和事后记录两种。当场记录可以从容书写，可以随时提问。但也要注意，过长的记录会使谈话中断，影响交谈氛围。研究者不要为了详细记录而忽略要点，要点比细节更重要。记录时研究者要权衡轻重，一些细节可等谈话结束后再进行整理。当然如果研究对象允许录音、录像，记录要点的方法就更有用了，在整理资料时可相互比照，减少错误。事后记录则较为麻烦，容易遗漏信息，不易做到精确。这种方法主要适用于研究对象不允许对访谈内容进行记录的情况。这种方法要求研究者尽量把访谈要点记牢，必要时找机会重复一两次，以免忘记。研究者在记录时还要注意，不仅要记录谈话内容，对于观察到的表情、动作等非语言方式也要记录下来。

（三）问卷法

问卷法与访谈法相似，只不过是将要研究的问题印在纸上，并要求参与者以答卷的方式作答。

问卷是一种为了统计或调查用的问题表格，问卷法就是利用问题表格进行调查的一种方法。通常研究者使用的问卷有两种形式：开放式问卷和封闭式问卷。

开放式问卷只提出问题，要求被试按照自己的实际情况或看法作答，不作限制。例如：小朋友，你为什么喜欢跳舞？这种提问方式是探察研究对象喜欢跳舞的原因的一种表达方式。开放式问卷的优点是：它是探索性研究最常用的方式，可提供行为的方向、问题的焦点，以及主要价值观念等；缺点是资料分散，不易统计。

封闭式问卷是研究者根据研究需要，把所有问题及可供选择的答案全部印在问卷上，被试不可随意回答，必须按照研究者的设计，在给定的答案中进行选择。上面的例题在封闭式问卷中可变为：

1. 你喜欢跳舞吗？

（1）很不喜欢　（2）不太喜欢　（3）有点喜欢　（4）很喜欢

在这个问题中，被试只能在规定好的答案中选择一个或多个，而不能自由回答。

封闭式问卷的优点是可在短时间内获得大量的资料，省时经济。由于问题和答案都事先进行了操作化和标准化设计，所得的资料便于统计分析。封闭式问卷的缺点是缺乏灵活性，设计难度大。

问卷法只适用于书面表达能力达到一定程度的被试，不适合学前儿童。问卷设计不当，会导致被试回答不真实。问卷的回收率太低，也会影响结论的可推论性。使用问卷法研究儿童时，研究者要注意问卷中的题目不宜过多，内容应是儿童熟悉的，还要避免儿童按照社会期许的方式作答。

一份标准的问卷通常包括指导语、背景信息、问题项目、答案项目四个部分。问题是问卷设计的关键，研究者在设计问题时要考虑问题的类型是否合适，是否符合研究假设；问题应为研究目的所需；还要注意题目应该表述清晰明确，避免含混不清。

（四）测量法

测量法是运用标准化的测验量表，按照规定的程序对儿童进行测查，从而研究儿童发展特点和规律的研究方法。测验量表是儿童发展研究的一种重要研究工具，具有评估、诊断和预测的重要功能。要发挥这些功能，测验量表的编制需要有具体可行的计划，一般要经过编制测验题目、预测、项目分析、信度与效度分析、建立常模等标准化过程。应用标准化测验量表的好处是可将儿童在测验中的得分与常模进行比较，从而了解其发展水平。标准化测验量表既可用于比较同龄儿童之间的差异，也可用来了解不同年龄阶段儿童的差异。测量法的优点在于测验量表编制严谨科学，便于评分和对结果进行统计处理，有现成的常模可直接进行对比研究；缺点是灵活性差，对施测者要求高，被试的成绩可能会受练习以及受测经验的影响。

儿童测验可按不同的标准分类，如按测验的功能可分为智力测验、创造力测验、气质测验、成就测验等；按测验材料可分为文字测验和非文字测验；按测验的对象可分为个别测验和团体测验；按测验的时限和难度可分为难度测验和速度测验等。有时，同一个测验根据不同标准可以划分到不同的类别中，因此测验的划分是相对的。

（五）实验法

实验法是研究者通过有目的地操纵和控制一定的变量以观测个体反应，进而揭示变量间因果关系的一种研究方法。实验法可分为实验室实验和现场实验两种类型。

实验室实验是在专门的实验室内，利用一定的仪器设备研究儿童发展的一种方法。有关儿童身体、生理、营养、感知、记忆、思维等方面的研究都可以在实验室进行。实验法的关键是对变量的控制，一般通过随机化来控制实验中无关变量带来的干扰。实验室实验的长处在于控制严密，科学性高，结果记录客观准确，便于分析。实验室实验对变量有严格控制并通过操纵一些变量引起一定的行为反应，因此能够揭示变量间的因果关系。实验室实验的缺点是样本数量小，脱离现实生活。由于实验环境常经过设计且过于人工化，儿童在实验环境中的表现和自然环境下的表现可能不同，因此生态学效度较低，实验结果的推广受影响。以儿童为研究对象进行实验室实验时，研究者要特别注意实验不能对儿童身心健康产生任何不良影响，还要考虑儿童的生理和情绪状态，避免时间过长导致儿童疲劳；实验情境尽量布置得生活化，让儿童感到舒适自然。

现场实验是一种在现实的生活环境中进行的实验研究，它是一种准实验设计。如要研究一种绘画方法能否有效地提高学生的绘画能力，可在同一年级选择绘画能力相同或相近的两个班，然后随机地将一个班确定为实验班，用新的绘画方法教学，另一个班为对照班，仍按原来的绘画方法教学。经过一段时间的教学，再对两个班进行相同的绘画能力测试，将两个班的后测成绩分别减去它们的前测成绩，再进行比较和统计检验，如果存在显著差异，实验班的成绩优于对照班的成绩，则可得出这种新的绘画方法好于原来的绘画方法的结论。

现场实验在内部效度上不如实验室实验，但在外部效度上是优于实验室实验的，它以实验条件和环境的真实性弥补了在控制方面不太严格的缺陷，其结果有较大的实用价值。

（六）文化比较法

文化比较法是针对一个或几个发展维度，对来自不同文化或亚文化背景的研究对象加以观察、测量、实验比较的一种研究方法。

儿童发展学者在过去的研究中常常只是针对某一种文化或亚文化团体中的儿童及青少年，在特定的时间内进行研究，但其研究结果对于不同时代或不同文化中的儿童是否适用受到质疑。在历史上，精神分析的"恋母情结"理论，柯尔伯格（详见本书第九章）的道德发展阶段理论都受到了这样的质疑。因此文化比较法受到了学者的普遍青睐。文化比较法的方法学意义主要表现在两个方面：一是通过不同文化间的比较，可以了解人类发展是否存在普遍性规律，防止将一个文化背景下得出的结论过度推广。二是了解文化因素对个体发展的影响。文化因素往往导致个体在认知、情绪、行动等方面的差异。

在研究儿童发展时有很多研究类型和研究方法可供选择，一般是先根据一种方法得到结果，再用另一种方法加以检查或确认，用不同的方式得出一致的结果，说明研究者的发现是确实存在的。每一种研究方法都会对了解儿童的发展有所贡献，并不存在绝对最佳方法，只存在适合研究问题的方法。成功研究的第一步是提出好的问题，正如儿童发展学者米勒所说，"任何一项成功研究计划的第一步是提出一个好的选题。这一点是最显而易见的，但最不具有可教导性。正因为如此，在讨论如何做研究的过程中，常常忽略一个好的选题应当具有的标准，而更多地关注有了选题之后如何实现的技术问题"[1]。

* 第四节　儿童发展的认知神经科学研究

诺贝尔生理学或医学奖得主艾里克·坎德尔（E. R. Kandel）是这样评价新兴的认知神经科学对于心理学的影响的："早在两千年前，伟大的思想家苏格拉底和柏拉图就开始了对心理加工本质的思考，从那以后，这一直是西方思想领域的中心问题。而新兴的认知神经科学使我们能够进一步探讨这一悬而未决的疑问，为我们了解和解决影响日常生活的心理加工这一重大问题提供了实践的方法。"[2]

认知神经科学始于 20 世纪 70 年代，由美国心理学家米勒（G.A.Miller）提出，是由传统心理学、生物学、信息科学、计算机科学、生物医学工程以

---

[1] 米勒. 发展的研究方法 [M]. 郭力平，邓锡平，钱琴珍，等译. 上海：华东师范大学出版社，2004：4.

[2] 坎德尔. 追寻记忆的痕迹 [M]. 喻柏雅，译. 北京：中国轻工业出版社，2007：序言.

及物理、化学、哲学等交叉学科发展出来的学科。认知神经科学旨在阐明自我意识、思维想象与语言活动等人类认知活动的脑机制。

一、儿童发展认知神经科学研究兴起的学科背景

儿童发展认知神经科学是在儿童认知发展科学与认知神经科学的基础上产生的，回顾儿童认知发展科学研究与认知神经科学研究的特点与趋势就可以理解儿童发展认知神经科学兴起的学科背景。

（一）儿童认知发展研究的特点与趋势

自 20 世纪 60 年代以来，随着认知心理学的兴起，认知发展成为发展心理学研究的核心，目前已形成信息加工、后信息加工、发生认识、联结主义、建构主义等多种理论形态。随着认知发展研究的深入，认知发展的元科学研究热潮十分高涨，出现了大量的儿童元认知研究和儿童心理理论的研究。

儿童认知发展研究逐步向儿童的社会性发展、文化性发展扩展，出现了诸如儿童社会信息加工研究、儿童自传记忆研究、儿童自我系统研究、儿童文化认同研究、儿童文化适应研究、儿童执行功能研究等新领域。

当前的儿童认知发展研究还呈现出生态化取向，即强调在现实生活中、自然情境下研究儿童的心理与行为，研究自然社会环境中各种因素的相互作用。这种趋势极大拓宽了认知发展研究的范围，使人类对影响自身发展的因素有了更深刻的理解。

儿童认知发展研究的另一个趋势是跨学科的整合，过去分属于生理、心理、社会、行为的发展问题，在儿童发展的学科架构下走向融合。美国学者贝克（L. E. Berk）在 20 世纪 80 年代就力主建立统一的儿童发展学科，以克服同一研究主题下各学科各自为政的孤立研究。这样的思想已经很接近发展认知神经科学的研究范式，即将行为过程、认知过程、神经过程与发展过程统一起来的综合思维框架与实验研究范式。[①]

（二）认知神经科学研究的特点与趋势

认知神经科学是认知科学和神经科学相结合的产物，认知科学在自己的研究领域中出现了许多的难点，必须在人脑认知活动机制中寻找答案；而神经科学在过去的二三十年中取得了令人瞩目的进展，功能性磁共振成像（functional magnetic resonace imaging，fMRI）、事件相关电位（event related potential，ERP）、脑磁图（manetoencephalography，MEG）、功能性近红外光谱（functional near infrared spectroscopy，fNIRS）、正电子发射计算机断层扫描（positron emission computed tomography，PET）、经颅磁刺激（transcranial

---

① 秦金亮. 发展认知神经科学：儿童发展研究的新领域 [J]. 幼儿教育，2005（Z2）：12-13.

magnetic stimulation，TMS）等脑成像方法为人脑认知功能的研究提供了许多新的证据，这就使得神经科学能够孕育一个研究认知活动的脑机制的新学科。于是，在这样的基础上就产生了一门新的交叉学科——认知神经科学。

认知神经科学的主要研究目的是阐明各种认知活动的脑机制，即脑与认知活动之间的关系，如知觉、注意、记忆、运动控制、语言、情感、意识等。也就是研究人类大脑如何用各层次上的组织单元，包括分子、细胞、脑区和全脑来实现自己的认知任务的。认知神经科学采用了自下而上的研究策略，从大脑的工作方式入手来研究认知。它继承了认知心理学研究所用的实验设计的精巧性特征，同时采用现代神经科学手段对心理活动的脑机制进行探讨，将传统的生理心理学、神经心理学、认知心理学成功地结合在一起，整合为新的实验范式。脑成像技术，特别是 fMRI、ERP 技术以及其他高分辨率的脑成像技术的出现和发展，使得研究者可以在不同的认知活动进行时观察到它们相应的时空动态变化模式，而计算机技术的发展又使复杂的信息处理变得简单，因而当代认知神经科学的研究迅速发展，不仅受到认知科学和神经科学的重视，而且受到了计算机领域的大力关注。

认知神经科学的出现是科学领域的一大进步，也是近几十年来生命科学、人体科学研究的一大亮点。随着认知神经科学研究的进一步深入，它开始关注脑心机制的发生、发展问题，发展认知神经科学的产生就成为必然。

二、儿童发展认知神经科学的形成与研究主题

自 20 世纪 70 年代发端以来，认知神经科学的研究在短时间内取得了令人瞩目的进展，这个领域的研究对于传统的认知心理学和发展心理学的理论构建以及心理学、医学等领域的研究产生了巨大的影响。

（一）儿童发展认知神经科学的形成

由于认知发展心理学和认知神经科学对许多共同的问题感兴趣，由此衍生了发展认知神经科学，发展认知神经科学得到越来越多研究者的重视，逐渐发展成为当前最热门的交叉研究领域之一。

过去多数的发展理论并没有来自大脑的证据，而神经科学中的研究结果也并没有与人类的发展联系起来。例如，延迟－反应学习是神经科学用来探讨猴子额叶皮层发展的范式，而它在本质上与皮亚杰的 A-not-B 任务相同，但这种相似性一直到最近才被发现。发展认知神经科学的出现标志着探讨认知发展与大脑发育之间关系的成熟期已经来临。认知神经科学的研究处于较小的子系统水平，而发展的研究却处于整体的水平，发展认知神经科学的出现将这两个方面进行了完美的结合，对于发展科学和神经科学的进步都有着重大的意义。

发展认知神经科学的概念是美国学者纳森（C. A. Nelson）在《儿童发展与神经科学》一文中提出来的。[①]2000 年，纳森主编了《发展认知神经科学手册》，该手册被认为是发展认知神经科学学科确立的标志。该手册一经出版就被誉为同 1984 年葛詹尼加（M. S. Gazzaniga）主编的《认知神经科学手册》媲美的里程碑之作。纳森的《发展认知神经科学手册》由 8 部分内容组成：（1）发展神经生物学的基础；（2）发展认知神经科学研究方法；（3）发展的神经可塑性；（4）感觉与运动系统；（5）语言；（6）认知；（7）临床障碍的神经发展；（8）情绪与认知的相互作用。伦敦大学伯贝克学院约翰逊（M. H. Johnson）教授在 2005 出版了《发展认知神经科学》（第 2 版），标志着该学科开始将知识的碎片整理融合，已从新生儿成长为蹒跚走步的孩子。[②]

（二）儿童发展认知神经科学的研究主题

发展认知神经科学能够解决遗传和环境在脑、意识、行为的发展过程中是如何相互作用的这个问题。肯宁（O. Koening）和科斯林（S. M. Kosslyn）在 1992 年时指出，几十年来认知发展在脱离大脑的情况下对认知过程的研究取得了辉煌的成绩；同时，生理心理学和生物心理学在信息加工的框架之外对脑与行为关系的研究也获得了许多重要的发展。但科学家更期待能将外在的行为表现、内在的心理过程和相关的脑机制统一在一个实验研究中，使研究者对三者及三者之间关系的理解达到一个全新的高度。

发展认知神经科学强调从三个层面的交互作用来理解生理、心理现象的发展，并集中阐明脑心的发展机制。即在发展层面，它关注个体发展过程中的影响因素；在认知层面，它着重揭示个体发展的信息加工机制；在神经层面，它主要揭示发展的脑机制。在发展认知神经科学的框架内，研究者可以将人的外在的行为表现、内在的心理过程和相关的脑机制统一在一个研究之中，从而对三者以及之间的关系有更深刻的理解。这样既克服了认知神经科学的不足，同时也克服了传统认知发展研究的缺陷。

三、儿童发展认知神经科学对学前教育的启示

各国教育界历来关注神经科学对教育的影响。早在 20 世纪 70 年代，美国教育研究协会就组织大学知名神经科学教授撰写了《教育与大脑》一书，在全美教师与教育管理者中普及脑科学知识。之后美国、欧共体、日本分别实施了类似"脑的十年"等研究计划。经济合作与发展组织于 1999 年启动

---

① NELSON C A, BLOOM F E. Child development and neuroscience[J]. Child Development, 1997, 68（5）: 970-987.

② JOHNSON M H. Developmental Cognitive Neuroscience[M]. 2nd. Oxford: Blackwell Publishing Ltd., 2005: Preface.

了"学习科学与大脑研究"，中国也启动了"跨世纪脑科学"研究计划，时任美国总统克林顿（W. J. Clinton）及夫人在白宫启动了"早期儿童发展与学习：脑科学对幼儿教育的启示"研究项目。

发展认知神经科学在以下几个方面为儿童早期教育提供了坚实的依据，并给儿童早期教育以重要启示。

（一）儿童脑内神经突触生长呈倒 U 型趋势

发展认知神经科学目前研究的结论是：新生儿神经突触的密度低于成人，婴儿期突触生长极快，突触密度很快超过成人水平，达到顶峰，然后再缓慢下降至成人水平。胡滕洛赫（Huttenlocher）等研究发现，就人脑视觉皮层而言，突触的迅速增加开始于出生后三四个月，增长顶峰在 4—12 个月，此时突触的数量达到成人的 150%；在初级听觉皮层研究者也观察到类似的发育时间表。视觉皮层的突触密度在 2—4 岁降到成人水平。前额叶发育相对滞后很多，其突触生长高峰出现在出生后 1 年，而降到成人水平则要到 10—20 岁。突触倒 U 型发展模式，使儿童的脑具有高度可塑性，因此儿童早期（特别是 4 岁以前）的脑潜能开发是有重要意义的。[①]

（二）儿童神经发展的机能存在关键期

发展神经生物学研究发现，出生后的幼猴采用外科手术缝上一只眼睛的眼皮，数月之后缝线的眼睛生理机能正常，但由于其视觉皮层中处理该眼信息的神经元数目大大减少，这只眼睛成为弱视眼。发展认知神经科学认为，儿童脑功能的发展存在不同的关键期，例如，儿童视觉功能的发展在 4 岁前，听觉功能的发展也在幼儿早期。语言功能的发展方面，语音、语韵功能发展的关键期在幼儿期，语法学习能力发展的关键期则延伸至青少年期。发展认知神经科学认为，教育如能抓住神经发展的关键期，便能适时打开挖掘大脑潜能的"机会之窗"。

（三）神经的各种功能是遗传与环境交互作用的产物

传统神经科学强调基因决定输出，发展认知神经科学有证据表明环境能影响甚至改变基因编码，因而它可以从神经的水平来验证遗传、环境、教育之间的交互作用。

（四）发展认知神经科学将神经的可塑性作为其基本命题

神经可塑性的一些研究结论不仅对儿童早期教育有重要的启示，而且对特殊儿童的补偿教育以及老年人抗衰老教育都有重要的启示。

（五）发展认知神经科学对人的学习与记忆研究提出"多功能系统理论"

多功能系统理论为教育的多样化学习提供了坚实的科学依据。

---

① 参阅 JOHNSON M H. Developmental Cognitive Neuroscience[M]. 2nd. Oxford: Blackwell Publishing Ltd., 2005: 27-32.

儿童发展认知神经科学是一个充满潜力的交叉学科。在未来的研究中，发展认知神经科学必然能为我们进一步认识个体发展过程中脑心机制的奥秘以及为儿童的早期教育作出新的贡献。

本章小结

儿童发展领域的研究有一个较长的过去，早在 1925 年，心理学家伍德沃斯就倡议成立了国际性的儿童发展研究协会（RSCD）。受分析主义思潮的影响，各学科分割式的研究一直占主导地位。

儿童发展的特点主要体现在：发展的基础性、发展的递进性、发展的易感性。儿童发展领域的研究包括身体生理发展、认知发展、个性与社会性发展、文化性发展，这些发展的研究领域不是彼此孤立的，而是相互联系的。学前儿童发展是人类发展的重要组成部分，这一时期是个体发展最迅速、最关键的阶段。人类发展包括种系发展和个体发展，在个体发展中学前儿童发展是基础的基础，儿童发展在一定程度上是重演了种系发展的历史。

儿童发展阶段有不同的划分标准，早期倾向于按照生物特征划分，最有影响的是以心理特征、社会文化特征划分。我国儿童发展学界将儿童发展阶段的划分与学制的形成有机结合起来，揭示了我国儿童各阶段的年龄特征。

儿童发展研究的发展可以分为三个阶段。当代儿童发展研究呈现出以下的热点研究领域：婴儿发展研究、社会性发展研究、儿童心理理论研究、生活记忆发展研究、语言发展研究、儿童日常认知研究、儿童发展认知神经科学研究、认知行为遗传学研究等。当今儿童发展研究也呈现此新趋向。

目前的儿童发展研究主要有四种类型：横向研究、纵向研究、交叉研究、跨文化研究，具体的研究方法包括观察法、访谈法、问卷法、测量法、实验法、文化比较法等。

儿童发展认知神经科学目的在于研究儿童神经发育与认知发展之间的关系。发展认知神经科学从认知科学、神经科学等学科衍生而来。发展认知神经科学是一门充满活力的新兴学科。儿童发展认知神经科学特别强调生理、心理和行为之间的整合，并关注基因、大脑和环境之间的交互作用。发展认知神经科学将为儿童早期教育带来新启示。

进一步学习资源

- 进一步了解"儿童发展"学科知识体系的结构，可参阅：
  贝克. 儿童发展［M］. 邵文实，译. 南京：江苏教育出版社，2014.
- 关于我国儿童心理学的系统研究成果，可参阅：

1. 朱智贤. 儿童心理学 [M]. 5 版. 北京：人民教育出版社，2009.

2. 方富熹、方格. 儿童发展心理学 [M]. 北京：人民教育出版社，2005.

- 关于儿童发展研究的最新信息，可登录下列研究机构、资源库的官方
  网站：

  1. 国际儿童发展研究会

  2. 国际行为发展研究会

  3. 美国心理学会发展心理学分会

  4. 行为、心理、认知科学联盟

  5. 认知神经科学学会

  6. 认知科学学会

  7. 人类大脑图谱组织

  8. 神经科学学会

  9. 儿童脑成像资源库

思考与探究

1. 比较相关"学前儿童发展"与"学前儿童心理学"教科书知识体系的
异同。

2. "观察、观察、再观察"是巴甫洛夫的座右铭。你如何理解观察法在
儿童发展研究中的作用？

3. 如何理解儿童发展阶段划分与我国学制入学年龄要求的内在关联？

4. 你对种系发展与个体发展的关联有何看法？你是怎样理解其相关理
论的？

5. 儿童发展认知神经科学研究是一种神经生理机制研究吗？结合相关网
站的信息，谈谈该新兴学科对儿童发展研究的意义。

6. 提高新一代的素质，是实现中华民族伟大复兴的关键。从儿童发展的
研究视角，谈谈你对我国父母"科学育儿"知识普及的设想。

趣味现象·做做看

在有关研究方法的教材中，实验法、观察法、测量法作为三大方法往往
被分别讲述。在婴幼儿发展研究中这些方法很难截然分开，它们是一个系统
的整体，其中皮亚杰的研究已树立了典范。自 20 世纪 70 年代以来，婴幼儿
发展研究学者形成了独特的整合性实验研究方法，包括视觉偏好法、去习
惯法、操作行为强化法、视崖反应法、抓握反应法、回避反应法等一系列方
法。在此简单介绍学习者很容易做到的抓握反应法。抓握反应法可通过创设

情境诱导婴儿的抓握反应动作，来进一步研究婴儿的感知觉能力和对事物的理解能力。请学习者进行以下尝试：

实验目的：观察不同月龄的婴儿对刺激物的抓握反应动作。

研究对象：亲戚或邻居家 3—8 个月的婴儿（也可采用出生周数计龄）。

实验工具：大小不同的红、绿、蓝颜色的气球，或其他大小不同、颜色各异的布质玩具；摄像机或记录纸。

程序：一人呈现刺激，将大小不同、颜色各异的气球（或布质玩具）依次放在婴儿的面前并以儿语诱导婴儿，另一人记录婴儿的反应方式。

问题：

（1）不同月龄婴儿对不同大小的气球（或布质玩具）的抓握方式是什么？

（2）婴儿对不同颜色气球（或布质玩具）的抓握反应有无偏好？

（3）母亲的语言诱导和陌生人的语言诱导有无差异？

第一章

儿童发展的生理基础

本章导航

本章将有助于你掌握：
- 遗传的物质基础：染色体与 DNA
- 遗传的方式：生殖
- 常见的遗传疾病
- 产前发育的三个阶段
- 影响产前发育的因素
- 分娩及其异常

- 神经组织和突触
- 大脑发育
- 神经可塑性

- 身体的发育
- 动作发展的规律
- 影响动作发展的因素：生物因素和非生物因素
- 动作发展的神经机制

哈佛大学心理学家杰罗姆·卡根（J. Kagan）曾经在波士顿及中国进行研究，通过观察婴儿对新鲜事物的反应，来推断其长大后是否会拥有害羞、胆怯的性格。虽已退休，卡根仍在继续追踪当年的"卡根婴儿"。借助脑成像技术，他发现那些当年被评定为内向婴儿的成年人脑内的杏仁核在遇到新鲜刺激时仍然会过度兴奋。而胆小羞怯在神经学上的表现之一，就是杏仁核的异常活跃。这种性格可能会日益加强，因为父母往往过度保护这些羞怯的孩子，避免其与陌生人接触，反而更加妨碍了他们学会与他人交往。卡根还发现，如果父母鼓励或强制羞怯的孩子与同伴玩耍的话，他们的"胆小基因"是可以被克服的。在进行了几十年的跟踪观察之后，卡根发现被认定为内向的婴儿在成年后只有约 1/3 会有胆小羞怯的表现。由于遗传因素的持续作用，他们的杏仁核反应仍然剧烈，但他们的大脑皮层却已经能够对这种情绪神经系统的过度激活进行有效调节。内向儿童在成长过程中如能克服羞怯、退缩的冲动，慢慢就可以与人正常地交往，不再出现羞怯的行为。

儿童发展受遗传、发育、环境、教育等多种因素的影响，这些因素之间相互影响、相互制约。心理活动是以机体的生理活动（尤其是机体的神经系统的生理活动）为基础的，正常的生理基础和遗传素质是正常心理活动必须具备的条件。遗传素质主要是指那些与生俱来的有机体的构造、形态、感官和神经系统等方面的生理解剖特征。

个体出生以后，具有一定遗传素质的身体各部分及其器官的结构、机能还没有发育完善，需要经过一个很长的生长、发展过程，才能达到结构上的完善和机能上的成熟。这就是一般所说的生理成熟。对不同系统的器官来说，成熟的早晚和不同时期发展的速度都是不同的，都各有其规律。

第一节 遗传与产前发育

☞视频：什么是
遗传

人类通过生殖实现种族的延续，在种族延续的过程中进行着遗传物质的传递。亲代与子代之间，在形态、结构和生理功能上相似的现象称为遗传。

一、遗传

人类通过遗传将祖先在长期生活过程中形成和固定下来的生物特征传递给下一代。遗传和成熟是儿童心理发展必要的物质基础。

（一）遗传的物质基础：染色体与 DNA

细胞是生命最基本的结构和功能单位。每个人的身体都是由亿万个细胞组成的。每个细胞都由细胞膜、细胞质和细胞核构成。在细胞核中含有一些储存和传递遗传信息的线状结构——染色体。染色体主要由蛋白质和脱氧核糖核酸（简称 DNA）组成，其中 DNA 在染色体里含量稳定，是主要的遗传物质。人体细胞里的染色体都是成对存在的。每对染色体的大小和形状一般都相同，一个来自父方，一个来自母方，称为同源染色体。人类共有 23 对（46 条）染色体，其中第 23 对是性染色体，女性是 XX，男性是 XY。

DNA 分子是一个特殊的长链式的"双螺旋"结构，每条长链都由核苷酸组成，故又称作多核苷酸长链。核苷酸分为四种，用符号 A、T、C、G 表示，它们以不同的顺序分布在多核苷酸长链上。核苷酸的不同排列顺序代表各种不同的遗传信息，每个 DNA 分子长链上分布着大量的遗传信息。在一定条件下，DNA 分子通过复制能准确地将遗传信息传递给后代。

DNA 分子上具有遗传效应的片段就是基因。基因直接或间接地决定一定的遗传性状。基因是 DNA 的结构单位，也是具有遗传效应的功能单位。基因的任务是发送指令到细胞质，用以合成各种类型的蛋白质，而这些蛋白质是形成人类机体各种特征的生物基础。据中、美、日、德、法、英 6 国科学家和美国塞雷拉基因组公司于 2001 年 2 月 12 日联合公布的人类基因组图谱及初步分析结果，人类基因组是由约 31.6 亿个碱基对组成的，共有 3 万至 3.5 万个基因，少于原先估计的 10 万个基因。目前认为，人类约有 2 万多个基因。

（二）遗传的方式：生殖

生殖是种族繁衍的重要生命活动，也是遗传物质分离、重组、传递和结合的循环过程。成熟的个体能够产生与自己相似的子代个体，这种功能称为生殖。

生殖细胞的成熟过程，实际上就是精子和卵子的形成过程。精子和卵子的形成是通过减数分裂实现的。通过减数分裂最终形成的精子与卵子都只获得亲体细胞染色体的一半，即它们都各只有 23 条染色体，进而由精子和卵子随机相结合产生新的个体并决定子代的性别。而且来自同一父母基因库的新个体所具有的染色体可能会不同，从而兄弟姐妹、亲属之间在生理上、心理上就会表现出差异。

在同卵双生子中，一个受精卵通过有丝分裂，分裂成两个个体（双生子）或多个个体（多生子），他们的基因 100% 地相同；而异卵双生子的情况与不同时间生的兄弟姐妹是一样的，因为异卵双生子或异卵多生子是由两个或多个不同的卵细胞各自与不同的精细胞结合而成的。正因为如此，每个人与父母、兄弟姐妹甚至祖父母，可以有相似之处，因为他们有相似的基因；但他们又有很多个体的独特特征，因为他们每个人都不可能有完全相同的一组基因。

（三）常见的遗传疾病

影响儿童正常发展的许多疾病都是遗传性疾病，常见的是基因缺陷或基因突变引起代谢性缺陷，以及染色体数目或形态不正常，导致各种发育不正常。

1. 苯丙酮尿症

最典型的代谢性缺陷遗传疾病是苯丙酮尿症（Phenylketonuria，PKU），其病因是新生个体从父母亲那里继承了一对特殊的隐性基因，因而身体缺少一种能把食物中的苯丙氨酸转化为无害副产品的酶。苯丙氨酸的浓度超过正常量就转化为一种有毒的物质——苯丙酮酸，使中枢神经系统的神经细胞受到损害。患有这种病的婴儿如果发现不及时并且未及早接受治疗，3—5 个月时，就会开始对周围的环境失去兴趣；经过一年的时间，他们就会永久性地智力迟钝和精神发育迟缓。尽管苯丙酮尿症具有潜在的破坏效应，但这些遗传而来的不健康基因并不都意味着不可治疗。现在有些发达国家的法律规定，必须对新生儿进行尿检，以便早期检出这种高危儿童，并给他们提供富有营养但苯丙氨酸含量很低的食谱。接受治疗的儿童在婴儿期和童年早期，在对条理性有较高要求的认知技能方面的发展显得迟缓。这是由于少量的苯丙氨酸就会干扰和影响他们大脑的功能。但是通过饮食疗法尽早治疗并得以持续的话，毒性酸就不再积累，儿童就能获得平常人的智力，并且一生智力、寿命都是正常的。

2. 唐氏综合征

唐氏综合征是一种最为常见的染色体变异所导致的疾病，又称为 21-三体综合征。在减数分裂过程中，第 21 对染色体分离不成功，这时个体就遗传到了三条染色体而非正常情况下的两条染色体，这样就会导致唐氏综合征。患有唐氏综合征的儿童具有下列显著的身体特征：斜视、身材矮小粗壮、面部扁平、伸舌、杏眼以及手掌上有一条极少见的皱沟。唐氏综合征引起的行为后果包括：心智发育迟缓、语言表达能力差、词汇掌握受限以及运动发育缓慢等。与正常儿童相比，患儿身上的这些问题随着年龄的增长越发明显，而且从婴幼儿期开始，发育速度逐渐放缓。另外，患唐氏综合征的婴幼儿很少笑，用目光交流的能力差，而且对物体的观察缺乏持久性。

3. 其他遗传疾病

与唐氏综合征不同，某些常染色体异常导致的疾病还会影响胎儿发育，严重者会导致流产。而性染色体疾病却很少导致这些问题。性染色体疾病常常在青春期发育迟缓时才得到确诊，一般最容易发生 X 染色体或 Y 染色体增加或女性 X 染色体缺失。特纳综合征，又称先天性卵巢发育不全，多表现为整条 X 染色体完全缺失，其患者往往只有 45 条染色体（22 对+X），它会导致性别特征发展方面的变异。大部分患者智力正常，但部分患者可能伴有特殊类型的学习障碍及特异性神经心理缺陷。克氏综合征，又称精曲小管发育不全，其患者大多有 47 条染色体（22 对 + XXY），他们不能生育，并且有很多女性化的表现。患者在与语言、文字有关的智力发展方面也常存在缺陷。

二、产前发育及分娩

个体生命的真正起点是精子与卵子相结合的那一刻。受精后，个体生命发展变化最快的时期——产前发育就开始了。虽然任何一个个体在受精卵形成的那一瞬间，其特有的遗传基因已被决定了，但这并不意味着胎儿就能顺利发育成熟并出生。胎儿的正常发育需要一定的条件。妊娠早期对胚胎形成、胎儿器官的分化发育十分重要。

（一）产前发育的阶段

个体出生前，在母体内大约度过了 10 个月的时间（约 280 天）。个体产前发育过程按其发展特点，可分为三个阶段：胚种期、胚胎期和胎儿期。

1. 胚种期

从单细胞受精卵到形成一个球形细胞团（仅有针头那么大），并植入子宫内，在子宫内膜上"着床"为止，共持续 2 周左右的时间，这一时期是胚种期。

2. 胚胎期

胚胎期是胚胎处于迅速生长状态的时期，从第 2 周一直持续到第 8 周末。这个时期，胚胎对环境的影响非常敏感。各种重要器官的分化和生理系统的产生在这一时期进行。在胚胎期，胎盘形成三层细胞：外胚层，以后会发育成神经系统和皮肤、牙齿、感觉器官等；中胚层，以后会发育成肌肉、骨骼、循环系统等；内胚层，以后会发育成消化系统、呼吸系统、腺体等。

胚胎初期，神经发育最快。外胚层发育成神经管或初级脊髓。在第 3 周半时，顶端膨大发育为脑泡，神经元的生长开始深入神经管，一旦形成，神经元沿着细丝状道路前行到达永久性驻地，在那里，它们形成脑的主要组成部分。在神经系统发育的同时，心脏形成，开始搏动；眼睛、鼻子、耳朵、嘴以及四肢的肢芽分化出来，消化器官开始出现并发育。到第 7—8 周，性别分化开始，形成睾丸或卵巢。这时胚胎已有 4~5 cm 长，并已具有人的外形和成为人类的各种身体结构。

3. 胎儿期

胎儿期是产前发育的最后阶段，从怀孕第 9 周到胎儿出生。在这个时期，器官进一步分化，躯体比例改变，机能增长。

从第 3 个月开始，骨骼、肌肉生长，神经系统与各组织开始变得相连，大脑有了反应，使胎儿开始能活动其四肢。到第 3 个月末，胎儿长到 9 cm 长，其头部显得特别大，胎儿已能吞咽、消化和排泄。

第 4—6 个月，胎儿的运动已经能被母体感觉到。此时胎儿的感觉器官已能发挥其功能。6 个月早产儿对铃声的警觉反应和对强光的眨眼反应就是证明。这时胎儿的神经系统以及呼吸系统、循环系统均已基本长成并发挥功能。这是 6—7 个月早产儿可以存活的基本保证。在此时期，大脑的许多神经元都已各就各位，这是胎儿发育的一个重要里程碑。

第 7 个月至第 9 个月，胎儿身体迅速长大。身体细胞，特别是脑细胞体积变大，数目增加，大脑皮质增长。胎儿对外界环境的反应越来越多。在最后三个月，胎儿已重达 3~3.5 kg，长达 45~50 cm，皮下脂肪逐渐丰满以调节体温。胎儿从母体中接受抗体以抵御疾病。在最后几个星期，大多数胎儿在子宫里采取倒置的姿势，生长开始放慢，分娩的时刻快到了。

（二）影响产前发育的因素

个体在受精卵形成的一瞬间，其特有的遗传基因就已决定了个体的各种遗传性状。有些缺陷是先天遗传的，有些缺陷则是由产前发育的环境危害造成的。致畸因子指在胎儿期损害胎儿发展的任何环境因素，损伤往往是由多种致畸因子引起的，这些特定的致畸因子累积到一定的量并长时间作用就会影响胎儿的正常发育，甚至导致更严重的后果，致畸因子对不同时期的胎儿影响不同。

1. 药物

孕妇服用的绝大多数药物都会进入胚泡和胎儿的血管。一般来说，在妊娠 12 周前应避免服用药物和免疫抑制剂，尤其是致畸药物，如抗生素、解热镇痛药、镇静安眠药、避孕药、激素类药物等。许多人把维生素当成安全药、营养药，但维生素能致畸胎则往往被人们忽视。如过量的维生素 A 可破坏胎儿的软骨细胞，导致骨畸形、腭裂、眼畸形、脑畸形；过量的维生素 D 使胎儿血钙增高，易致胎儿智力发育低下。据报道，孕妇超大剂量服用维生素 C、维生素 B 也可使胎儿致畸。

此外，孕妇大量饮酒，抽烟，摄入咖啡因类物质，都会影响胎儿的生长发育，增加流产和早产的可能性，造成身体畸形、先天性心脏病等，甚至影响个体智力发展。如果孕妇吸毒，容易发生流产，导致发育不良、死胎、各种畸形和智力障碍。

2. 疾病

在怀孕期间，约有 5% 的孕妇会感染上这样或那样的疾病，这些疾病中的绝大多数（如一般性的感冒）对胚胎和胎儿没有影响，但有些疾病会对胚胎和胎儿造成严重危害。如病毒性疾病风疹，如果发生在胚胎敏感期，可能会造成胎儿心脏畸形、耳聋、白内障、生殖器和泌尿等方面的疾病，胎儿出现心智发育迟滞等。如果发生在胎儿期，也会造成胎儿低重、听力丧失以及骨疾等。

3. 辐射

辐射对胚胎和胎儿有害，尤其是怀孕6周内遭遇辐射，可能引发胎儿先天性缺陷，因为辐射会导致基因突变，从而造成流产、畸形、大脑发育不全。X射线的照射对胎儿的影响最严重，会导致小头畸形、智力缺陷、腭裂、失明、唐氏综合征、生殖器畸形等。

4. 营养

妊娠期间营养不足，孕妇身体虚弱、骨质软化，不仅会使胎儿体格发育不良，而且会影响胎儿大脑的发育以及出生后的智力发展。有研究表明，妊娠早期及出生前营养不良能损害胎儿大脑皮层和神经细胞的形成；妊娠后期及出生之初的营养不良会干扰新生儿神经轴索的形成，限制其中枢神经系统内树突的发育。孕妇营养不良发生的时间越早，对胎儿的影响就越严重。

5. 年龄

25~35岁是女性分娩最佳的年龄。35岁以上的妇女生育率降低，并随着年龄的增加持续降低。许多研究发现，母亲怀孕的年龄与影响儿童智力的发展有关。以唐氏综合征的发病率为例，母亲怀孕年龄低于29岁的发病率只有1/3 000，而母亲怀孕年龄在45—49岁的发病率为1/40。

6. 情绪及状态

孕妇的情绪、心理状态对胎儿的发育是有影响的。孕妇在情绪波动的状态下，自主神经系统激活内分泌腺，产生各种激素，尤其是肾上腺素，使细胞的新陈代谢发生变化，血液中的合成物也发生变化，这些物质透过胎盘作用于胎儿，并影响胎儿的发育。情绪烦躁、不愉快的母亲所生的孩子较有可能出现早产、低体重，或者表现出某些发育问题，如活动过度、易激动不安、睡眠障碍、过度哭叫等现象。[1][2]

（三）分娩

1. 分娩的理解

人类的妊娠期约为280天，一般是从最末次月经的第一天开始计算。分娩是妊娠满28周及以后的胎儿及其附属物，从临产发动至从母体全部娩出的过程。正常妊娠期为280天左右（即40周），在孕37周至孕42周以内分娩均属正常。凡超过预产期2周以上的属于过期妊娠。此时，胎盘发生老化，功能下降，输送血液的能力降低，胎儿会因此缺血缺氧，这样不仅直接影响胎儿正常的生长发育，还容易在分娩过程中使胎儿窒息死亡。一般在妊娠28周以前、胎儿体重不足1 000克而妊娠终止的过程，叫流产；在

---

[1] 参阅贝克. 儿童发展：第五版 [M]. 吴颖，等译. 南京：江苏教育出版社，2002：128-144.

[2] 参阅乐杰. 妇产科学 [M]. 6版. 北京：人民卫生出版社，2004：137-142.

28~37周分娩的叫早产儿；37周之后分娩的属于足月分娩，只有足月分娩的新生儿才能更好地适应子宫外的环境。

2. 分娩的过程与途径

分娩的整个过程通常分为3个时期，即宫颈扩张期，胎儿娩出期和胎盘娩出期，如图1-1所示。分娩的途径一般分为两类：阴道自然分娩和手术剖腹分娩。在正常的状况下，医生都会鼓励产妇顺应自然的规律，选择阴道自然分娩。分娩途径取决于胎儿、产道、产妇的精神心理等因素，同时受胎儿或新生儿状况以及产妇和胎儿对分娩耐受性的制约。若产妇和胎儿有不能纠正的异常情况而不适合经阴道分娩，则应进行剖宫产。

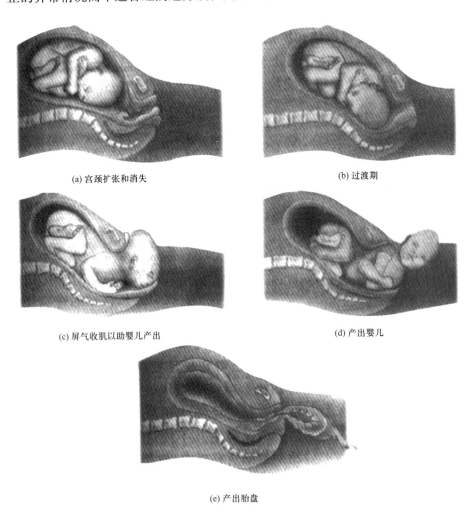

(a) 宫颈扩张和消失

(b) 过渡期

(c) 屏气收肌以助婴儿产出

(d) 产出婴儿

(e) 产出胎盘

图1-1　分娩三阶段

3. 分娩的异常

在分娩过程中，有少数新生儿会因各种原因遭遇缺氧症。异常分娩俗称"难产"，容易发生缺氧症；胎盘前置或胎盘早剥，也是导致新生儿缺氧的原因，这会危及生命安全，需要立即结束分娩。母婴的 Rh 溶血因子现象会减少新生儿氧气的供应，导致其心智发育迟滞、心肌受损等情况的发生。

分娩出现异常未能及时发现或处理不当时，母子均会遭受不同程度的伤害：使用手术产钳的机会增加，胎儿受伤害的机会也因此增加，如颅内出血及骨折等；可能会胎膜早破，发生脐带脱垂或感染；或者胎儿在产道内受压迫过久或因并发脐带脱垂等，易发生窒息，甚至死亡。

有些时候，当产程即将结束而胎儿因种种因素不能自然分娩时，如胎头已下降到阴道口，宫缩力量不够、胎头位置欠佳、出现胎儿宫内缺氧等，医生会采取紧急措施保护胎儿，利用产钳迅速将胎儿娩出，帮助产妇分娩。但助产处理不当，会不同程度地损伤胎儿。

第二节　大脑发育与神经可塑性

脑是人体中最精密、最高效的结构，在分娩时它的发育程度比其他器官更接近成人，在出生后生命的前两年中发育得也非常快。人的神经系统是人体各器官、系统中最早发展起来的。在怀孕后的第 4 周，神经系统就已经开始形成；第 8 周胎儿的大脑皮层就可以分辨出来；3 个月大胎儿的大脑外形与成人十分相似；六七月时，脑的基本结构已经形成；出生时，脑细胞分化，大脑皮层已有 6 层，细胞构筑区和层次分化已基本完成，大多数沟回已出现。出生后，婴儿的脑继续发展，主要是大脑皮层结构的复杂化和脑机能的完善化。

一、神经组织及其联结

（一）神经组织：神经元和神经胶质细胞

神经组织包括神经细胞和神经胶质细胞。神经细胞又称为神经元，是神经系统中最基本的结构和功能单位。神经元由胞体和突起两部分组成，突起又分为树突和轴突。神经元具有接受和传导冲动并整合信息的能力，使其产生感觉和调节其他系统的活动。神经胶质细胞遍布于神经元胞体与突起之间，数量约为神经元的 10 倍，神经胶质细胞虽然不参与神经冲动的传导，但对神经元起营养、支持、修复、保护作用，参与髓鞘的形成。神经胶质细胞终生保持分裂能力。

（二）联结：突触

突触是神经元与神经元之间、神经元与非神经元之间特化的细胞联结结构，有传递信息和分析整合的作用。突触可以进行细胞间的联系，形成复杂的神经通路和网络，实现神经活动。根据神经冲动的传递形式，突触可以分为化学突触与电突触。化学突触由突触间隙、突触前膜和突触后膜组成。神经元轴突末梢分支膨大成小球状，称突触小体，突触前膜即突触小体的膜，与突触前膜相对应的突触后神经元膜为突触后膜。在突触小体的轴浆内，含有较多的线粒体和大量聚集的突触囊泡。突触囊泡内含有高浓度的化学递质，线粒体可以提供合成新递质所需的能量腺苷三磷酸（adenosine triphosphate，ATP）。不同类型神经元的突触囊泡形状和大小不完全相同，并且所含递质也不相同，有些递质是兴奋性的，有些是抑制性的。突触后膜上存在一些特殊的蛋白质结构，称为受体。受体能与一定的递质发生特异性结合，从而改变突触后膜对离子的通透性，引起突触后神经元产生电位的变化。此外，在突触后膜上还存在能分解递质使其失活的酶（图1-2）。[1]

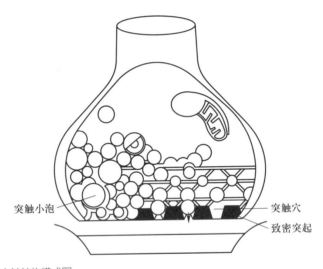

突触小泡

突触穴

致密突起

图1-2　化学突触结构模式图

一个神经元的轴突末梢可以分出许多末梢突触小体，它可以与多个神经元的胞体或树突形成突触。一个神经元可通过突触传递影响多个神经元的活动；同时，一个神经元的胞体或树突也可通过突触接受多个神经元传来的信息。

二、大脑发育

大脑是中枢神经系统的最高级部分，人的大脑是在长期进化过程中发展起来的意识和思维器官。大脑分左右两个半球，重量占全部脑重量的60%~70%。大脑皮层的总面积可达 2 200~2 600 cm²，集中了数百亿个神经

---

① 参阅寿天德. 神经生物学 [M]. 北京: 高等教育出版社, 2001: 27-33.

元，神经胶质细胞数是神经元的 10 倍以上。大脑的发育主要体现在以下几个方面。

（一）脑重量的增加

人的大脑平均重量约为 1 400 g，大脑从胚胎时就开始发育，出生时重量约为 350 g，是成人脑重的 25% 左右。第一年脑重的增长速度最快；2.5—3 岁时增长到 900 g，约相当于成人脑重的 65%；到 5 岁时，达到成人脑重的 90%。此后脑重量增加速度变慢，但脑的结构和功能不断向着复杂化的程度发展。这些发展变化在一定程度上反映了大脑的发育和成熟状况。研究表明，婴儿脑重的增加并不是神经元大量增加，而是神经元结构的复杂化和神经纤维的延伸。

（二）大脑皮层的发育

大脑皮层是人脑中最大的结构，也是最后停止生长的脑结构。因此，它比大脑的其他任何部位对环境的影响都敏感。

大脑皮层的作用在于有意识地控制动作、学习和思维。它是控制和协调人的行为的重要组织，但却是整个大脑发展最晚的部位。大脑的发展顺序是从脑干到皮层。婴儿出生时，大脑的低级层次相对已比较成熟，在 3 个月前婴儿的绝大多数行为是由脊髓、脑干和脑的低级部位调节的。到 7 个月时，中脑开始充分发挥作用，出现一些新的能力。新生儿的大脑皮层表面比较光滑，构造比较简单，沟回很浅。之后，皮层迅速发展，细胞体积扩大，层次扩展，沟回变深，神经元突触日趋复杂，神经纤维从不同方向越来越多地深入皮层各层。与此同时，神经纤维发生髓鞘化，使原来赤裸的纤维包上了绝缘的髓鞘，它的功能很像电线外面的绝缘层，能加速神经冲动的传导，并引导它们传向指定的器官。神经纤维的髓鞘化是脑内部成熟的重要标志，它为神经兴奋的迅速传导提供了保证。1 岁时，大脑皮层开始发挥主要作用；2 岁时，大脑皮层大部分已发育成熟；8 岁时，人的神经系统的各个部分几乎都已发育成熟，只有一小部分要持续到成年期才完全成熟。

儿童脑的发育还表现为脑的偏侧化优势的形成和进一步加强。大脑皮层由左右两半球皮层构成，大脑两半球发育的速率是不相同的。对大多数儿童来说，在 3—6 岁，左半球表现出发展加速，6 岁以后其发展转向平稳。与之相对照，整个儿童早期和中期，右半球成熟的速度较慢，仅在 8—10 岁略显出速度加快。

对于大多数人来说，右手使用工具的能力比左手强，这一现象叫右利手，有少数人是左利手。根据观察发现，5—6 个月大的婴儿开始表现出利手的倾向：他们中的大多数人都喜欢用右手去拿东西，大约 2 岁的时候，利手就比较稳定了。这是与这一年龄段儿童脑的偏侧化优势发展相符合的。利手现象反映了大脑的某一侧对控制、调节运动技能具有越来越大的优势，其他由优势脑半球控制的能力也获得更大的发展。据统计，属于右利手的人约占总人口的 90%，这些人的语言活动和对右利手的控制属于左半球的功能，而余下 10% 的左利手人，其语言活动往往是由左右半球协同支配的，这表明对于左利手，脑的偏侧化优势不如右利手强。事实上，有很多左利手人属于双利手，虽然他们喜欢用左手，但有时他们感到使用右手也很方便。

（三）脑电波

脑电波是脑发育的一个重要参数，也是研究儿童发展的中心问题之一。大脑的电波有多种形式，其中 α 波是成人大脑活动最基本的节律，频率为 8～13 次/秒。成人 α 波呈现频率一般比较稳定，10±0.5 次/秒的 α 波节律是大脑与外界保持最佳平衡的节律。θ 波的频率一般为 4～7 次/秒，正常成人在觉醒状态下很少出现。δ 波的频率一般为 0.5～3 次/秒，意味着大脑皮层活动性降低，正常成人在觉醒状态下绝少出现 δ 波。国内外的有关研究发现：新生儿的脑电波多为 δ 波，并且不规则；随着儿童年龄的增长，脑电波趋于有规律，频率升高。婴儿一般在 5 个月大时枕叶开始出现 θ 波；1—3 岁时 δ 波减少，θ 波增多，同时出现少量的 α 波，但在 5 岁前，θ 波一直多于 α 波；从 4 岁开始，θ 波逐渐减少，α 波增多；5—7 岁时，θ 波与 α 波的数量基本相同；到 7 岁以后，α 波逐渐占主导地位，θ 波开始从枕叶、颞叶、顶叶消失；13 岁左右，脑电波基本达到成人水平。有关脑电波的研究还发现，大脑的发展存在两个加速期：一个在 5—6 岁幼儿期，此时枕叶 θ 波与 α 波竞争最为激烈，最后 α 波逐渐超过了 θ 波；另一个在 13—14 岁，此时整个大脑皮层 α 波与 θ 波的竞争已基本平息，α 波基本代替了 θ 波。[1]

（四）脑的反射活动

反射是脑的基本活动，是大脑机能发展的重要标志。新生儿的大脑皮层还未完全成熟，所进行的只是大脑皮层下的一些先天遗传的无条件反射。一些反射对生命是有意义的，如吮吸反射、吞咽反射、朝向反射等；另一些反射是特有的，如足趾反射、抓握反射、惊跳反射、强直反射等。在正常情况下，这些无条件反射在出生后不久都会渐渐消失。这些无条件反射是在种族进化过程中遗传下来的，它们消失的时间可以作为神经系统成熟的一种指标，如果在该消失的年龄反射仍然存在，就表明脑和神经系统发育可能不正常。如果在它们应该存在时却不存在，也提示脑和神经系统可能存在发育异常。

---

[1] 参阅左明雪. 人体解剖生理学 [M]. 北京：高等教育出版社，2003：120-122.

新生儿首先依靠先天具有的对生命有意义的无条件反射来维持生活，许多无条件反射对新生儿具有保护意义，但这些无条件反射只能对固定的刺激作出固定的反应，不足以帮助新生儿应付生活环境中变化多样的刺激。因此，在出生后不久，个体就会在无条件反射的基础上形成了条件反射。条件反射的出现对个体的生活具有极其重大的意义。无条件反射是一种本能活动，实际上是一种生物性活动而不是心理活动。条件反射既是生理活动又是心理活动。条件反射在生理学上称为暂时联系，在一定条件下，经过多次结合，条件反应和条件刺激才能建立起联系；条件反射形成后，如果多次不结合，联系就会消失。条件反射在心理学上称为联想，如望梅止渴。条件反射的出现，标志着心理活动的发生。条件反射的形成是基于大脑皮层成熟、健全而正常的状态的。如果儿童的大脑皮层还没有成熟，就不能建立条件反射。大脑皮层各部位的生理成熟有早晚，不同条件反射出现的时间也有早晚。第一个条件反射出现的时间，取决于开始训练儿童建立条件反射的时间。出生后，开始训练儿童条件反射的时间越早，条件反射出现的时间就越早。出生后第一个月，儿童已经能够建立条件反射，心理也就随之发生了。

三、神经可塑性

儿童发展是儿童生理、心理与行为协同发展的结果，而生理发展特别是神经系统的发育又是心理与行为发展的基础。儿童神经系统发育也是一个动态的过程，受经验和发育程序交互影响，在宏观和微观上都表现出可塑性。神经可塑性对儿童发展的影响已成为国际儿童发展领域研究的热点之一。

（一）不同层次的神经可塑性

神经可塑性表现为三个层次：宏观脑结构的功能重组，细胞层次的神经可塑性，神经可塑性的分子与基因机制。

1. 宏观脑结构的功能重组

大脑的结构和功能组织在发育的过程中逐渐成形，但是大脑具有重组这些功能的潜力，并能在经验的塑造下改变其结构。例如，手指的灵巧性有助于提高小提琴演奏者的技巧，并得到正向强化，如增加练琴的频率。这种经验不但可以再造肌肉和肌腱等外周器官，同时也能改变大脑中控制手指运动的结构，使得手指的灵巧性进一步提高。对视觉皮层的研究也表明了这种可塑性。如维泽尔（Wiesel）和胡贝尔（Hubel）利用动物实验操作，戏剧性地证明了出生后眼优势柱的可塑性。正常猫双眼通过外侧膝状体投射到视觉皮层第IV层的传入神经末梢各占50%的位置；而在单眼剥夺（将初生小猫的一只眼缝合，留着另一只作为对照）若干天后，剥夺眼占据的位置减少，而非剥夺眼则占据70%~80%的位置，并且这一变化是显著而永久的。他们对初生猴子所做的单眼剥夺实验也得到了类似的结果。

2. 细胞层次的神经可塑性

细胞层次的神经可塑性主要表现为突触可塑性，包括突触在形态上和功能上的修饰，以及大脑中新神经元不断地形成。

（1）突触形态上的修饰。神经元超过 95% 的兴奋性突触在树突和棘上。在发育期间树突和棘生长迅速，在成年时树突和棘仍表现出相当的可塑性。通常通过染色后，人们根据树突长度和棘密度可以大致估算出突触的数量。研究发现，丰富的环境刺激可以影响大鼠的脑大小、皮层厚度、神经元大小、树突分支、棘密度、单个神经元上突触数、神经胶质细胞数和神经元形态等许多的参数。

（2）突触功能上的修饰。赫布（Hebb）指出神经元之间的联系会因持续的刺激而增强，这一假设因突触传递的长时程增强（long term potentiation, LTP）现象的发现而得以证实。1973 年，布利斯（Bliss）首次发现用强直刺激后，继后刺激可在海马结构引起刺激反应的易化现象，并可持续 10 小时以上，这一现象被称为突触传递的长时程增强。研究者通过离体海马脑片实验或在清醒动物的海马中植入电极的慢性实验，发现在海马的所有兴奋传导通路中都能诱发 LTP。大量的研究表明，这种突触功能的可塑性变化与学习记忆密切相关。

（3）新神经元的生成。过去人们认为成年哺乳动物大脑皮层神经元的丧失是永久性的，而近年来研究者发现成年哺乳动物脑中仍然保留具增生能力并能进一步分化成神经元的前体细胞——神经干细胞。侧脑室附近的室管膜下区、海马和齿状回是成年哺乳动物神经干细胞最集中的区域。有证据显示，哺乳动物包括灵长目的大脑，能够为嗅球、海马结构，甚至额叶皮层和颞叶皮层产生出新的神经元。研究者推测这一过程是为了增加大脑的神经可塑性，特别涉及学习和记忆的功能。受伤大脑的神经元生成速率显著加快，有助于大脑皮层的更新和功能的恢复。

3. 神经可塑性的分子与基因机制

神经可塑性的本质还可以追溯到调控学习记忆的分子及相关基因的表达。著名发展认知神经科学家马克·约翰逊（M. H. Johnson）教授指出，脑发育并不仅仅是一个展开基因图谱的过程，也并非只是一种对外界输入的被动反应，而是在分子、细胞和器官水平上的一种活动依赖性过程。基因、脑和行为之间存在着交互的影响。

（二）神经可塑性与早期经验的交互作用

1. 神经突触的倒 U 型变化与心理发展关键期

出生时，新生儿突触连接数目相当于成人的 1/10；3 岁时，儿童的突触连接数目大致是成人的 2 倍；到了 14 岁时，儿童的突触连接数目和成人大致相当，这一现象称为神经突触的倒 U 型变化。儿童在发育过程中拥有的突触连接数目为什么会超过他最终所需要的数量，而后又逐渐下降呢？研究者推测，在早期，一方面由于基因调控神经发育，另一方面儿童每次新的体验都会导致其脑内突触连接数目增加，这使得突触密度显著增大。但突触之间也存在着竞争，当经验越来越丰富时，神经网络就会通过突触筛选，用最优化的方式建立适合该功能的高效通路。其中，经验在突触修剪过程中扮演了非常重要的角色。如从小接受音乐训练的儿童，由于音乐信息不断地刺激，许多突触形成并对其进行传导和加工。在不断练习之后，能够高效处理这些信息的突触连接就会加强，而那些低效的突触通常就会被淘汰。突触修剪的过程有利于提高大脑信息加工的效率。

倒 U 型的神经突触发展模式，使大脑在儿童早期具有高度的可塑性，这为发展关键期理论提供了神经科学的依据。各种感觉、知觉和认知能力都在一定时间窗内呈现高效和高速的发展。因此，家长和教育者应当根据神经发育规律，在儿童不同认知功能的发展关键期内，给予相应的刺激和引导。例如，研究者利用事件相关电位（ERP）技术发现了母语音素区分能力形成的关键期是在 1 岁以内。切沃（Cheour）等发现 12 个月婴儿对母语中元音的 ERP 反应已经类似成人，而在 6 个月时还有所不同。这显示了与母语音素相关的神经痕迹可能出现在出生后 6~12 个月。1 岁以前形成的对母语语音单位的区分能力，是婴儿在语言经验中获得的，并成为婴儿快速和省力学习母语的基础。因此，给予 1 岁以内的婴儿标准母语刺激，对其构建母语学习能力具有决定性的影响。

2. 神经可塑性与丰富的环境刺激

神经发育理论非常强调脑发育的活动依赖性，认为大脑发育并不是一个完全由基因控制的预定性过程，而是一个动态的、不断受外界输入影响的过程。在大脑发育和行为发展之间，存在着一种双向的交互作用。在个体出生前后，大脑神经网络根据电信号的输入而不断地进行着重构。出生前大脑神经网络中的输入主要是来自内部的自发活动；而在出生之后，随着个体各种感觉器官的成熟，外界环境刺激的输入对大脑神经网络构建所起的作用逐渐增强。

丰富的环境刺激和经验可以促进神经突触的形成，有利于大脑与行为的双向建构。因此，为儿童创设一个充满生气、缤纷多彩的生活环境，使他们的活动经验、大脑结构和认知能力不断地在其中协同发展，成为早期教育者的迫切任务。儿童需要感受丰富多彩的外界环境，包括各种颜色、气味和声音的刺激。食物、玩具、音乐和家务活动是早期育儿的刺激工具。随着年龄的增长，唱儿歌、讲故事、做游戏和观察自然等活动都有助于丰富儿童的生活情境，使其大脑认知能力得到充分的发展。游戏有利于发展儿童的知觉辨别能力、交流能力、精细动作和大动作控制能力，以及想象力等。体育性活动则能促进大脑机能的平衡发展，有利于发散思维、直觉思维、逆向思维以及创造性思维的开发。

第三节　儿童动作发展

儿童的动作发展包括躯体和四肢的动作发展，它受身体发育，特别是骨骼、肌肉的发展顺序以及神经系统的支配作用制约，儿童的动作发展不仅对身体有影响，对智力发展也有非常重要的意义。

一、身体的发育

（一）身高、体重的变化

身高（身长）和体重是儿童身体发育的重要方面，它们标志着内部器官如呼吸系统、消化系统、排泄系统及骨骼的发育状况。

婴儿期是身体发育的第一个高峰。刚出生时，一般而言，足月男婴体重为 3.3~3.4 kg，足月女婴体重为 3.2~3.3 kg，大约到第 6 个月，体重就增加了 1 倍，1 岁时增加了 2 倍；新生儿身长约 50 cm，在第 1 年内，身长就增加了 20~25 cm。从第 2 年开始，婴儿的生长发育速度减慢，此后身高和体重的增长十分平稳，几乎呈直线。在人的一生中，幼儿期仍是身体生长发育较快的一个时期，每年身体平均增高 6~7 cm，平均体重增加约 2 kg。到了青春期，开始出现身体发育的第二个高峰期。

（二）骨骼、肌肉的生长

幼儿肌肉组织的发育很明显。幼儿的体重每年都在增加，其中大部分的体重增长是肌肉发育的结果。3 岁幼儿的大肌肉群比小肌肉群发达。由于大肌肉群的发育，幼儿喜欢整天不停地活动。经常使用肌肉也使幼儿肌肉组织纤维在长度和力量方面日益增加。幼儿的小肌肉群在 5—6 岁时才开始发育，这时他们能够做一些精细的动作，如写字、制作手工等，从而进一步促进小肌肉群的发育。此时，小肌肉群虽然开始发育，但并不发达，幼儿手腕、手指的精细动作协调性较差，也容易产生疲劳，因此，成人对他们的动作质量不能提出过高的要求。

骨骼系统在人出生后就一直迅速地生长发育。2—6 岁时，采用 X 射线照射的方法可以发现大约有 45 个新骨骺出现在骨骼的各个不同部位。骨龄是衡量身体发育成熟程度的最好指标。刚刚出生时，女孩的骨龄比男孩的超前，随着年龄的增长，这一差距越来越大。在青春期，女孩较男孩平均超前2年。骨骼系统发育的另一个重要表现就是牙齿的生长，5—6岁时，幼儿开始换牙。

（三）身体各系统的发育

从出生到20岁，身体不同的器官组织系统的发育速率是不同的，表现出不同的发展曲线，如图1-3所示。一般生长曲线代表躯体或骨骼、肌肉的发展趋势（通常以身高和体重作为指标），它经历了两个生长加速期：婴儿期和青少年期。在生殖器曲线中，从出生到整个少年期生殖系统的发育速度很慢，进入青春期后，生殖系统加速发育，曲线陡然上升。淋巴组织的发育曲线从出生到整个学龄儿童期，以惊人的速率增长，到少年期则陡然下降。这是因为早期儿童机体对疾病的抵抗力弱，需要淋巴系统来进行保护。以后随着其他各系统的逐渐成熟和对疾病抵抗力的增强，淋巴系统逐渐退缩。最后，从脑和头部的发育看，神经系统，尤其是大脑在生命的前几年，其发育速度一直是领先的，其成长曲线高于其他曲线，大脑发育得最早，达到成熟水平也最快。

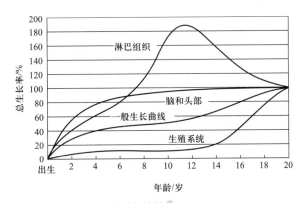

图1-3　从出生到20岁身体各器官组织的成长比较 [1]

二、动作发展的规律

儿童的动作是在神经中枢的控制下进行的，因此儿童动作的发展与神经系统的发展密切相关，并与身体的发展有着类似的发展规律。儿童身体的发展遵循一定的先后次序，即头部—颈部—躯干—四肢，儿童动作的发展也有一定的顺序，其发展规律如下：

从上到下，又称上下规律，即先会抬头，然后坐、站立、走路。儿童最早发展的是头部动作；其次是躯干动作；最后是脚的动作。所有婴儿都是沿

---

① 方富熹，方格，林佩芬. 幼儿认知发展与教育［M］. 北京：北京师范大学出版社，2003：52.

着抬头—翻身—坐—爬—站—行走的动作发展方向成熟的。

由近及远，头和躯干的动作先发展，然后是双臂和腿部动作的发展，最后才发展手部的精细动作。

由粗到细，或由大到小。儿童先学会躯体大肌肉的粗动作，以后逐渐学会手的小肌肉的精细动作。如婴儿首先发展的是双臂和腿部等动作，之后才是灵巧的手部小肌肉动作以及准确的视觉动作等。

由整体到分化。儿童最初的动作是全身性的、笼统的、弥散性的手舞足蹈，以后才逐渐分化为局部的、精确的、专门化的动作。开始时为了完成某一个动作，如取胸前的玩具，儿童最初会手舞足蹈，全身肌肉都在活动，可还是取不到东西；之后儿童会重心向前，轻而易举地取到东西。

从无意到有意。儿童先出现无意动作，然后才逐渐出现有意动作，动作发展越来越多地受心理意识的支配。

半个多世纪来，国内外的心理学者对婴儿动作发展进程进行了大量的、大样本的和大时间跨度的研究，制订了许多有意义的婴儿发展量表。国外如格塞尔的发展量表、丹佛发展筛选量表等；国内如中国科学院心理研究所和首都儿科研究所共同研制的《0—3岁小儿精神发育检查表》、中国儿童发展中心制订的《中国儿童发展量表（0—3岁）》等。

表 1-1 列出了 2—6 岁儿童动作技能的发展变化，可供参考。

表 1-1　2—6 岁儿童动作技能的发展变化[①]

年龄	走和跑	跳	单脚跳	投掷和抓取	蹬车和把握方向
2—3岁	行走有节奏，手臂与腿能反方向运动。快走变成了真正的跑	从台阶向下跳。双脚离地，手臂不活动	每次单脚跳1~3次，上身和不跳的腿保持不动	只用前臂来扔球，脚保持不动。将要扔球的胳臂僵化地伸展	双脚蹬车，但不能把握方向
3—4岁	双脚交替上楼。下楼时只用一只脚下楼梯	跳的时候有手臂的协调动作。跳的跨度约为 40 cm	单脚能连续跳4~6次，上身出现协调动作，不跳的腿摆动	虽然在扔球时身体能稍微转动，但还是不能将重心转到脚上。让肘弯曲，有准备抓取东西的意识；把球放在胸前	双脚蹬车，骑三轮车时出现驾驶动作

---

① 参阅芭芭拉·M.纽曼，菲利普·R.纽曼.发展心理学 [M].白学军，等译.西安：陕西师范大学出版社，2005：196.

续表

年龄	走和跑	跳	单脚跳	投掷和抓取	蹬车和把握方向
4—5岁	双脚交替下楼，动作更流畅。能飞奔和用单脚跳	向上、向前跳的能力提高，跨度增大	能单脚连续跳7~9次，跳的速度加快	在扔球时，上身转动并将重心转到脚上。用手抓住球。如果不成功，可能会把球放在胸前	速度加快，驾驭熟练
5—6岁	跑步速度提高。飞奔更为流畅。真正的跳跃动作出现	跳的高度达到30 cm，跨度达90 cm	在10秒内能跳50下。有节奏地单脚交替跳（如一只脚跳两次后，另一只脚再跳两次）	有了成熟地扔东西和抓东西的动作模式。在扔东西的时候，手臂运动更多，将重心转移到前脚。将要扔球时，手的姿势放松。让身体和双脚动作协调	骑有训练轮的自行车

三、影响动作发展的因素

影响动作发展的因素不是单一的，儿童动作发展是多个系统协调作用的结果。个体自身的发展状况、个体所处环境以及所面临的任务要求等都会对个体的动作发展产生重要影响。

（一）生物学因素

1. 基因

动作产生的物质基础主要是神经系统，尤其是中枢神经系统，而神经元和神经系统的分化、发育，以及最终形成的生理生化性能和行为都受基因的调控。基因作为遗传物质本身不直接产生各种行为，但在神经系统的分化、发育过程中各类基因的表达及产物则可间接影响行为。大多数在产前就已存在的因素如基因突变、染色体异常等，对个体的动作发展会有影响，有些因素会使个体动作发展迟缓，甚至无法从事某些活动。

2. 中枢神经系统的成熟度

中枢神经系统的发展在一定程度上影响了儿童动作的发展，大部分的运动肌肉是由中枢神经系统控制的，中枢神经系统本身的成熟度不够，将直接影响肌肉的发展，从而使动作发展较为迟缓。

3. 感官经验的统合

感官包括眼睛、耳朵、鼻子、触觉器官、味觉器官等。感觉系统如视觉、听觉、触觉、味觉、嗅觉、前庭觉、本体感受觉等，将感觉信息送到大脑进行统合、分析，然后大脑再发出指令使运动系统作出反应，此即感官经

☞信息栏：格塞尔双生子爬梯实验

验的统合。感觉信息在运动控制中有重要的作用，对于编制运动程序和执行活动起着必要的反馈调节作用。所以，如果感觉器官出现问题，或者大脑在统合时无法命令运动系统作出应有的反应，就会影响儿童动作的产生和发展。

（二）非生物学因素

儿童成长的物质生活环境、特定的养育观念和方式等，对儿童动作的发展速度不仅会产生直接影响，也会影响其特定动作的发展水平以及动作发展的顺序和倾向。环境对儿童动作发展的影响既有来自自然环境特征的影响，如气候；也有来自社会文化和心理环境特点的影响，如文化背景、家庭环境等。

另外，儿童面临的动作任务要求也是动作发展的外部要求和动力，儿童在特定情境中的动作特点在很大程度上取决于环境提出的要求。

四、动作发展的神经机制

中枢运动控制系统是以等级性的方式组构的，前脑处于最高水平，脊髓则位于最低水平。中枢运动控制系统的最高水平，主要有新皮层的联合皮层和前脑基底神经节，负责运动的策略层面，即确定运动的目标和达到目标的最佳运动策略。中间水平以运动皮层和小脑为代表，负责运动的技术层面，即肌肉收缩的顺序、运动的空间和时间安排，以及如何使运动平滑而准确地达到预定的目标。最低水平以脑干和脊髓为代表，负责运动的执行层面，即激活那些发起目标定向性运动的神经元和中间神经元，并在运动过程中对姿势进行必要的调整。

本章小结

儿童发展受遗传、发育、环境、教育等多种因素的影响，这些因素之间相互影响、相互制约。正常的心理活动必须具备正常的生理基础和遗传素质。婴儿出生以后，具有一定遗传素质的身体各部分及其器官的结构和机能还要经过一个很长时期的生长、发展过程，才能达到结构上的完善和机能上的成熟。遗传和成熟是儿童心理发展必要的物质基础。

个体生命运动的真正起点是从受精的那一刻开始的。受精后，产前发育就开始了。胎儿的正常发育需要一定的条件。妊娠早期对胚胎形成、胎儿器官的分化、发育都是十分重要的，而产前检查能使孕妇更自觉地从妊娠早期开始，避免一些不良因素的影响。

人的神经系统是人体各器官、系统中最早发展起来的。脑是人体中最精密、最高效的结构，在分娩时它的发育程度比其他器官更接近成人，在出生后生命的前几年中发育得也特别快。出生后，婴儿的脑继续发展，主要是大脑皮层结构的复杂化和脑机能的完善化。

大脑在发育过程中存在着神经可塑性。宏观来说，大脑皮层能够根据经验进行功能重组。微观来说，神经可塑性表现在突触形态、突触功能上的修饰，也进一步体现在分子和基因的水平上。突触的倒 U 型发展模式是儿童心理发展关键期理论的神经基础，早期经验能通过神经可塑性的机制来影响儿童认知功能的发育。神经可塑性的研究成果，对儿童教育者把握教育时机和制订教育方案，都具有重要的意义。

动作发展是个体心理发展的重要方面。动作本身并不是心理，但是它和心理的发展有着密切的关系，被认为是心理功能的外在表现。人的活动是在神经系统特别是在大脑的支配下通过动作来完成的，动作的发展在一定程度上反映大脑皮层神经系统活动的发展。因此，人们常把动作作为测定儿童心理发展水平的一项指标。儿童动作的发展是多个系统协调作用的结果。个体自身的发展状况、个体所处环境以及所面临的任务要求等都会对儿童个体的动作发展产生重要影响。

进一步学习资源

- 关于生物基础、产前期和分娩，婴儿期的运动发展、身体发展等问题，可参阅：

  贝克. 儿童发展 [M]. 邵文实，译. 南京：江苏教育出版社，2014.

- 进一步了解产前发育的相关知识，可参阅：

  卡珀. 大脑的营养 [M]. 雷丽萍，李海燕译. 北京：新华出版社，2002.

- 进一步了解儿童行为发育的有关问题，可参阅：

  邹小兵，静进. 发育行为儿科学 [M]. 北京：人民卫生出版社，2005.

- 进一步了解神经系统的结构与功能单位——神经元，可参阅：

  贝尔，柯勒斯，帕罗蒂斯. 神经科学：探索脑 [M]. 王建军，主译. 北京：高等教育出版社，2004.

- 进一步了解脑功能结构重组与神经元再生研究，可参阅：

  NELSON C A. Handbook of developmental cognitive neuroscience[M]. Cambridge, MA: MIT Press, 2001.

- 进一步了解突触长时程增强现象，可参阅：

  贝尔，柯勒斯，帕罗蒂斯. 神经科学：探索脑 [M]. 王建军，主译. 北京：高等教育出版社，2004.

- 进一步了解神经可塑性与学前教育研究，可参阅：

伯根. 大脑研究与儿童教育 [M]. 王爱民，译. 北京：中国轻工业出版社，2006.

- 进一步了解学前儿童的动作发展、身体发育等知识，可参阅：

贝克. 婴儿、儿童和青少年：第五版 [M]. 桑标，等译. 上海：上海人民出版社，2008.

思考与探究

1. 请将你知道的影响产前发育的因素尽可能地列举出来，并提出可以预防的措施。

2. 遗传对大脑的发育起着重要的作用，那么，经验是否对大脑和机体也有影响呢？

3. 神经可塑性在细胞层次上表现为哪些方面？

4. 对患有先天性斜视的儿童，以前到青春期之后才开始矫治，而今通常在幼儿期就试图进行外科矫正，为什么？

5. 儿童通常能够不费力地学习几种语言，而成人则需为掌握第二语言付出极大的努力。从神经可塑性的角度，请谈谈为何会发生上述情况。

6. 请具体叙述影响动作发展的多个因素。

趣味现象·做做看

实验目的：通过手指敲击测验（finger tapping test），检验儿童的运动速度、两手精细运动的能力，以及建立和维持连续有节律地敲打的能力。手指敲击测验可以评估儿童小脑与基底神经节的功能发展，可应用于诊断运动技能障碍儿童。大多数运动技能障碍儿童在婴幼儿期即存在运动发育的异常，对其进行早期预防和干预非常重要。运动技能障碍常给患儿日常生活带来显著困难，并严重影响到其学业成就，其运动技能障碍并不会随年龄增长而消失。

研究对象：3—6 岁幼儿。

实验工具：机械计数器、塑料板等。

程序：将一个机械计数器和一块 22.9 cm × 24 cm 的板相连，让幼儿用食指尽可能快地在上面敲打 10 秒，利手和非利手交替进行，直到得出每次交替时两手敲打数之差小于 5 的敲打 5 次为止。以利手敲打 5 次的平均敲打数为计分标准。

第二章　　　　　　儿童注意、感知觉的发展

本章导航

本章将有助于你掌握：
- 注意的分类
- 注意对儿童发展的意义
- 儿童注意品质的发展
- 有意注意的发展
- 影响儿童注意发展的因素
- 儿童注意力的培养

- 儿童视觉的发展
- 儿童听觉的发展
- 儿童嗅觉、味觉、触觉的发展

- 知觉的分类和特征
- 儿童形状知觉的发展
- 儿童方位知觉的发展
- 儿童深度知觉的发展
- 儿童社会知觉的发展

- 儿童注意、感知觉发展的认知神经科学研究

5 个月大的欣欣虽然还很弱小，但和刚出生的婴儿比起来，她的感知能力更强了，动作也更灵活了。她可以看着自己的小手，准确无误地把它放进自己的嘴里；吃到香甜的米粥时她会愉快地舞动手脚；她的嘴唇和舌头对烫的感觉也有了反应，已经能够把烫的食物吐出。她的注意对象似乎和成年人注意的对象不同，在熙熙攘攘的街市中，她可以一直专心地盯着自己穿着红色袜子的小脚。她最喜欢的是注视身边人的脸。她还喜欢听钢琴的声音，悦耳的乐音能使焦躁的她安静下来。到两岁时，她已经能在两三米开外的地方看电视了，更爱吃甜饼，能对自己喜欢的护肤霜说"香香"；她能辨别更复杂的颜色、形状、声音……在短短的几年时间内，她的感知觉以及注意力是如何迅速发展的？我们又该如何帮助她去认识这个五彩斑斓的世界呢？

第一节　儿童注意的发展

我们常说的注意，往往与视觉联系在一起，称为视觉注意（visual attention）。比如应用眼动技术研究儿童注意，可以很好地发现儿童所能注意的对象大小、所喜欢的色彩、儿童扫描序列等有规律性的结论。在个体成长过程中，注意随着生理的成熟迅速发展，不仅体现在注意时间的增加上，也体现在注意活动效率的提高上。从大、中、小班的幼儿到小学、中学的学生，注意力随着年龄增长出现了质的飞跃。

一、注意概述

☞视频：儿童注意的发展

注意是脑的机能，注意是心理活动对一定对象的指向和集中。从注意的指向性和集中性可以看出，注意本身并不是一种独立的心理过程，而是感觉、知觉、记忆、思维等心理过程的一种共同特性。指向性和集中性是注意的两个基本特征。注意的指向性显示出人们的认识活动具有选择性。注意的集中性是指心理活动离开无关刺激，停留在注意对象上的强度或紧张度。

注意的发展是智力整合发展的保证。在胎儿听力研究的实验中，我们可以看到注意的早期发展。格鲁姆（Groome）等人的研究发现胎儿对声音有定向反射。定向反射是和注意联系在一起的，集中与定向是形成注意的前提也是注意形成的目标。胎儿在宫内受到多种复杂声音刺激的影响，如母体的体内声音、外界的声音等。对胎儿进行听力研究实验的结果表明，胎儿对不同分贝的声音作出不同的反应，即对不同的声音刺激有选择性地注意，对感觉到的刺激进行选择、分析，对于高强度的声音刺激，胎儿甚至可以出现应激状态。

新生儿已有非条件性的定向反射。大声说话能够使他们停止活动，发光物能够引起他们视线的片刻停留，这些都是原始的定向活动。这些定向活动是生物性的，在脑的低级部位如网状结构发生。婴儿睡眠－觉醒规律的形成，标志着神经系统和脑的成熟。神经细胞数量的增长、细胞体积的增大、神经纤维的增多、神经纤维的髓鞘化、脑功能分区的形成等，为婴儿保持觉醒，感受刺激，进行信息加工处理提供了可能，也为婴儿注意行为的发生和感知觉的进行提供可能。

科恩（Cohen）用棋盘格子作为 3—6 个月婴儿的注视对象的实验表明，引起婴儿注意的主要是刺激的物理特征，如棋盘格子大小、突然变化的亮度、声音、运动等。注意的产生似乎是在定向活动的先天机制控制之下的，而且不随婴儿的生长而变化，但是，导致注意保持的刺激特性随着婴儿的生长变化，并在注意的保持中出现习惯化现象。6—12 个月的婴儿，注意的范围扩大，注意选择性受到经验的支配。在婴儿学会说话以后，受意识支配的有意注意出现。[①] 随着年龄增长，有意注意的持续时间也不断增加。到 18 个月时，刺激定向和持续性注意这两个基本的注意加工都获得了全面的发展。同时，执行性注意开始发展，并一直持续到青少年中期。

人在集中注意的时候，伴随着特定的生理变化和外部表现。幼儿集中注意的外部表现往往比较明显，是教师判断幼儿是否集中注意的重要线索。

一是适应性运动。幼儿在集中注意的时候，感觉器官指向刺激物。如"侧耳倾听""屏息凝视"都是这种现象。

二是无关运动的停止。例如，幼儿在听教师讲一个引人入胜的故事的时候，会一动不动，甚至本来站着的幼儿会一直站着听教师讲故事。

三是呼吸运动的变化。在情绪状态变化时，呼吸系统的活动会有所改变。呼吸反应可以用吸气、呼气比率来记录，即 I/E 值，I 是吸气时间，E 是呼气时间。儿童在集中注意的时候，呼吸轻微缓慢，一般吸短呼长；高度集中注意的时候，会"大气不敢出，屏息凝气"。一般来说，在进行需要注意的脑力工作的时候，I/E 值为 0.3。

此外，很多幼儿在注意紧张的时候，面部表情也会紧张，如锁眉咬牙、脉搏速度加快、四肢紧张、双拳紧握等。

二、注意的分类

注意分为无意注意和有意注意。无意注意是指事先没有预定目的，也不需要意志努力，不由自主地对一定事物发生的注意。有意注意是自觉的、有预

---

① 孟昭兰. 婴儿心理学 [M]. 北京：北京大学出版社，1997：188.

定目的的注意，是由第二信号系统支配的，即能够借助词语而实现。儿童注意的发展是由无意注意发展为有意注意。婴儿有意注意主要是由成人提出的要求和任务引起的，在无意注意的基础上随着言语的发展而发展，这在婴儿后期已经有萌芽和初步表现。1 周岁以内的儿童已经能够用手指指点引发并保持注意。2—3 岁儿童逐渐能够自己叫出物体的名称，并以此组织自己的注意。

三、注意对儿童发展的意义

注意的发生和发展，对儿童的成长有着特殊的意义：

（一）注意是心理活动的积极维护者，是高质量认知活动的捍卫者

注意是儿童游戏和学习的保证，是人不可或缺的能力。天才儿童无疑都有着超常的注意力和学习效率。有研究表明，用两种不同的学习态度学习 12 个无意义音节，学习效果极不一样，抱有强烈学习愿望集中注意力学习的儿童与学习目标不明确的儿童相比，前者的学习效率可以比后者高 7~10 倍。

可见，注意程度对学习效果的影响很大。有的儿童学习效果差，掌握新知识的速度慢，并不是他们的智力水平不高，而是没有集中注意力的原因。

（二）注意对儿童心理发展具有功能性意义

注意使儿童吸收接纳大量的感知材料，积累经验。注意其他儿童、成人的外部表现能帮助儿童及时适当地调整自己的行为以提高社会适应性。注意与儿童的坚持性、意志形成也是不可分割的。同时，注意作为一种复杂的心理活动，具有以下功能：

1. 选择功能

注意对信息进行选择，趋向于有意义的、符合主体需要的以及与当前活动任务相一致的各种刺激，排除其他无关的、无意义的、有干扰的刺激，将有关信息分离出来，使心理活动指向性更明确。

2. 保持功能

注意使反映的对象保持在意识之中，防止信息的消失，一直到目的达成为止。

3. 调节和监督功能

注意控制着整个心理活动朝向一定的目标发展，维持心理活动的积极状态，当外界、注意客体、主体自身发生变化的时候，注意会促使心理现象适当分配、调整，直到任务有效完成。

在日常生活中，处处都有引起注意的例子。如交通警察的服装上有荧光色的横条，能引起司机的注意；有的广告倒置，反而引起人们的注意等。学前教育工作者要研究儿童注意的特点，充分发挥儿童注意的功能。

四、儿童注意品质的发展

（一）注意的集中性增强

随着年龄增长，儿童逐渐能将注意集中在与任务目标有关的刺激中来。在一个卡片分类实验中，要求儿童与成人根据卡片上的图案尽可能快地对卡片分类。例如，一根管子中有一个圆而另一根管子中有一个方框。这些卡片中有些没有不相关刺激，而有些则有一个或两个不相关刺激，如有直线穿过圆形或在上方或下方出现星星。实验表明，儿童忽视无关信息的能力是由他们对有不相关刺激的卡片进行分类时所需时间长短决定的。

（二）注意的稳定性逐步提升

注意的稳定性又称注意的持久性，是指注意在同一对象或同一活动上所能持续的时间。研究表明，人的注意状态很难持续不变，会出现周期性的变化，这种周期性的变化称为注意的起伏。如我们听表的声音，会感到时而强，时而弱。儿童的注意稳定性比较差，但不同的年龄阶段，稳定性有差别。3 岁儿童能够集中注意 3~5 分钟；4 岁儿童能够集中注意 10 分钟；5—6 岁儿童可以集中注意 15 分钟左右，甚至可以到 20 分钟。

影响儿童注意稳定性的因素有哪些？如何维持儿童的注意稳定性？我们总结了以下几点：

第一，注意的对象具体形象、生动鲜明。

第二，学习活动游戏化，避免枯燥单调的方式。

第三，活动与实际操作结合，鼓励儿童参与。

第四，保持儿童良好的身心状态。

第五，注意对象、任务过于复杂或者过于简单都不利于注意的集中。研究表明，出生后六周的婴儿就开始喜欢注视中等复杂程度的图形。

第六，无关刺激容易引起儿童的分心。但是，并非任何附加刺激都会引起注意力下降，有时微弱的刺激反而能加强注意力。如防止开车疲劳，可以适当播放音乐。

有研究认为，注意分散与不良的教育有关。例如，一个儿童在集中注意做某项工作的时候，成人常去转移他的注意，如一会儿叫他吃苹果，一会儿叫他做别的事情，多次反复，容易使儿童形成不良的注意习惯。个体的注意稳定性虽然一直在发展，但在幼儿阶段和中学阶段的发展并不快，反而在小学阶段发展很快。

国内学者根据拉特儿童行为问卷、康纳量表、儿童行为评定量表（Child Behavior Checklist，CBCL）等有关内容，列出大致判断儿童注意力存在问题的几个标准：注意力不集中，注意力短暂，活动过多，情绪不良或社会适应不良。

（三）注意分配能力增强

注意分配指同一时间里，注意指向多个不同对象，如教师一边弹琴，一边观察班上的儿童。注意的分配是有条件的：一是同时并行的两种活动中必须有一种是熟练的；二是同时并行的两种或几种活动之间如果有联系，注意分配就显得轻松很多，如载歌载舞。

幼儿的注意分配能力比较差，会顾此失彼，注意力也很难在多种任务之间灵活转移，影响了注意的分配。到了小学阶段，注意分配能力迅速提高。

学前教育工作者要注意儿童注意分配能力差的特点，避免同时给儿童多种任务，要求儿童专心做一件事情。

（四）注意转移逐渐灵活

注意转移即有意识地将注意从一个对象转移到另一个对象上。儿童注意转移的快慢与原来注意的紧张程度及新事物的性质有关，此外还存在个体差异。对原来的注意对象越紧张，注意转移就越困难。新事物的内容丰富多彩、形式多样、有趣，注意就比较容易转移。

（五）注意广度逐渐扩大

注意广度，即同一时间里能把握的对象的数量，又称为注意范围。W. S. 耶斯文的实验：抓一把黑豆撒在一个黑色背景的白盘子中，只有一部分豆子落到白盘子中，其余豆子滚到黑色背景上面去，豆子刚落到白盘子中，研究者便要求被试立刻报告白盘子中的豆子的数量。最后结果表明：第一，当白盘子里有 5 颗豆子时，开始发生估计上的误差；当白盘子里不超过 8~9 颗豆子时，错误估计次数在 50% 以下；当白盘子里的豆子超过 8~9 颗时，错误估计次数便在 50% 以上。第二，豆子数量越多，估计的偏差范围越大。第三，豆子数量增多，出现低估倾向。其他的一些实验表明，成人在 1/10 秒时间里，一般能注意 8~9 个黑色圆点，或 4~6 个无关联外文字母，或 3~4 个几何图形。小学生一般能注意 2~5 个无关联外文字母，幼儿最多只能把握 2~3 个对象。可见，幼儿的注意广度比较有限。随着年龄的增长，生活圈子的扩大，儿童注意广度会扩大。

五、有意注意发展

人的有意注意是由脑的较高层次指挥的。额叶除了有寻找信息功能之外，还能抑制脑对无关刺激的注意。大约在 7 岁时额叶发展到相对稳定而且完善的层次，之后缓慢发展直到成年。因而，在 7 岁左右，注意开始变得有效率和稳定。在额叶发展的最后阶段，诱发电位等神经生理的变化变得更稳定，12 岁左右达到效率的最高水平。有意注意基本是社会性行动，是可以被训练的。

布鲁纳（Bruner）通过对眼动的研究，观察学前儿童注意的发展。研究发现，4 岁的儿童还处于需要大量提醒才能进行有意注意的阶段，而到了 5 岁半的时候，儿童的有意注意会有一个很大的飞跃。

六、影响儿童注意发展的因素

注意力的发展与儿童自身的状态有密切关系，在身体不适的情况下，儿童是很难集中注意的。尤其是婴儿，是否吃饱了，是否尿湿了，是否不舒服等身体因素更为直接地影响着其注意力。

同时，营养过量和缺乏都可能因导致儿童身体不健康而阻碍注意力的发展。微量元素铅与注意力关系尤其密切，铅中毒的儿童一般都伴有注意缺陷，摄入含铅量过多的食物（不一定达到铅中毒程度）也会导致多动。儿童铅摄入的途径很多。油漆、染料、汽车尾气含有大量的铅，地面 1 m 处的铅尘含量高得惊人，所以儿童通过呼吸摄入体内的铅远远高于成人。此外抚养人皮肤或者衣服上的铅污染也容易带给孩子。儿童对于铅的吸收率是成人的数倍之高，排泄率又是成人的数倍之低，一部分铅还将滞留在体内或者通过血液向软组织中转移。另外，母源性铅中毒也并不罕见。成人应该避免使儿童处于铅污染的环境中，保护儿童的健康。

☞信息栏：血铅水平与儿童注意力及行为

七、儿童注意力的培养

儿童注意力的培养是潜移默化与练习训练相结合的过程。注意力的培养应注意以下几点：

1. 刺激物丰富化原则

刺激物应尽量组合为一个整体，避免刺激孤立出现，利用联觉培养有效的刺激反应。刺激物适度丰富、鲜明。

2. 注意训练与注意发展匹配原则

如与婴儿、幼儿说话的语速要缓慢，声音要柔和。刺激物的运动速度不能太快，并要在儿童的视野中持续一段时间。在儿童注意力转移之前，训练者最好不要自行更换刺激物。不同年龄段的儿童注意集中的时间不同，不能操之过急，要因龄施教。训练视觉注意的过程更要与儿童视觉发展过程相适宜。如对于婴儿来说，训练视觉注意的时间以 10 分钟为宜，一般采用跟随法或寻找法，即以物体吸引儿童，促其追寻，伴随亲子的情感互动。

3. 形式立体化原则

注意力的培养并不是单纯的某种操作或几次操作就可以完成，必须是一种全方位的培养模式。儿童在游戏、吃饭的时候都可以进行注意力训练。一般以游戏训练为主，如"咬耳朵"游戏，由同伴依次向后者小声传述前者告知的口训。

4. 空间渗透式原则

良好的注意力是学习的前提，也是认知世界的保障。注意力集中是一种好的学习习惯。儿童注意力的培养应渗透在生活的各个方面。例如，在家里，当孩子专心摆弄手中的玩具时，父母应给予孩子安静的空间直至孩子自行停止游戏。孩子在独自完成一个任务时，父母要避免以关心和查看为名打断孩子，分散其注意力。

第二节 儿童感觉的发展

19世纪80年代以前，研究者认为婴儿大脑发育太不成熟，不会有高级认知能力，因此，研究者鲜有做婴儿认知实验的。后来，随着对婴儿能力的肯定，研究者开始了探究婴儿感知能力的新旅程。

事实上，虽然人类在某些感觉能力方面远不如一些动物，但是，即便是柔弱的婴儿，其所具备的生存能力也已经超出我们的想象。譬如，在抚养婴儿的过程中，母亲变换不同的衣服、姿势、发型，甚至戴上口罩，婴儿也有能力在仔细注意之后辨认出母亲。

一、感觉发展概述

人类在生存发展过程中，不断地接触外界事物，不断地接受刺激、感知刺激，并在某些时候，作出适当的反应。我们通常把这种生理、心理的历程称为感知觉。由于刺激信息处理过程的复杂程度不同，心理学上将其细分为两个层次，一个层次为感觉（sentation），是人们认识的开端；另一个层次为知觉（perception），是以感觉为基础的较复杂的心理现象。

感觉是人们对客观事物个别属性的反映，是客观事物个别属性作用于感觉器官，引起感受器活动而产生的最基本的主观映象。在感觉基础上，知觉、认知、概念形成等才可能进一步发展。人的感觉可以分为10种感觉系统，除了我们所熟悉的视觉、听觉、味觉、嗅觉以外，还有触觉、温度觉、痛觉、动觉、方位觉、平衡觉。这10种感觉系统又可归为三类感觉系统：距离感觉系统，如视觉、听觉；化学感觉系统，如味觉、嗅觉；躯体感觉系统，如动觉、方位觉、平衡觉、触觉、温度觉、痛觉。特定的感觉系统由特定的感觉器官、感觉神经（传入、传出）、感觉通路和感觉中枢构成，且感受器的感受性各不相同。在出生前，胎儿的感觉器官已经完善，出现了明显的生物电反应，但这不意味着感觉已经正式形成。感知觉的发展是一个建立

☞信息栏：感觉
剥夺实验

在生理发展基础上的身心相结合的过程，随着经验的丰富而完善，直至发展到一个相对稳定的状态，而巩固下来。

在研究感知觉发展时，由于婴幼儿自述能力不足，研究者一般采用特定的方法，如我们熟悉的观察法，可以间接地了解婴幼儿的心理活动，直接获得婴幼儿的行为材料。研究者一般采取点面结合、长线短线结合的观察，辅助以多媒体的形式，一般包括传记法、轶事记录法、连续记录法、样本描述法。多年来，心理学工作者不断开展感知觉发展的实证研究，实验法的广泛使用产生了丰富的实验结果，新近的研究验证也批判地继承着前人的理论。研究者对儿童感知觉发展的关注点普遍集中在发展能力、发展阶段、策略的发展等方面。

二、儿童视觉的发展

五颜六色的大千世界是靠我们的眼睛去捕捉的。

（一）视觉的生理机制

新生儿的视觉远不如他们的嗅觉、味觉那么灵敏，甚至可以说是非常不成熟。出生之后，婴儿眼睛和脑中的视觉结构仍然处在继续发育阶段，6个月以后，婴儿的视觉才接近成人。视觉系统的组成部分主要有眼、视神经、视束、皮层下中枢、视觉皮层等。眼睛是将视觉刺激转化为视觉信息的器官（表2-1）。眼睛的折光成像机制把外部刺激投射到视网膜上，视网膜产生光生物化学和光生物物理学反应，实现光感受功能，产生视觉信息。对于静止、较简单的物体，瞳孔通过收缩和放大以及调节机制完成在视网膜上清晰成像。黑暗中瞳孔扩大，光照强时瞳孔缩小，晶状体曲率变化都起着重要的作用。对于复杂、运动的物体，还需要眼动机制的参与，通过眼外肌肉的反射活动，保证连续成像。视觉的适宜刺激是特定光刺激，人的可见光谱波长在380 nm～780 nm，是全波长中的一小段，所以，单从视觉发展上看，人类远不及自然界的一些动物。

表2-1 眼睛结构

	锥体	棒体
数量	600万	1.2亿
在视网膜所处位置	中心	外周
暗光下的感受性	低	高
色觉感受性	是	否

（二）视觉适应

视觉适应包括暗适应与明适应，是视觉研究的重要内容。暗适应是指对低亮度环境的感受性逐步提高的过程。房间里突然关灯，人们最初什么都看不见，眼前一片漆黑，过一段时间才能逐渐适应，然后能区分事物的模糊轮廓，这就是暗适应的过程。光刺激的时间、强度，暗适应前的视野明亮程度，个体的年龄及营养状况（尤其是维生素 A 的摄入状况）等，都会影响暗适应。明适应是指从低亮度环境到高亮度环境，眼睛大约过 1 分钟才能适应的过程。从非常暗的地方到阳光刺眼的地方，成人要注意提醒儿童保护好眼睛。如解救坠井儿童的时候，有经验的解救人员会用衣服或其他东西包住儿童的头或者遮挡住儿童的眼睛，以免儿童的眼睛由于适应了长时间黑暗的环境，不能立刻适应外界的强光而被灼伤。

暗适应过程在生理上发生三种并行的现象：（1）瞳孔放大，以吸收较多的光线。（2）视网膜上锥体细胞的感光敏度增加，以暂时维持视觉功能。（3）视网膜上杆状细胞的感光敏度迅速增高，取代锥体细胞的作用。明适应过程与暗适应相反：（1）瞳孔缩小，以减少强光进入，这时人往往会眯起眼睛。（2）视网膜上锥体细胞的感光敏度缓慢降低。（3）视网膜上杆状细胞的感光敏度迅速降低。可见，暗适应与明适应，实际上是视网膜上视觉神经细胞感光敏度的改变过程。

（三）颜色感觉发展

伯恩斯坦（Bornstein）认为，所有婴儿出生时就已具备辨别各种颜色（蓝、绿、黄、红、粉红、紫、棕、橘、红）的能力，这种能力是内在固有的。四个月大的婴儿对颜色的分类与成人对颜色的分类相似。但随着年龄增长，受本民族语言和文化的影响，这种与生俱来的对各种颜色的辨别能力会消退。因此，语言的学习，特别是颜色词的学习改变了人对颜色知觉的分类，语言与颜色分类效应一致。儿童不太容易把现成的颜色词匹配到已有的颜色概念上，他们获得颜色词比较困难，精确的颜色命名相对较晚。[1]

进一步研究表明，儿童能否正确命名颜色，主要取决于他们是否掌握了颜色的名称。所以，父母在平时与孩子相处的过程中，应多教孩子一些颜色的名称，以提高其对颜色命名的能力。

（四）视觉能力的发展

视敏度（visual acuity）是指分辨物体细节和轮廓的能力，即人眼正确分辨物体的最小维度。它是衡量视觉发展优劣的指标。我们常说的视力就是视敏度。一般情况下，视敏度为 1.0 是正常的，有的国家规定，视敏度低于 0.05 就属于盲人标准。在外界环境方面，不同的亮度、物体与背景之间的对比度也会影响视敏度。我国用标准 C 型和 E 型视表来检查视敏度。

---

① 刘皓明，张积家，刘丽虹. 颜色词与颜色认知的关系 [J]. 心理科学进展，2005（1）：10—16.

新生儿的眼睛聚焦能力不强，视敏度也低。研究表明，新生儿在约 6 m 处的视力相当于成人在 45 m~88 m 的视力。婴儿可以看见约 6 m 远的物体，而成年人可以看见约 182 m 远的物体，婴儿最好的视敏度也只是成人的 1/10。虽然新生儿的视敏度低，他们却有着巨大的热情扫视甚至追踪外界物体，这是一种与生俱来的探索能力。新生儿的眼睛运动还不太准确，在出生后的头几个月里，视觉系统成熟得很快。到 1 个月大时，婴儿已能用平静的眼睛运动跟踪一个慢慢移动的物体。到 3 个月时，婴儿会像成人那样对物体实现聚焦。在婴儿期，婴儿的视敏度随着年龄增长迅速发展，到 2 岁时，其视敏度已接近成人水平。此外，婴儿的扫视和追视能力发展也很快。

（五）儿童视觉缺陷

无论是人类还是动物，感觉缺失发生在较大年龄阶段的话，伤害并不会持久，但若早期发生缺失，尤其在视觉发展的关键期，影响则非常深远。实验表明，遮挡成年动物的双眼几个月，摘下遮挡布条后，成年动物的视觉并不会受到影响，而对幼年动物做同样的视觉实验则有不同的结果。科林·布莱克莫尔（Colin Blakemore）与格雷厄姆·库珀（Grahame Cooper）的合作实验可以看到早期视觉缺失的深刻影响：将两组小猫饲养在黑暗的环境中，其中一组每天有 5 小时生活在四周为垂直黑白条状图形的环境中，另一组每天有 5 小时生活在四周为水平平行黑白条状图形的环境中。前一组，小猫的生活环境中没有水平线条的刺激，日后很难知觉水平图形；后一组小猫日后知觉垂直的栅栏有困难。当这两组小猫在一起玩耍时，实验者摇动着一条黑色的长木棒，前一组小猫只有在木棒被举成垂直状态下才去玩耍木棒，当木棒平行放置时，这一组小猫对木棒视而不见。而后一组小猫则相反，一旦木棒被平行放置，它们会欢快地奔向木棒。虽然最终，小猫的选择性视盲会消除，但它们不可能再获得正常的视觉。通过对比小猫脑细胞活动的特征分析，他们发现，这些细胞对水平还是垂直的线条反应敏感主要是依靠小猫早期的视觉经验。

视觉缺失如果发生在儿童早期，由于主诉困难且生理机制不成熟，往往导致治疗不及时，带来更大伤害。父母与学前教育工作者要了解视觉缺陷儿童外显的行为特征，如在书写的时候，是否握笔过于紧张，头与书本间的距离过近，过于喜欢用手指指点书本，经常眯缝着眼睛，经常颠倒数字、字母的顺序（如把 28 当成 82，把 8 误记为 6，9 误记为 7 等），以及做不好需要手眼协调的体育动作等。当儿童出现上述症状时，一般人多以为是由于儿童的个性、习惯造成的。但值得注意的是，这些看似普通的现象往往是由于儿童视觉方面存在着某些障碍所导致的，儿童经常出现上述症状时，成人要注意找到症状的原因，不可大意，要及时采取措施进行纠正和治疗。

三、儿童听觉的发展

（一）听觉发展概述

胎儿、婴儿、幼儿的生理和心理发展，包括感觉发展是具有连续性的。专家通过声音刺激引起的胎动和胎心率反应，从侧面认定，声音刺激能引起胎儿的感觉和反射机制。其中，95 dB 的声音能引起胎心率下降，但不引起胎动；100 dB 的声音能引起胎心率下降，且引起胎动；100~115 dB 的声音能引起胎儿的防卫反应。这说明，高级听功能在胎儿期就已开始发育，对不同强度的声音刺激引发的胎儿不同反应说明了胎儿的听觉系统具有天生朝向高级听功能发育的基础。[①] 新生儿不仅能听见声音，还能区分声音的音高、音响和声音的持续时间，有的新生儿甚至有乐感，能追寻发声乐器的方向。连绵不断的温和的声音对新生儿有抚慰或镇静作用。新生儿对人说话的声音比较敏感，对于沉闷、愤怒、硬冷的语调与轻松、愉悦、温柔的语调，新生儿会有不同的反应。新生儿对人类嗓音频率范围之内的声音特别敏感，他们对人类语言的习得能力是与生俱来的。婴儿对母亲的声音有特殊反应，如他们在听到母亲声音的时候吸吮的乳汁会多一些。此外，相对于其他语言，他们更喜欢听本民族语言。据报道，一些从小被收养去异国他乡生活的儿童虽然不会说母语，但当他们听到最基本的母语时，会有"警觉"反应，本民族语言似乎印记在儿童大脑深处，尽管一般情况下很难浮现。新生儿在听到成人说话的时候，身体出现了同步运动。当外界发出一个词或音节的时候，新生儿的某种运动出现，如动手、动足、摇摆等，当这个词或音节终止的时候，新生儿的运动消失。到 3 个月大时，婴儿能通过听觉感受他人的情感信息。

4—7 岁儿童的听觉音阈限值比成人高 2~7 dB。13 岁以前儿童的听觉敏度在所有频率上都很低，在低频范围里更低一些。经过 4—9 岁的慢发展期后，儿童的听觉敏度会加快发展，听觉阈限也会随年龄的增加而下降。儿童对纯音的最低听觉阈限出现在 14—19 岁，也就是说，这段时间儿童听力最好。[②]

（二）儿童听觉障碍

部分儿童存在听觉障碍问题。大龄儿童与成人容易沟通，可以大致判断听觉障碍情况，低龄儿童则需要做听力测试来判断。一般儿童在出现以下情况时父母与教师应引起重视，或做进一步听力测试以确认是否存在听觉障碍：（1）出生 6 至 8 星期时婴儿还不能对声音做出反应；（2）1 岁左右不会学

[①] 叶海慧，王正平，谢幸. 足月胎儿对声音刺激反映的探讨 [J]. 心理学报，2005（1）：62-66.
[②] 王振宇. 学前儿童发展心理学 [M]. 北京：人民教育出版社，2004：45.

说话;(3)难以掌握语词,尤其在复述的时候音准度差。有的儿童到了入小学年龄,即使集中精力还常会出现发音错误;(4)经常发生中耳感染,头部或耳部受伤;(5)患有腭裂、唐氏综合征或其他缺陷。

在发展过程中,听觉技能会随着儿童生理、心理成熟而不断提高,到青春期11—15岁时达到成熟,然而听觉障碍妨碍和中断了听觉能力的正常成熟,影响了儿童对语言的正常掌握,导致社会性受限,如儿童对声音的精细分辨能力低下会使儿童对词语的掌握受阻。

正常情况下,新生儿的听觉阈限与年长儿童相似,只不过新生儿的反应方式是反射。心理学家和生理学家描述了听觉阈限水平与缺陷的关系,如表2-2所示。

表2-2 听觉阈限水平及其表现和需要

听觉阈限水平 /dB	描述性术语	缺陷和需要
0~15	正常	听弱音没问题
15~26	微弱	听轻声有困难
27~40	轻度	有时听正常讲话声音有困难,可能需要助声器
41~55	中度	交谈声音加大时才能理解,需要进行言语和语言治疗
56~70	次重度	无帮助的情况下不能理解听觉指导,需要进听力障碍儿童特殊班
71~90	重度	需要专门的听力训练
大于90	深度	不能依赖听觉进行交流,需要专门的聋儿康复训练

四、儿童其他感觉的发展

(一)嗅觉、味觉发展

1. 嗅觉发展

新生儿已能对有气味的物质产生各种反应:改变面部表情,不规则的深呼吸,脉搏加强,打喷嚏,头躲开,四肢和全身不安的动作等。如用一团浸着香蕉精的棉花在新生儿鼻下晃动时,新生儿会快乐地笑,而闻到臭鸡蛋味时,新生儿会露出抗议的神情。实验表明,把渗浸着母亲乳汁的布片靠近婴儿鼻端,婴儿会顿时停止哭泣而做出寻找母乳的姿态。三个月时,婴儿能够对两种不同的气味进行分化,但还不稳定。四个月时,婴儿嗅觉的分化已比较稳定。

由于婴儿能依靠嗅觉辨认出母亲,故提倡婴儿期由母亲陪睡,这对婴儿大脑可产生良性刺激。陪睡成人不固定的婴儿难以适应不停变换的复杂气味,心理上易紧张,无法安睡,这对其健康有害,尤其是对气味比较敏感的婴儿，严重可致婴儿发育迟缓。

　　嗅觉障碍是临床上较常见的症状之一，以嗅觉减退和嗅觉丧失多见。嗅觉减退往往伴有味觉的减退，引起食欲不振、厌食，由于儿童往往不能正确主诉嗅觉障碍的情况，可能会影响及时诊治。生理病变是造成儿童嗅觉障碍的主要原因。有研究者为某地 121 例嗅觉障碍儿童进行嗅觉测试，并经鼻内窥镜及影像学检查进行病因分析。结果表明：121 例嗅觉障碍患儿中嗅觉减退 103 例，嗅觉丧失 29 例，其中 11 例一侧嗅觉减退，一侧嗅觉丧失。患慢性鼻窦炎 52 例（43.0%），变态反应性鼻炎 29 例（24.0%），鼻息肉 14 例（11.6%），还有慢性鼻炎、萎缩性鼻炎等。慢性鼻窦炎是儿童嗅觉障碍的主要病因，变态反应性鼻炎也是重要因素。[①]

　　2. 味觉发展

　　味蕾多集中在舌尖、舌面和舌的两侧，少量分布在舌根。主管甜味的味蕾主要分布在舌尖，主管酸味的味蕾主要分布在舌的两侧，主管咸味的味蕾也主要分布在舌的两侧，主管苦味的味蕾主要分布在舌根，我们喝中药的时候，往往喝完了才更觉得苦就是这个道理。

　　较无味的水来说，婴儿更喜欢吮吸带有甜味的液体，还能做特殊的舔嘴咂舌运动。生理学家把一滴糖水滴在新生儿舌上，新生儿显得很高兴；滴一滴黄连汁，婴儿显出苦脸。给 8 个月婴儿吃较酸的橘子汁后，他会出现和成年人一样的反应——紧皱眉头和咧嘴。刚出生的新生儿不喜欢有咸味的食物，但 4 个月以后，他们开始喜欢摄入咸味食物，这是为断奶并接受固体食物做准备。同时，婴儿对味觉上的差异比较敏感，遇到与习惯的味道有区别的食物，他们能立刻辨别出来。例如，吃惯了母乳的婴儿不愿意吃奶粉，吃惯了某种味道的奶粉后不愿意吃另一种味道的奶粉。三个月大的婴儿对各种主要味觉物质的溶液甚至能精确分化，再过一段时间，多数婴儿可以分化出不同程度的甜或咸。

　　（二）触觉发展

　　皮肤是很重要的一种感觉器官，可感知温度觉、触觉、痛觉。触觉按照刺激的强度可以分为触觉和压觉。轻轻刺激皮肤产生的是触觉，随着刺激强度的增加，还会产生压觉。但是，这两种感觉在弱刺激范围内往往难以严格区分，所以，我们通常将两者统称为触压觉。即使是相同的刺激强度，也会因身体部位不同而引起不同的感觉，手指的触觉最为敏锐。女性的触觉往往比男性更为灵敏。

　　触觉是父母与婴儿之间相互影响的一种基本途径。刚出生时新生儿就已

① 郑贵亮，宋巍，刘文，等. 121 例儿童嗅觉障碍病因分析［J］. 山东大学基础医学院学报，2004（5）：294-295.

经具备了超出成人想象的发达的触觉。婴儿的嘴唇、手掌、脚掌、前额、眼皮都是非常敏感的部位。由于具备了抚触条件，良好的触摸对婴儿的情感发展具有重要作用。婴儿会在手掌、脚底被触摸时作出反应，尤其会在嘴周围被触摸时作出反应。抚触是养护者与婴儿之间交流情感的途径，充分抚触可减轻婴儿成年后对于肌肤亲密的过度饥渴或者冷漠倾向。

触觉毫无疑问是婴儿探索世界、探索自身的最重要的手段。多数婴儿喜欢啃咬自己的小手小脚，通过这样的过程，来认识自己的存在和周围其他物体的存在，这种现象被称为试探性嘴咬现象，在出生第一年的中间时段发生最为频繁，然后开始减少，而婴儿喜欢用手进行细致触摸的现象逐渐增加。整个发展过程也体现了皮亚杰"触觉与视觉结合并用手操控物体的过程是早期认知发展的基本"的观点。

触觉是刺激大脑发育的良好手段。婴儿期大脑完成了 70%～80% 的大脑细胞的连接，对于这样迅速发育的大脑，最需要的就是良好的刺激，抚摸则是通过人体最大、最基本的感觉器官——皮肤进行良好的刺激。专家总结了抚摸对婴儿发展的作用，这也是我们提倡母亲哺乳的原因。

第一，刺激婴儿全身皮肤感官与兴奋中枢感受点，刺激神经细胞的形成及其与触觉之间的联系，促进婴儿神经系统的发育和智能的成熟。

第二，促进婴儿血液循环，促进运动技能的发展。语言刺激伴随抚摸可以促进婴儿语言与认知能力的发展，视觉刺激（如与婴儿相互注视）伴随抚摸可以交流情感，促使婴儿情绪稳定。

第三，有助于婴儿产生安全感，形成正常的活动觉醒周期，为成年后形成独立个性做准备。

第四，可以促进婴儿的消化，增加其体重。

对于早产儿来说，触摸更是一种重要的刺激形式。在对一些动物胎儿的研究中发现，触摸皮肤会使大脑分泌刺激身体生长的化学物质。某研究发现，医院里一些每天得到轻柔抚触的早产婴儿比未接受此抚触的早产婴儿在体重方面增长得更快。而且在第一年年末，他们甚至在智力和运动能力上超过了那些未接受此类刺激的早产婴儿。我们提倡母乳喂养，也与母亲在哺乳时，与婴儿肌肤相亲，从而易于建立母子依恋有关。

（三）痛觉发展

婴儿并不像人们想象得那样对痛无所畏惧，由于止痛药对婴儿有危险，所以在对男婴进行包皮环切手术时，手术往往在不使用麻醉的情况下进行。婴儿经常发出紧张而尖利刺耳的尖叫，此外，婴儿的心率加快，血压升高，兴奋增加，而且随后几小时的睡眠也受到了影响。

第三节　儿童知觉的发展

研究发现，婴儿似乎对一些特别的图案有着极大的兴趣，如图 2-1，同一形状图案的模型，婴儿注视带有色彩的模型时间更长，并伴随愉快与兴奋。这种现象可以在知觉的发展研究中得到答案。

图 2-1　婴儿喜爱注视的模型

一、知觉概述

知觉是人们对客观事物各种属性的综合反映，泛指赋予感觉输入的连贯性和统一性的各种过程，包括物理的、生理的、神经的、感官的、认知的和感情的成分。[①]

（一）知觉的分类

根据知觉的对象，知觉可以分为空间知觉、时间知觉、运动知觉、社会知觉等。其中，空间知觉是物体的形状、大小、远近、方位等空间特性在人脑中的反映。空间知觉包括形状知觉、大小知觉、立体知觉、方位知觉、深度知觉等。时间知觉是指人对客观事物或现象延续性和顺序性的反映。运动知觉是指人对物体在空间位移的知觉。社会知觉是人对人的知觉。

（二）知觉的特征

知觉有以下几个特征：

1. 选择性

当刺激物之间有某种差别时，一部分刺激物成为知觉对象，而另一部分刺激物便成为背景，从而使知觉对象从背景中分离出来，这是产生知觉的必要条件。

2. 完形与整体性

知觉整体性是指人们在过去经验的基础上把由多种属性构成的直接作用于感官的客观事物知觉为一个统一整体的特性。格式塔心理学派指出，知觉的整体性与知觉对象的特性及各组成部分之间的结构成分有密切关系，并总结出以下定律：

（1）接近律。指视野中空间位置相近的客体容易被知觉为一个整体。

（2）相似律。物理属性，如形状、颜色、亮度、大小等，相同或相似的客体容易被知觉为一个整体。

（3）良好图形。视野中显示的图形，一般是同一刺激显示的各种组合中

---

① 雷伯. 心理学词典［M］. 李伯黍，等译. 上海：上海译文出版社，1996：601.

最有意义的图形。良好图形也称完形。形成完形的因素有很多，人们常接触到的一般有以下三种：具有连续倾向或者共同运动方向的客体容易被知觉为一个整体，即连续律；轮廓闭合的对象较不完全或有开口的不闭合对象容易知觉为一个整体，即闭合律；对称或者平衡的客体容易被知觉为一个整体，即对称。

3. 理解性

知觉的理解性是指人们对任何事物的知觉都是以已有的知识和过去的经验为基础，并用语词概括说明的组织加工过程。

（三）婴儿知觉发展阶段

孟昭兰专门对婴儿的知觉发展进行了研究，她将婴儿的感知觉分为 3 个阶段：一是从出生到 4 个月，婴儿通过五官探索感受外界刺激。二是 5~7 个月，视－听－动觉的联合活动发展，手眼协调能力发展，复合感知能力出现。三是 8~9 个月以后，爬行与走动促进了婴儿空间方位、距离知觉的发展，手部小肌肉运动促进了形状、大小知觉的发展。她认为，从特异化神经通道机制的形成来看，婴儿知觉发展从专门化与单一化，进步到多感觉通道信息特征的整合化与分化。可见，多感觉通道信息刺激的整合是儿童知觉发展的经历，也是思维发展的早期基础。

（四）婴儿知觉研究方法

目前适用于婴儿的知觉研究方法有以下三种：

1. 视物偏好法

指从婴儿特别喜欢注意某一刺激物的偏好来推断婴儿知觉的一种方法。心理学家特别设计了一种箱型观察仪器。让婴儿仰卧其中，可看到上面呈现的刺激，研究者可由窥视窗观察婴儿的视线反应，并用自动拍摄设备随时记录婴儿的反应。我国传统的"抓周"习俗，也与视物偏好法有同样的意义。

2. 单刺激法

使用视物偏好法时至少选用两个刺激，对新生儿而言，对过多刺激进行选择可能会有困难。因此，心理学家设计了单刺激法。在婴儿面前呈现单一刺激（视觉或听觉），追踪婴儿对此刺激的反应；停止刺激，观察婴儿的反应；再呈现该刺激，记录婴儿的反应。采用 A-B-A 的实验方式，反复进行数次以后，如果发现婴儿的反应随着 A-B-A 变化的顺序而变化，就可以确定该刺激对婴儿来说，已经具有知觉上的意义。

3. 习惯化法

因刺激变换，引起婴儿注意，从而推断婴儿能表现知觉辨别的一种办法。实施时，研究者在婴儿面前先出示一种刺激，并维持不变，使婴儿对其习惯化，不再对其注意，此时研究者再出示另一刺激，并观察记录婴儿对新刺激的反应。如果婴儿对新的刺激特别注意，即表示婴儿在知觉上已能对新旧两种刺激加以辨别。[①]

二、儿童形状知觉的发展

婴儿喜欢什么样的形状呢？心理学家多用视物偏好法来研究婴儿的形状知觉。如将几个不同的图形（形状不同、色彩不同、内容不同）随机呈现在刚出生的婴儿面前，记录他们对每类图形的注视时间及注视的细节，发现人类从其发育早期开始，就具有了相当准确的辨认知觉体系。部分实验结论如下：

第一，单色刺激（如黑、白）与图案刺激相比，婴儿更偏好后者。

第二，随着年龄的增长，婴儿偏好的图案越来越复杂，与直线相比，婴儿更喜欢曲线；新生儿宁愿看布满图案的刺激而不愿看单色的刺激。给婴儿看黑白色棋盘，3周大的婴儿看那些只有一些大方格棋盘的时间最长，而8—14周大的婴儿却喜欢有许多方格的棋盘。

第三，婴儿早期对图案的选择存在对比敏感性原则，即喜欢有更多醒目的、明显对比的图案。

第四，最初，婴儿对图案中的某个单元特征感兴趣，年龄稍大一点，就会对所有组成部分感兴趣，并将其综合为一个整体。

第五，婴儿喜欢看清晰的图像。

美国心理学家范兹（R. L. Fantz）的"注视箱"与其他一些视觉、知觉研究发现以下现象：

第一，在中等复杂程度以内，复杂程度越高，婴儿注视时间越长。

第二，新生儿对社会性刺激比非社会性刺激注视时间长。

第三，以适当速率运动的物体能引起婴儿的注视并能视觉追随。

第四，新生儿对物体某个重要特征的视觉偏好强于对物体整体的关注。2个月大的婴儿可以关注物体的多个特征及边缘，但主要还是关注局部特征。这个特点可持续到童年期。

幼儿的形状知觉发展得很快，幼儿园教师应在教学中充分认识幼儿形状知觉发展的规律。小班幼儿可以辨别圆形、方形、三角形；中班幼儿可以拼合三角形、拼合圆形；大班幼儿可以认识椭圆形、菱形、五角形、六角形、圆柱形。对幼儿来说，形状配对最容易，命名最难。4岁是儿童形状知觉敏感期，汉字是象形文字，所以，有人认为，4岁也是认识汉字的最佳时期。

---

① 张春兴. 现代心理学［M］. 上海：上海人民出版社，1994：155.

三、儿童方位知觉的发展

方位知觉即方向定位，是指一个人对物体和自身所处方向的知觉。一般包括前、后，左、右，上、下以及东、南、西、北等。方位总是相对的，是与所参照的物体方位相比较而言的，因此，儿童的方位知觉要比其他知觉发展得慢。

3 岁儿童已经能辨别上、下方位；4 岁儿童能辨别前、后方位；5 岁儿童能够以自己为中心，初步辨别左、右方位；6 岁儿童能够完全正确地辨别上、下、前、后四个方位。研究表明，5—7 岁儿童大部分能够辨别自己的左右手或左右脚，但不能辨别对面人的左右手或左右脚；7—9 岁儿童不仅能以自己为中心辨别左、右，还能以别人的身体为基准辨别左、右，同时还能辨别两个物体的左、右关系，但有时还会出错；9—11 岁儿童则能灵活地辨别左、右方位。

四、儿童深度知觉的发展

深度知觉是对远近、深浅的知觉，它对了解环境中各种物体的位置排列，从而引导人的运动，是非常重要的。

美国心理学家吉布森（E. J. Gibson）与沃克（R. D. Walk）在 20 世纪 60 年代发明了一种叫作"视觉悬崖"（visual cliff）的实验设备。这个设备其实就是一个玻璃平台，但平台的一半比地面高出 1m，和玻璃紧贴着；另一半和地面的高度一样。高的部分和低的部分都铺着同样图案的方格布，整个玻璃平台的周围用木板围起来。

☞视频：深度知觉及其相关研究

研究者把刚刚会爬的婴儿放在台子上高的一侧，然后在低的一侧的边缘放一个好玩的玩具，让母亲站在玩具旁边招呼婴儿过来拿玩具。实验结果发现：

（1）6 个月的婴儿爬到"悬崖"边的时候几乎全部停止前行。对这一现象，研究者认为：从出生到 6 个月，由于视觉和触觉以及翻滚等动作早已发展，婴儿可能在生活中学习了深度知觉。但由于这期间的婴儿还不会爬行，所以，不能依据视觉悬崖实验判定其是否已具备深度知觉。吉布森采用出生立即可以行走的小狗、小猫做实验，发现它们不需要学习也能在"视觉悬崖"边表现出深度知觉反应。

（2）后来的心理学家，通过测量不同月龄婴儿的生理指标发现，2 个月的婴儿已有深度知觉，但其知觉所引起的反应是好奇而非恐惧。6 个月的婴儿在"悬崖"边心跳加速，说明其知觉已经发展到了恐惧悬崖的地步。

在图画深度知觉研究方面，研究者把婴儿的一只眼蒙住，使他们无法利用双眼视觉，然后在他们眼前放一幅有远近感的格子图，在图上放两只玩具鸭子，使位置较低的鸭子看上去离得较近，位置较高的看上去离得远。结果发现，7 个月的婴儿会先去抓"近"的鸭子，说明他们已经具备了图画深度知觉。

五、儿童社会知觉的发展

社会知觉是个体对他人、群体以及对自己的知觉，也叫社会认知。

在社会知觉发展中，面孔知觉可以说从侧面反映了人与生俱来的社会性。心理学层面的关于面孔偏好的研究由来已久。施皮茨与沃尔夫在 1941 年时对 145 名婴儿做了"对人无差别的微笑反应"实验，实验结果至今仍有一定意义，如表 2-3 所示。

表 2-3　婴儿"对人无差别的微笑反应"

	人类对象				非人类对象
	微笑的脸	歪嘴皱眉的脸	戴假面具的脸	戴假面具的稻草人的脸	奶瓶或玩具等
发生微笑	142	141	140	140	—
不发生微笑	3	4	5	5	145

陈桄等人认为面孔偏好发生在 1 岁之内，随着年龄的增长呈现类似 U 形的发展曲线。婴儿面孔偏好与其他能力的发展轨迹类同，而且面孔偏好似乎是一个跨种系的现象，具有社会化的意义。心理学家对面孔偏好研究的部分结论如下：

第一，新生儿对人有面孔偏好。范兹发现 2 个月大的婴儿对有图形刺激的注视时间多于无图形刺激的，对人脸的注视率占绝对优势，婴儿宁可看一幅用草拼出来的人脸图，也不愿意多看黑白椭圆形。

第二，在对人脸的注视中，婴儿对充实的正常面部（包括五官）最感兴趣。4 个月大的婴儿已经偏好正常的不扭曲的面孔。而在长相一般的正常面孔中，婴儿更喜欢漂亮的人脸。

第三，2—3 个月的婴儿能区分不同的面容特征。比如，他们能对两个陌生人的照片作出区分，甚至在面孔很相似的情况下也能进行区分。这一时期的婴儿也能从照片上认出他们母亲的面容，因为他们看照片上母亲面容所花的时间比看陌生人照片所花的时间更长。

第四，与婴儿出生时注意面部周围轮廓不同，2 个月大的婴儿已经能注意人的表情，甚至对表情作出微笑反应。鲁德曼（Ludemann）研究发现，7—10 个月的婴儿开始对情感表达作出有序而且有意义的整体反应。他们对待积极表情（幸福和惊奇）的反应不同于对待消极表情（悲伤和恐惧）的反应。

* 第四节　儿童注意与感知觉发展的认知神经科学研究

从发展的观点来看，注意拥有两种分离的认知过程。一方面它独立于其他心理机制而发展；另一方面，它特定于行为而发展。注意的发展通常与相关脑区的发展有关。患有注意缺陷的儿童通常存在脑结构和功能的异常。儿童感知觉的发展都有其特定的神经生理基础，同时受到经验的交互影响，儿童视、听感知觉的发展在早期尤其显著，下文将着重介绍其相关认知神经科学研究。

一、儿童注意发展的认知神经科学研究

注意在幼年时期有引人注目的发展。刚出生的新生儿主要专注于他们周围环境中的显著物理特性或不确定的朝向。在 0—2 岁，警觉和警觉支持的注意发展起来。在 2 岁末，幼儿执行注意的系统开始发挥作用，这些显著的变化被认为是建立在注意控制脑结构的年龄相关变化的基础上。以下主要分三方面来介绍[①]：

（一）参与注意的脑系统

1. 注意唤醒系统

脑的特殊结构控制着注意的激活。这种激活的典型例子是在中脑网状激活系统和皮层间神经解剖联系的模型。该模型假设有一个广泛分布在中脑网状激活系统中的中心，它被感觉刺激所激活；中脑网状激活系统进而直接影响边缘系统、丘脑和皮层；扣带区从边缘系统接受信息，扣带区是一个主要的传入交接中心，投射到顶区 PG、视觉联合皮层和其他参与复杂认知功能的大脑皮层区。此神经解剖系统的活动与皮层的主要感觉区域同步激活，这种活动也增加了在这些区域的反应效率。注意唤醒系统促进或激活了认知过程，导致加工效率提高，缩短了反应时长，改善了探测功能，并支持继后的认知操作。

2. 注意相关神经生化系统

另一个有关注意激活的模型建立在参与注意的神经化学系统基础上，四种神经化学系统形成了注意激活功能的基础：去甲肾上腺素能系统、胆碱能

① 参阅 NELSON C A. Handbook of developmental cognitive neuroscience[M]. Cambridge, MA: MIT Press, 2001: 321-338.

系统、多巴胺能系统和 5 - 羟色胺能系统。去甲肾上腺素能系统和胆碱能系统与皮层的激活相关最大，正如它们与注意相关一样。多巴胺能系统影响认知过程的动机和能量，5 - 羟色胺能系统影响整个状态的所有控制。这四个系统互相影响，在注意激活中相互联系、共同作用。

3. 选择性注意相关脑结构

某些具有选择功能的特定脑系统只对以注意为基础的认知功能有选择性的影响。在对视觉刺激反应时，这一类型的注意对特殊的目标、特殊的空间位置或特殊的任务进行选择。此类型的注意调节对某些认知方面是特定的，它发生在脑的特定部位。例如，波斯纳（Posner）所描述的"后注意系统"包括顶叶、枕叶、上丘等，这个注意网络有特殊的目的，即在空间中移动视觉注意和将感受器（眼）朝向特定的目标位置。这些特殊的脑系统都在幼年时期发展，与同时期发展的婴儿注意的行为指标相联系。

（二）婴儿注意研究的心理生理学方法

心理生理学方法在婴儿注意与脑发展的研究中非常有效。心理生理学的注意测量手段有心率、脑电图（electroencephalograph，EEG）、ERP 等，所用记录设备和传感器都是非侵入性的，不会影响婴儿的正常行为模式。

1. 心率

心率测量是心理生理学在研究婴儿的注意时采用的最为普遍的方法。心率是从心电的两个 R 波间隔得到的。婴儿心率可以在对心理操作进行反应时测量，作为注意的量度。理查德（Richard）根据婴儿在刺激出现时的心率来区分四个注意阶段——自动中断阶段、朝向反应阶段、持续注意阶段和注意结束阶段。这四个阶段的心率和注意水平都有所不同。如在持续注意阶段心率减慢，保持在低于刺激前的水平，这个阶段的注意参与了对刺激信息的目标控制过程。在持续注意阶段的末期，心率恢复到刺激前的水平，然后注意结束阶段到来。

脑唤醒系统控制着持续注意阶段的心率变化。这个心率变化的神经控制起源于眶额叶的心抑制区，该区域与边缘系统有交互的神经联系，并借此参与对中脑网状激活系统以及多巴胺能系统和胆碱能系统的调整活动中。心抑制区通过副交感神经系统来减慢心率，而其他一些外周生理过程也在注意激活的条件下被抑制。

发生在注意期间的心率变化和它所代表的脑激活系统活动对发展认知神经科学研究非常重要，因为这一心率变化显示了婴儿最初 6 个月中的重要发展。持续注意阶段心率的递减水平在出生后的 14 周到 26 周逐渐增加，这一变化暗示了在这个年龄阶段脑激活系统活动的增加。持续注意阶段心率的年龄变化与婴儿注意相关的行为表现也是一致的。

2. EEG/ERP

使用记录设备在头皮上可记录到持续变化的自发电活动 EEG，目前一般认为这些电位主要是由皮层大量神经组织的突触后电位总和形成的。EEG 在对皮层活动进行直接测量时非常有效，但在婴儿注意发展的研究中并不常用。

ERP 是从 EEG 的记录中获得的，通过特殊的时间锁定和多次平均就可以得到。ERP 中不断变化的正波和负波，由不同的皮层事件所引发，而这些事件又与心理过程相关联，因此可以通过 ERP 来研究相应的心理过程。ERP 可以代表特定的注意反应，其某些负波成分如 Nc 被认为代表了对视觉刺激特别是新异刺激呈现的相对自动的警觉反应。又如听觉偏差刺激无论在主动或被动状态下都能检测出失匹配负波 MMN，而只有主动状态下才能记录到N2b。这显示 MMN 是听觉皮层针对新异刺激的外源性注意朝向，而 N2b 则反映了对任务相关项目的内源性注意朝向。ERP 也可以用来对婴儿进行研究，并可进行脑内溯源分析。EEG 和 ERP 技术的应用使得在婴儿生理发展中所获得的脑与注意关系的信息更为可靠。

（三）注意缺陷多动症

注意缺陷多动症（attention-deficit hyperactivity disorder，ADHD）是一种阻碍个体集中注意（无法集中注意）、调节活动水平（多动）以及抑制行为（冲动）等能力的综合征。它是儿童和青少年中非常常见的一种学习障碍。据估计，9—11 岁儿童中有 4.1% 的儿童受到 ADHD 的影响，且持续时间在6 个月以上。男孩发病率较女孩高 2~3 倍。

ADHD 的发生与行为的脑调节有关，越来越多的证据表明 ADHD 患者的脑结构和功能与正常被试存在差别。一些研究应用神经影像学技术，包括正电子发射断层扫描、功能性磁共振成像及单光子发射电子计算机断层扫描，发现 ADHD 个体的大脑额叶（前额叶）、基底节和胼胝体在形态上与正常对照组不同，这些部位的血流量和葡萄糖代谢也较正常人群低。大脑额叶是脑的执行中枢，通过与大脑其他部位的联系来管理信息的加工，负责加工信息，选择情绪和运动反应，研究者因此假设 ADHD 个体的执行功能受损与额叶神经功能异常相关。Courvoisie 等利用一种磁共振技术测定了 8 位ADHD 儿童（6—12 岁）额叶皮层内的六种生化物质，发现 ADHD 儿童与正常儿童被试相比，兴奋性神经递质谷氨酸（Glu）水平升高，而抑制性神经递质 GABA 下降。额叶 GABA 水平的下降，会造成执行功能包括冲动抑制能力的下降；而 Glu 过度增加则会造成一定的神经毒性。

一般认为注意缺陷多动症的核心问题是注意缺陷，然而也有一些研究对此提出了质疑。如在 ERP 中，N2 往往代表信息检测，P3 则代表信息加工过程。采用 ERP 检测 ADHD 儿童，发现 N2 波幅降低，且这种现象随着儿童年龄的增长而好转，这个发现支持 ADHD 儿童存在注意缺陷。检测同时发现 P3 波幅的降低和潜伏期延长，显示 ADHD 儿童的主要问题还包括信息加工缺陷。按照信息加工心理学的观点，这种缺陷表现在儿童接受信息后反应输出的异常，也就是儿童不能选择恰当的反应，不能抑制接受信息后的不恰当反应。

二、儿童感觉发展的认知神经科学研究

（一）听觉的发展认知神经科学研究

1. 听觉发展的神经基础

听觉传导通路的第 1 级神经元为螺旋神经节的双极细胞，其外周支分布于内耳的 Corti 氏器（含毛细胞），其轴突进入听 - 前庭神经，在延髓、脑桥交界处入脑，止于耳蜗腹核和背核。第 2 级神经元胞体在耳蜗腹核，发出纤维投射至脑干两侧的上橄榄核。第 3 级为橄榄核神经元轴突上行，称外侧丘系，其纤维经中脑被盖的背外侧部，大多数止于中脑下丘。第 4 级神经元胞体在下丘，其纤维止于内侧膝状体。第 5 级神经元胞体在内侧膝状体，发出纤维组成听辐射，向颞叶的初级听觉皮层（A1）进行投射。

2. 听觉诱发的事件相关电位（ERP）研究

ERP 中的听觉诱发电位（auditory evoked potential，AEP）记录技术，为研究听觉发展的脑机制提供了先进手段。10 ms 以内的为 AEP 早成分，含 7 或 8 个波，系由脑干产生，临床上称为脑干听觉诱发电位（brainstem auditory evoked potential，BAEP），其对诊断听觉障碍的神经机制具有重要价值。10 ms～50 ms 为 AEP 中成分，含 5 个波；50 ms～500 ms 为 AEP 晚成分，含 5 个主要的波。500 ms 以后为慢波。晚成分与慢波是与心理因素关系最为密切的成分。AEP 在认知神经科学中应用广泛，如在双耳分听实验中发现的加工负波（processing negativity）和用 oddball 范式诱发出的失匹配负波（mismatch negativity，MMN）等。MMN 作为听觉音素分辨能力的有效检测手段，已被广泛用于婴幼儿语言及第二语言的习得研究。

（二）视觉的发展认知神经科学研究

1. 视觉发展的神经基础 [①]

视网膜接收到信息后经过视交叉有两个不同的通路，90% 的轴突会经过外膝体再传到视觉皮层；还有 10% 的轴突会传到中脑的上丘。外膝体位于丘脑，是视觉信息传导的中介站，主要是把视网膜的信息加以调节、组织，并继续送至大脑的初级视皮层（V1）。V1 由于具有与众不同的由髓鞘传

---

① 参阅贝尔，柯勒斯，帕罗蒂斯. 神经科学：探索脑 [M]. 王建军，主译. 北京：高等教育出版社，2004：296-330.

入轴突所形成的、与表面呈平行的稠密条纹，所以又称纹状皮层。初级视皮层神经元可分为 6 层。外膝体发出的轴突主要投射到初级视皮层第 IV C 层。休伯尔（Hubel）和威塞尔（Wiesel）研究发现外膝体轴突终末在第 IV C 层的分布并非是连续的，而是被分成一系列空间大小相等的条块，每个宽约 0.5 mm，即眼优势柱。

从视网膜到初级视皮层有 3 条并行的通路：大细胞通路、小细胞通路和颗粒细胞通路。其中大细胞通路受损可能与儿童阅读障碍有着密切的关系。

2. 视觉背侧通路与腹侧通路

昂格尔德（Ungerleider）和米什金（Mishkin）让猴子做两种作业，发现被移去颞叶的猴子无法做物体区辨的作业；而移去顶叶的猴子无法做地标位置的区辨作业，所以他们认为，视觉有两条路径处理不同的信息：腹侧通路（ventral pathway）负责物体的辨识；背侧通路（dorsal pathway）负责物体的位置信息。这就是视觉的 What 通路和 Where 通路假说。

米勒（Milner）和古德尔（Goodale）发现，腹侧通路毁坏的病人，无法做线段方向判断作业，但是可以采用正确的方向将信放入小小的邮筒隙缝中；另外有一种背侧通路毁坏的病人，可以做线段方向判断作业，但是无法将卡片放到特定位置。根据神经心理学的双重分离原则，腹侧通路与背侧通路可以视为分别独立处理物体特征与动作的机制。他们认为背侧通路似乎不只是处理物体位置信息，还进一步牵涉到如何做一个动作，所以应该分别称为 What 通路和 How 通路。

3. 视觉发展的认知神经科学研究

要想辨别究竟是外周系统（特别是视网膜）的发育进程还是脑内视觉通路的发育进程，对婴儿视觉功能的发展更构成限制是很困难的。事实上无论是外周器官还是中枢神经系统内通路的成熟对视觉的发展都至关重要。除了对视觉的行为学与心理生理学测量以外，研究者近年来开始使用功能性成像技术来考察不同年龄阶段所能激活的视觉通路与脑结构。对因医疗原因被镇静的婴儿的功能性磁共振成像（fMRI）研究，以及对健康清醒婴儿的功能性近红外光谱（fNIRS）研究，都表明视觉刺激诱发了婴儿在某些与成人相同的视觉皮层区域的激活。例如，泰加（Tega）等（2003）用多通道光学系统研究婴儿的额叶和枕叶特定位点的血氧变化，发现 2—4 月的婴儿在观看动态示意的面孔样模式时，枕叶皮层的特定区域对亮度对比度变化的事件相关血氧变化与成人相类似。更重要的是，该技术的成熟具有广泛的应用前景，包括可以应用到早期婴儿的视觉功能发育研究中。

人类中心视野的双眼视觉，需要在两眼之间整合信息。前面所提到的视觉初级皮层第 IV 层的眼优势柱，被认为是形成双眼视觉的重要结构。在其敏感期内，每个眼优势柱竞争性地逐渐只接受来自一侧眼睛的信息，这已成为神经可塑性的典型例子。赫尔德（Held）综述了许多证据，认为人类婴儿在大约 4 个月结束的时候发育出双眼视觉。而 ERP 研究（2003）则发现双眼视觉出现在 3 个月左右的证据。[①]

三、儿童知觉发展的认知神经科学研究

如果说感觉是将外界的信息在感觉器官和神经系统内进行换能、编码和传递的过程，那么知觉就是感觉输入在大脑中进一步加工的过程。脑对感受器所提供的有关刺激的强度、性质、地点和模式等各方面信息进行整合，是对事物形成完整知觉的必要根据。脑对这些信息进行加工的方式，既有串行加工，也有并行加工。限于篇幅，以下仅介绍视觉知觉的神经机制。

（一）视知觉的神经生理基础[②]

视觉知觉包括颜色知觉、位置知觉和图形知觉等。

1. 颜色知觉

对颜色的知觉，开始于视锥细胞内的感光色素。光知觉包括明度、色调和饱和度三个基本维度。哺乳动物的色知觉不但依赖视网膜中对特定波长的光敏感的感受细胞，而且也依赖视网膜中局部线路的神经元的加工。视网膜中有提取色信息的线路，使得色彩与视野中其他的特征区分，从事这一加工的神经元数量极其众多。色觉传输到皮层中，有神经元参与色彩的加工与知觉。许多皮层细胞利用色和明度的感知来帮助实现对形状或运动的知觉。

2. 位置知觉

对位置的知觉涉及视拓扑图和对深度的知觉。在视觉系统的不同层面上，包括视网膜、上丘、外膝体和视觉初级皮层，都存在视拓扑图（retinotopy）。这种投射关系，描绘了中枢视觉系统的一般组构特性，将视网膜所收集的信息按照空间的分布一直投射到高级视知觉加工中枢。双眼所看到的景象存在细微差别，这为立体或深度知觉提供了基础。在纹状皮层与周围皮层中，存在三种与深度知觉相关的神经元：第一类对近距离的注视面敏感；第二类对注视面前方的刺激敏感，而抑制注视面后方的刺激；第三类对注视面后方的刺激敏感，而抑制注视面前方的刺激。

3. 图形知觉

图形知觉的问题，涉及如何整合视觉通路中的子单位，即将分别提取的复杂图形的部分特征综合成为一个完整的图形。关于图形知觉，目前有特征

---

① 参阅 JOHNSON M H. Developmental Cognitive Neuroscience[M]. 2nd. Oxford: Blackwell Publishing Ltd., 2005: 53-77.

② 参阅邵郊. 生理心理学 [M]. 北京: 人民教育出版社, 1999: 184-233.

侦察器模型和空间频率过滤器模型。认知神经科学家发现纹状皮层由上千个超柱（也称皮层模块）组成，在每个这样的 2 mm × 2 mm 的区域内有富含颜色敏感神经元的斑块，有对方向敏感的方位柱，还有分别与左右眼相连的优势柱。超柱是简单知觉的基本结构和功能单位，可以推测，视觉景象正是由这些超柱同步处理所整合而成的。

4. 腹侧通路与背侧通路

前述的腹侧通路与背侧通路，被认为是分别处理物体（what）辨识和位置（where）辨识信息的。背侧通路由纹状皮层经背侧延伸到顶叶，而腹侧通路则经腹侧延伸至颞叶。也有研究认为它们分别处理物体（what）辨识和运动（How）视觉分析的信息。如实验证实背侧通路中的 MT（V5）区细胞能感知运动的方向，被特化为专门对运动进行处理。

5. 多感觉整合

最新研究发现，联络皮层存在多模式感知神经元。在颞下回，颞上沟，顶叶 5、7 区，额叶 8、9 和 46 区都发现多模式感知神经元，它们接受来自许多皮层感觉中枢发出的联络纤维的信息，并将多种感觉信息聚合起来，对其进行综合反应。这种多模式感知细胞对形成跨感觉通道的复杂知觉整合意义重大。

（二）早期经验对知觉系统发展的影响

各种知觉系统的功能特性都是在基因与经验的交互作用下发展的。在生命早期，特别是发育关键期内，经验对知觉系统具有很强的雕刻作用。休伯尔与威塞尔的研究证明剥夺幼猫或幼猴的单眼的光刺激，会使视觉皮层发生深刻的结构与功能性变化。选择性竞争的眼优势柱，会更多地与关键期内未剥夺眼建立联系。而若同时剥夺双眼的光刺激，对后来的眼优势柱分布没有影响。还有其他实验，给幼猫戴上特制的眼镜使其只能看见直条纹或横条纹，在生活早期只能看到直条纹的猫，其视觉皮层中的多数神经元只对直条纹产生知觉，而对横条纹无知觉；在生活早期只能看到横条纹的猫，结果正相反。上述实验都显示了早期经验对视觉皮层神经元的反应特性的塑造。[1]

本章小结

注意是心理活动对一定对象的指向和集中，注意的发展与儿童的生活、游戏、学习有密切的联系。儿童主要以无意注意为主，注意的集中性、持久性、策略有效性、稳定性、灵活性等不断增强，有意注意逐步发展。我们可以在日常生活中、教学中渗入式地培养儿童的有意注意。

---

① 参阅邵郊. 生理心理学 [M]. 北京：人民教育出版社，1999：229-233.

感觉的发展是人类生存和发展的基础，是婴幼儿体验世界的保证，其成熟水平对儿童发展具有重要意义。视觉、听觉、嗅味觉、肤觉等发展均具有鲜明的年龄段特征。6 个月以后，婴儿的视觉发展才接近成人，听觉技能一直到青春期才会达到成熟。儿童的视觉或者听觉障碍、损伤都应尽早发现、尽早干预。

知觉是以感觉为基础的高一级信息处理层次。一般用视物偏好法、单刺激法、习惯化法等研究婴儿知觉。根据知觉的对象，可以将知觉分为空间知觉、时间知觉、运动知觉等。幼儿的形状知觉发展速度很快，9—11 岁的儿童基本上可以有较明确的方向知觉。视觉悬崖是研究儿童空间视觉的典型实验。儿童知觉发展的经历是多感觉通道刺激整合的过程。

儿童注意的发展主要与涉及注意相关的脑区的发展有关。心理生理学方法在婴儿注意与脑发展的研究中非常有效。注意缺陷多动症的发生与行为的脑调节有关。有关感觉，提到听觉与视觉发展的神经基础、听觉诱发的事件相关脑电位成分，视觉处理脑内双通道理论，以及发展认知神经科学为视觉发展提供的一些最新研究成果；知觉方面，主要提到视知觉的神经生理基础和早期经验对知觉系统发展的影响。

进一步学习资源

- 关于国内外心理学工作者对婴儿感知觉、注意发展研究的经典实验的结论，可参阅：

  庞丽娟，李辉. 婴儿心理学 [M]. 杭州：浙江教育出版社，1993.
- 关于注意与其他心理现象的研究案例，可参阅：

  1. 彭晓哲，周晓林. 情绪信息与注意偏向 [J]. 心理科学进展，2005（4）：488-496.

  2. 罗婷，焦书兰，王青. 一般流体智力研究中工作记忆与注意的关系 [J]. 心理科学进展，2005（4）：448-453.
- 关于多种研究感知觉、注意的实验及研究方式方法，了解实证研究的范式，可参阅：

  杨治良. 实验心理学 [M]. 杭州：浙江教育出版社，1998.

思考与探究

1. 儿童感知觉发展的基本方向是什么？
2. 婴儿知觉研究的基本方法有哪些？
3. 儿童知觉的特征是什么？

4. 莱布尼兹（G. W. Leibnitz）于 17 世纪首先使用"统觉"（apperception）这一术语，统觉是对感知自身内在状态的意识或反思，即自我意识。I. 康德认为，统觉是人的一种先验的综合统一的认识能力，人的一切认识活动都要靠统觉的综合统一来实现。现在不少幼儿园设置了感统训练场所。请收集相关材料，实地观看感统训练的内容，撰写观察报告。

5. 人能在一定范围内不随知觉条件的改变而保持对客观事物相对稳定特性的组织加工的过程，包括大小恒常、形状恒常、方向恒常。根据恒常性的理论，心理学家设计了一个简单易行的性格测验——框棒测验。请查找相关资料，回答框棒测验的不同结果及对性格的解释。

6. 分别记录某幼儿园大、中、小班幼儿注意力集中程度、集中时长，并根据性别与年龄进行比较，得出结论后，再设计一两个实用性较强的训练小班幼儿注意力的小游戏。

趣味现象·做做看

聋儿与听力正常儿童的智力比较

鲍永清运用希－内学习能力测验量表（H–NTLA）对 3—5 岁的聋儿（耳聋的标准是双耳中好耳的听力损失 >40 dBHL）与听力正常儿童的智力状况进行了测验比较。研究结果表明：学前阶段的聋儿比听力正常儿童智商略低，两者无显著差异。但随着年龄增长，差距逐渐增大。在智力结构方面，与听力正常儿童相比，聋儿手眼协调、知觉辨别、空间和知觉等能力方面发展较好，两者无显著差异；而记忆力和抽象思维能力较弱，与正常儿童相比有显著差异。研究提醒相关教育工作者与儿童家长，对聋儿进行早期教育的同时不可忽视其后继发展教育。

研究结果如图 2-2、表 2-4 所示。

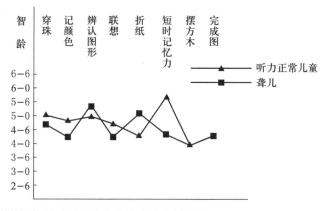

图 2-2　3 岁年龄组聋儿与听力正常儿童 H–NTLA 剖析图

表 2-4 5岁年龄组 H-NTLA 显著性比较

组别	记颜色		辨认图形		折纸		摆方木		完成图	
	$\overline{X}$	S	$\overline{X}$	S	$\overline{X}$	S	$\overline{X}$	S	$\overline{X}$	S
聋儿	10	2.52	15	1.53	6	2.08	5	3.21	5	1.53
正常儿童	14	1.73	18	3.79	8	0.58	6	1.73	14	5.51
t	2.27		1.27		1.6		0.47		2.73	
p	$0.05<p<0.1$		>0.05		>0.05		>0.05		$0.05<p<0.1$	

从以上图表中，你能推出什么结论？有什么进一步的思考？

第三章 儿童记忆的发展

本章导航

本章将有助于你掌握：
- 记忆发生的指标
- 婴儿记忆的特征

- 自传体记忆
- 记忆策略
- 儿童记忆的准确性
- 元记忆
- 记忆的容量

- 记忆的保持规律
- 遗忘规律
- 如何促进儿童有效地学习

- 儿童记忆发展的认知神经科学

两岁的皮皮把颜料抹得到处都是，妈妈很生气，一脸怒容。皮皮看到妈妈的表情后，马上就移开眼睛。再看一眼妈妈，妈妈还在生气，皮皮哭了起来。皮皮为什么会哭？因为皮皮已经有关于生气这种情绪表现的记忆。我们知道，儿童有着惊人的学习能力，而这种学习能力则源自记忆。儿童不断地进行各种尝试、探索，并且将获得的信息储存起来。正是伴随着信息的不断积累，个体的心理才得以发展。在记忆的基础上，个体建立了客观的自我感受。也正是由于记忆，我们才能认识周围环境的变化和延续。

记忆是人脑对过去经验的识记、保持和恢复的过程。我们感知过的一切事物、体验过的情绪情感、曾经认识的人、学过的歌、跳过的舞，这一切生活实践中的内容以映象的形式在人脑中保持，并在以后的一定条件中再现。信息加工理论认为，记忆是人脑对信息进行编码、储存和提取的过程。从十分广泛的意义上说，所有的认知都是记忆，因为个体将所获得的关于世界的知识储存于记忆中。他们记住身边的人、物、事，并在一定情境下预测事件的发生。然而，多数研究考察的是比较狭义的记忆，诸如记住一系列项目、记住某一事件发生的时间和地点。

记忆对儿童的发展来说非常重要，因此一直以来，心理学家对它都十分关注，关于它的研究更是现代认知加工理论的核心。从上面皮皮的事例中，我们可以看出，皮皮记住了情绪的表情特征，并据此识别了妈妈的情绪，而作出了保护自己的反应。我们不禁会问：儿童是从什么时候开始有记忆的？儿童又是如何识记、保持和恢复这些信息的？从儿童的记忆到成人的记忆究竟有哪些发展和变化？怎样才能把这些关于儿童记忆的心理学知识应用于教育领域？

第一节 婴儿记忆的发生

婴儿是否有记忆，是关于婴儿记忆的第一个问题。我们知道，婴儿生来就有非凡的能力，波维尔（Bower）认为婴儿能够使用成人为他们提供的任何信息。在这些生来就有的能力的基础上，我们可以观察到他们在成长过程中所发生的迅速变化。例如，出生几天的婴儿就能对作用于脸颊的刺激和作用于嘴唇的刺激作出不同的反应，这种辨别似乎已经说明了记忆的存在。大量的研究都证明，婴儿有记忆能力。

一、记忆发生的指标

对婴儿记忆的研究不是一件容易的事，因为婴儿既不能用言语，也不能用有意识的动作行为向我们表述他是否记住了，记住了什么，因此，心理学家采用了一些特殊的方法和指标。

（一）定向反射和习惯化

所谓定向反射是对新异刺激作出反应的倾向。当出现新异刺激时，我们往往会停下正在进行的活动，而将感官朝向这个刺激，如侧耳倾听、转目凝视。这些现象在动物身上表现得非常明显，例如，正在吃草的鹿感到有别的动物逼近时，马上就停止吃草的动作，抬起头，竖起耳朵，好像在说："是谁？"人类婴儿虽没有如此明显的外在表现，但我们借助仪器可以发现他们生理方面，诸如心率、瞳孔、血压、皮肤电活动等的变化，这些都表明了婴儿定向反射的发生。定向反射是当新异刺激出现时主体产生的反应，因此，它也可以作为一种学习指标。

当刺激多次出现后，主体就不会再有明显反应，或是反应下降。这种定向反应的消失或下降我们称为"习惯化"。把婴儿的定向反应和习惯化后的反应进行对比，我们就能发现婴儿是否有了记忆。正如婴儿感知觉研究所显示的那样，婴儿对多次出现的图片（视觉刺激）或其他刺激都会有习惯化反应。

（二）条件反射

条件反射是指主体对条件刺激作出条件反应，条件反射的建立说明记忆主体记住了条件刺激，表明了再认的存在，因而是对婴儿记忆进行研究的另一指标。

一般认为，儿童最早建立的自然条件反射是出生第 10 天左右建立的哺乳反射，也就是婴儿对哺乳姿势的再认。研究发现，人工条件反射可以建立得更早，出生后 1~3 天的新生儿，就可以形成出现铃声刺激就把头转向右面的条件反射。在卢弗－科威尔（Rover-Collier）等人的研究中，2 个月的婴儿就能对看到某一活动装置时作出踢腿反应形成操作条件反射。

（三）模仿

模仿是认知主体通过感知进行的一种积极反应，安德鲁·梅尔佐夫（Andrew·Meltzoff）等的研究发现，不满 1 个月的婴儿就能够模仿成人把舌头伸出来以及其他的面部姿态。婴儿似乎不仅仅是尝试复制他们从模仿对象那里所获得的刺激，安德鲁·梅尔佐夫等认为从婴儿接收到的视觉刺激到某个特殊的动力输出之间肯定有一种转换，他们称为"积极的交互式匹配"。尽管隐含在新生儿模仿过程中的机制引起一定的争议，但毋庸置疑，模仿能力的发展是婴儿记忆能力发展的重要表现。

在基于模仿的记忆任务中，一个成年人会使用道具来做出一个或一系列的行为，之后婴儿将有机会模仿这些行为。"制作拨浪鼓"就是一个例子：

把一只球或积木放进杯子里，用另一只杯子盖上，然后晃动杯子发出声响。当婴儿能以正确的时间顺序复现行为，就证明了其行为是受回忆指引的。诱发模仿（没有间隔时间就出现的模仿）和延迟模仿（经过一段时间之后突然出现的模仿）是研究婴儿长时记忆的极好范式。为了在延迟一段时间后能够模仿，婴儿不仅要认识到一个特定的事件是陌生的还是熟悉的，还必须回忆起一个经历过的事件，并且努力复制它。许多研究者都是用了延迟模仿范式来研究婴儿长时记忆能力，尤其是事件顺序的记忆能力。研究发现，在某些情况下，9 个月的婴儿能够记住并复制 2 个或 3 个复杂事件的顺序，并能持续 1 个月的时间。[①]

二、婴儿记忆的特征

（一）以无意识记为主

无意识记，也叫不随意识记，是指事先没有预定目的，也不需要意志努力的识记。有意识记是指需要一定意志努力的识记。婴儿时期的记忆主要以无意识记为主，他们还不能为特定的目的而进行记忆。尤其在 2 岁以前，他们记住的往往是那些外部特征突出的事物或带有情绪色彩的事情。2 岁以后，由于其他认知能力的发展和言语能力的迅速提高，婴儿的有意识记开始萌芽，同时无意识记也得到了进一步的发展。例如，儿童可以记住一些简单的歌谣、故事，可以完成成人吩咐的简单任务等。

（二）信息保持能力较好

研究表明，婴儿不仅很早就存在记忆能力，而且还具有相当好的信息保持能力。在费根（Fagan）的一项实验中，5 个月的婴儿看一张面部照片 2 分钟，在长达 2 个星期后仍有能够再认照片的迹象。Bahrick 和 Pickens 的实验表明，当采用像小汽车这类更具有动感的活动刺激时，第一次接触刺激时仅仅 3 个月大的婴儿在经过 3 个月的延迟后仍表现出了再认。当然，婴儿记忆的保持时间总是比成人要短，但在生命最初的一年半中，记忆保持的时间会逐步变得越来越长。记忆的发展变化贯穿整个婴儿期，除了记忆保持时间的延长，还表现在婴儿能够对任何特定经验中越来越多的信息进行编码；随着认知能力的发展，他们对周边环境中越来越精细和复杂的特征变得敏感，从而记住它们。

（三）通过再认和回忆提取信息

婴儿是如何提取信息的？提取信息有两种形式：再认和回忆。再认是注意到当前刺激是过去曾经历过的刺激，如看到某人就想起曾在哪里见过

---

① 戴蒙，勒纳. 儿童心理学手册：第六版 [M]. 林崇德，李其维，董奇，译. 上海：华东师范大学出版社，2009：248-249.

他。回忆则是对已消失的刺激产生一个心理表征的过程，如听到某人的名字想起他的模样。关于再认和回忆能力发展的研究显示，新生儿和年龄较小婴儿的再认是粗略而梗概化的，类似于较低级有机体所具有的再认过程。而年龄较大婴儿的再认行为更为复杂，他们可能具有关于该客体是曾经认识过的意识，并且可能会回忆更多有关该再认刺激的信息。皮亚杰认为18个月以前的婴儿具有再认记忆，而没有回忆记忆，但这种观点如今受到质疑。我们知道，大约8个月的婴儿就开始搜寻被藏起来的物品，一些研究者认为这需要婴儿具有回忆记忆。另外，有关于延迟模仿能力的研究也为此提供了佐证。研究发现，甚至是9个月大的婴儿也能够模仿24小时之前看到的某个行为榜样，这种行为需要对以往经验的回忆，而不仅仅是对当前知觉信息的再认。

（四）婴儿期记忆缺失现象

儿童发展心理学中的一个经典困惑，即婴儿期记忆缺失现象，也是婴儿记忆的典型特征，该特征表现为我们无法回忆出任何有关婴儿期的经历。弗洛伊德对此提出了最早的解释，他认为人类早期没有记忆，这种现象是由于被禁止的想法被压抑到无意识中。当然，这种观点并不能为人们所接受，但目前关于婴儿期记忆缺失的现象仍然没有共识。有研究者认为，与记忆相关的大脑前额皮层在婴儿期没有充分发育成熟；也有研究者认为是婴儿的记忆策略太原始，不具有记忆所要求的"组织"和"联想"策略；还有研究者认为是婴儿缺乏自我认识嵌入早期记忆，因为个人事件的记忆需要与自我感相联系。

第二节 儿童记忆的发展

本节我们要讨论的是学前儿童记忆的发展，所有有关研究的焦点可以归结为两个，一是描述随着年龄增长儿童记忆表现出怎样的变化；二是解释他们为什么会有这样的发展变化。

一、自传体记忆

自传体记忆是一种特殊的情景记忆，指个体在日常生活中对自身经历事件的记忆，具有不随意的特点。自传体记忆对儿童发展的重要性至少反映在两个方面：对以往事件的经历有助于儿童预测和期待未来的事件；同时，它还为个体提供了某种时间的延续感，从而看到过去的自我和现在的自我之间的联系，与个体自我意识的建立密切相关。

"妈妈给我买了一把小红伞，我很喜欢。我们在马路上走，我看到了好多伞，我就向妈妈要。我喜欢红色的，也喜欢黄色的，但是，太麻烦，就买了一把红色的。"这是四岁的佳佳在追述她的一天。

这个阶段的儿童常常会追忆他们所经历过的一些活动，这种自传体记忆包含着发生在个体身上的某个具体事件，这类事件又常常发生于早些时候的某个时间。自传体记忆的研究表明了儿童在日常生活中如何真正地使用记忆，正因如此，关于儿童自传体记忆的研究成为近年来心理学的热点。

研究表明，儿童对发生在有意义的熟悉情境中的真实事件的记忆，优于他们对诸如图片、言语等材料进行的实验室中的记忆。儿童对新异事件的自传体记忆非常好，哈蒙德（Hamond）和菲伍什（Fivush）的研究表明，三四岁的儿童在参观过迪斯尼乐园18个月后，仍然能记得大量关于此次参观的信息。

自传体记忆的发生与发展是以童年期遗忘为起点的，即童年期遗忘的消退是自传体记忆发生与发展的开始。亚瑟（J. usher）和内瑟（U. Nesser）的研究认为，不同事件的童年期遗忘存在着差异，关于同胞弟妹的出生与去医院就医这样的目标事件，童年期遗忘消失在2岁以后；而关于家庭成员的死亡、家庭搬迁这样的目标事件，童年期遗忘消失在3岁以后，部分被试的童年期遗忘消失在4岁以后。近期关于自传体记忆是如何形成和发展起来的研究主要从三个层面进行，即神经机制的解释、认知机制的解释和社会互动机制的解释。神经机制的解释认为情节记忆的主要活动脑区是海马，自传体记忆尚未形成而表现出来的童年期遗忘是海马结构不成熟导致的；认知机制的解释认为儿童成长中认知结构的改变导致童年期的记忆经验不再适应成年人的认知图式，随着儿童自我认知能力的发展，自传体记忆逐步形成；社会互动机制认为婴儿在与父母及其他成人的社会交往中，从最先形成的手势语言开始，逐渐形成不同的存储、表征、加工、提取方式，自传体记忆逐步发展。[①]

婴儿只有记忆简单事件的能力，发展到学前期，儿童开始具有记忆比较复杂事件的能力，这显然是儿童记忆精细化的表现。在成人引导的对话中，儿童逐渐学会了如何记忆及以连贯的叙述方式讲述过去所经历过的事件。例如，家长会问孩子："你在幼儿园见到王老师了吗？""你们做了些什么？""然后呢？"又如，"当你钻进大皮球漂在水面时，你感觉怎么样？""好玩吗？""你还想这样玩吗"成人在与儿童对话时，总是会为儿童提供事件的叙述结构，或是事件发生时的情境信息，并根据儿童记忆能力的

---

① 秦金亮. 儿童自传体记忆形成与发展的机制研究评述［J］. 心理科学, 2005（1）: 158-160.

发展而逐渐减少所提供的信息。在上述关于三四岁儿童参观迪斯尼乐园的记忆的研究中发现，那些能在 18 个月后仍然记得大量关于此次参观信息的儿童，他们的父母常常就此次参观与他们进行过讨论。

成人与儿童的对话是否支持自传体记忆的发展，不在于对话的多少，而取决于对话的风格。有一些父母能对孩子部分的回忆加以精细化，并提出进一步的问题以激发孩子的记忆，这种精细化的对话有利于儿童自传体记忆的发展。而另一些父母往往只是提同样的问题，经常转换话题，并且没能对孩子的记忆加以精细化。在重述型对话环境下成长的儿童，在 18 个月或 32 个月后，只能回忆较少的信息，并且其记忆更缺乏组织性。

二、记忆策略

假如让你记住一个新的电话号码，你是否会不停地重复这个号码以加强记忆？在看书的时候，你是否会在认为有价值的信息下面画线或作出标记？在日常的生活和学习中，个体为了有效地记住有用的内容，常常会使用一些记忆策略。

由于人们热衷于探究儿童认知发展中最早的能力，因此，儿童记忆策略成为许多研究的主题。记忆策略范畴涉及多种可能的意识活动，事实上，记忆策略在学步儿阶段就已经产生了。一项研究让 18—24 个月的婴儿看到研究者把一个玩具藏在某个位置，告诉他要记住玩具的位置，以便以后能找到它，然后让他从事其他有趣的活动 4 分钟。在这 4 分钟里，儿童总是会中断活动说起那个被藏玩具的位置，或用眼睛注视那个位置，甚至用手指，并走到该位置，企图找出玩具。这些行为似乎都是在保持被藏玩具的信息，而不是偶然地谈及。为了确定这些行为的真实意义，研究者又加入了两个控制条件：把玩具放在看得到的位置，这样就不需要记忆；或不需要儿童取回玩具，研究者会自己拿回玩具。在加入控制条件后，儿童上述行为就大大减少了。当然，一般来说，对于年龄较小的儿童，他们并不会很有意地使用策略来确保记忆的效果，或者可以说，这些还不是真正意义上的记忆策略。

关于儿童记忆策略发展的研究主要针对记忆的三种基本策略展开：复述、组织、精细加工。

（一）复述

复述策略是指在工作记忆中为了保持信息，运用内部语言在大脑中重现学习材料或刺激，以便将注意力维持在学习材料上的学习策略。学前儿童已经开始使用复述策略，当他们被要求记住一组物体的名称时，他们会说、会看，并减少其他活动，当然，他们表现出的复述过程的持续性是有限的，他们的复述行为要到 6 岁以后才会对其记忆产生影响。在一个研究中，研究者让 6—10 岁的儿童记忆物体图片，结果显示，年长儿童较年幼儿童更多地采用复述策略，而采用复述策略的儿童记忆效果也更好。

为什么年幼的儿童不使用复述策略呢？一个可能的原因就是年幼儿童还不知道复述可以促进回忆，记忆者对记忆策略的不恰当使用，使记忆策略确实不能产生作用。让儿童记忆一组词汇，年幼儿童只能一个接一个地重复。例如，"桌子、男子、院子、猫"这组词，当听完"猫"后，他们大部分只会复述"猫、猫、猫"。相反，年长儿童则会把先前出现的词一起说出来，听完"猫"后，他们大多会复述"桌子、男子、院子、猫"，这是一个提高记忆的方法。另一个可能的原因是技能的充分发展是使用策略性手段的前提，而年幼儿童的技能水平是有限的。例如，对年幼儿童来说，像复述这种行为模式本身就是有难度的，他们难以把其并入到记忆这个更大的认知系统中去。也就是说，他们还缺乏熟练而有效地执行策略的能力。就好像儿童在书写能力还未熟练之前，就不可能边听、边记、边想，因为个体的认知操作空间是有限的。总之，研究表明，随着儿童使用策略效率的提高和执行策略能力的发展，儿童对记忆策略的自发使用会越来越频繁。

（二）组织

组织策略是指个体在记忆一些内容时，能将信息结合成为更大的单元。迪洛克（Deloachs）和托德（Todd）在一个对 2—5 岁儿童的研究中，拿出 12 个相同的容器，或是放入一块糖果，或是放入一个木头钉子，并将容器一个接一个地递给儿童，要求他们记住糖果放在哪个容器中，4 岁的儿童已能将糖果容器放在一边，而将钉子容器放在另一边。不过学前儿童还不能进行语义组织——将物体或图片按照意义进行分类，这是由于他们本身还未建立高度概括的、逻辑意义上的概念网络。

当儿童能通过语义上的组织策略来记忆信息后，他们的组织策略就会随着年龄的增加而不断增强。例如，比约克隆德（Bjorklund）和雅克布斯（Jaclbs）的一项研究，"猴子、头、帽子、鞋子、香蕉、脚"这组词，成人一般把这些项目归类为动物、身体部位、衣物和食物，而对年龄较小的儿童来说，他们可能会说"帽子——头，脚——鞋子，猴子——香蕉"，他们的记忆方式反映的是这些项目内容在生活中的联系。对儿童而言，他们对物体的归类主要依靠词汇之间的联想。

与复述策略的发展一样，儿童只有通过大量的实践以及提高执行策略能力，才能使组织策略在记忆任务中发挥更大的作用。例如，年龄较大的学前儿童在回忆物体名称时会依赖语义组织，而当回忆房间这一特定情境里的物品时则会采用空间组织。研究表明，在小学二年级和四年级期间，小学生会更加经常性地将组织和其他记忆策略结合起来，如把复述和对项目的归类相结合，这种多重策略大大提高了记忆的效果。

（三）精细加工

精细加工策略是指个体确认或建构记忆项目之间某种意义上的联系，例如，一个记忆任务要求被试学习成对项目，在呈现一个词（如"象"）之后，要求他们回忆另一个词（如"针"）。你可能会有意地形成某种荒唐可笑或其他难忘的视觉形象"一头大象小心翼翼地站在一根针上"。可以看出，精细加工是一种非常有效地把项目结合在一起加以记忆的方法。

与其他的策略相比，精细加工是一种较迟发展的能力，一般出现在 11岁以后。因为精细加工要求记忆者必须将物体项目转化成图像，并在它们之间建立一定的联系，这就要求儿童首先要具有比较丰富的认知资源和较大的工作记忆量。正因如此，教授 11 岁以前的儿童使用精细加工策略并没有效果。例如，瑞茜（Reese）的一项研究，记忆"狗、汽车"这两个项目，11岁以前的儿童通常产生静止的图像，如"这个狗有汽车"。而成人则更容易产生活动的图像，如"这个狗跟着汽车穿过了镇子"。而一旦儿童发现了精细加工策略，并得益于它，就将趋向于用精细加工代替其他策略。

三、儿童记忆的准确性

儿童记忆的准确性，是当今十分活跃的心理学研究领域。

研究表明，年幼儿童，尤其是学前儿童记忆的准确性和详细程度均不如年长儿童和成人，而且他们还更容易受到暗示。因为学前儿童更容易信任他人，他们会尽力顺着问题的引导方向而回答。

☞视频：错误
记忆的发展

虽然学前儿童不能准确地报告事件，但一般而言，他们更可能出现遗漏的错误，而不是添油加醋的错误，除非成人有意地暗示，他们极少虚构。例如，成人不是问儿童"告诉我发生了什么？"，而是问"那人戴着一顶蓝帽子吗？"显然，这样会把一些错误的信息植入学前儿童的记忆中。也有研究表明，在恰当的环境中，通过合理的提问，即使是年龄很小的儿童也能高度准确地做出记忆报告。

四、元记忆

弗拉维尔（J. H. Flavell）认为元认知是指个体对自身认知活动的认知，元记忆是元认知的一个方面，它具体指个体关于记忆是什么、记忆过程是怎样的，以及什么因素影响记忆的效果等方面的知识。一般可以将元记忆分为关于记忆的元认知知识、元认知自我监控和元认知自我调节。研究者对元记忆的关注是由于它能帮助儿童的记忆变得更加有效。

（一）关于记忆的元认知知识

关于记忆的元认知知识，又可以分为关于人、任务、策略三个方面的内容。

关于人的元认知知识是指儿童对自己和他人作为记忆主体所具有的能力、局限、特质等方面的认识。随着年龄增长，儿童之间学会识别和确认记忆及遗忘的经验，在认识上把这些经验与诸如思维、梦、感知等其他经验区别开来。研究发现，学前儿童往往高估自己或他人的记忆能力，这可能与他们的愿望有关，研究者认为这种高估是有益的，它可以使儿童保持乐观的态度，乐于尝试超过他们现有能力的任务。

关于任务的知识即对记忆任务难易程度的认识，儿童逐渐认识到记忆任务的难度取决于两个方面：必须储存的信息的数量和种类。年幼儿童已知道，单纯增加记忆内容的项目数会增加记忆的难度，而年长儿童则能认识到记忆项目之间意义联系与记忆难度之间的关系。

关于策略的知识，我们在前面已经涉及，学前儿童只有初步的策略概念。年幼儿童与年长儿童相比，对策略类型、效果的认识及其使用能力上都有着显著的差距。

（二）元认知自我监控与自我调节

自我监控和自我调节是提高记忆的好方法。自我监控要将记忆内容、记忆目标相比较，以了解自己所处的位置。自我调节包括计划、指导和评价自己的记忆活动。一个高效的记忆者，当他面对一个记忆任务，会选择相应的记忆策略，并在记忆过程中根据自己的体验作出适应性的识别和反应，如不断调整自己的注意力，适时变换自己的记忆策略。

自我监控和自我调节是建立在自我体验的基础上的，学前儿童在这方面表现出有限的能力。研究发现，2 岁儿童在玩具消失的情境中具有"似曾相识感"，他们会持续在玩具消失的附近寻找。到 4 岁的时候，儿童有了"话到嘴边"的状态，即感知到某个人的名字就在自己回忆的边缘。小学儿童才能较好地认识到，充分熟记的内容可以确保被提取。[①]

五、记忆容量

记忆容量是指在记忆过程中，可供心理过程使用的总的心理工作空间。假使把这个空间比喻成容器，那么成人的容器是大的，儿童却只拥有小的容器，成人之所以比儿童记得更多，是因为成人的心理容量可以容纳得更多，所以说神经系统的自然成熟是儿童记忆发展的一个主要原因。

信息加工理论的一个主要贡献是说明人类认知活动在信息加工容量上存

在限度。假如要求你在听到以每秒一个的速度呈现的一串数字后马上报出，我们先从 4 个开始："4—6—7—1"，然后是 5 个，6 个，7 个……，到多少个数字时，你就报不出了呢？这个限度就被称为记忆的广度。信息加工理论认为我们认知过程中每个加工步骤的执行都需要一定数量的时间和认知资源，每一次都只有少量的信息单元或"组块"能够在工作记忆中保持活动状态。记忆容量随着年龄的增长而增长，例如，有研究显示，数字、字母和词的广度从 5 岁的 4~5 个，增加到 9 岁时的 6 个，成人时的 7 个。

除了神经系统的成熟外，还有什么因素影响记忆的容量呢？显然经验的增加可增强资源使用效能。一方面是源于关于世界的知识的增多，例如，成人可以很快地发现"149162536496481"这组数字是按照自然数的平方排列的，然后记住它，而学前儿童还不具有这种能力。另一方面是在记忆策略的使用方面，记忆策略使用技能的熟练化，可以为其他记忆活动释放更多的容量。

第三节 记忆规律与儿童学习

我们知道，记忆是决定儿童学习的一个重要因素，记忆过程中有哪些规律？针对这些规律，如何更有效地提高儿童学习的效果？这些问题是我们本节要讨论的内容。

一、记忆的保持规律

保持是记忆者对信息进行储存和巩固的过程。信息的保持并不是静止的，假如让你回忆以前看过的一部电影，再重新放一遍与你的回忆进行对比，你会发现记忆存在变化，这些变化主要表现在质与量两个方面。量的变化表现为信息数量的减少，出现遗忘。质的变化则表现为记忆内容的简略、概括，或是详细、合理，或是夸张、突出。

学习者在记忆的保持过程中有一个特殊的现象，那就是记忆恢复现象，即学习后过几天测得的保持量比学习后立即测得的保持量要高的记忆现象。也就是说在一定条件下，刚刚记忆材料以后，立即恢复或重现记忆材料的效果不如相隔几天后恢复或重现的效果好，在学习有意义的材料时表现得更为明显。

记忆恢复现象最早是由美国心理学家巴拉德（P. B. Ballard）在 1913 年发现的。巴拉德让一些 12 岁左右的儿童识记一首诗，结果发现识记后即刻回忆的成绩不如一两天后回忆的成绩好，尽管在这期间并没有让儿童进行复习。若识记后立即回忆的平均分数为100，则识记一天后的平均分数为111，识记两天后的平均分数为117，再往后回忆的数量就逐渐减少。证明小学儿童在学习后相隔若干天记忆保持会有所发展。这种现象在学前儿童身上表现得也较普遍。苏联的克拉西尔希科娃在实验中证明学前儿童记忆恢复量占记忆总量的85.7%，小学生记忆恢复量占记忆总量的60%，5—7年级学生的记忆恢复量占记忆总量的50%。我国有关实验也证明，记忆恢复现象在年幼儿童身上表现得更为明显。

关于记忆恢复的原因，研究者一般认为不是由于在间隔时间内复习或学习其他有关材料造成的。很多研究者用大脑皮层神经细胞的保护性抑制加以解释。这种观点认为，在识记复杂材料的过程中，皮层中有关的神经细胞在刺激物的频繁影响下，会产生抑制的积累。因此，回忆最好的成绩不可能出现于识记之后的当时，而只能出现在识记之后经过了充分的休息但还没有开始遗忘的时候。但是，这种解释仍不完善，有待进一步的研究。

二、遗忘规律

对识记过的东西不能或者错误地再认或回忆的现象称为遗忘。心理学家艾宾浩斯对遗忘进行了系统的研究，他用无意义音节作为记忆的材料，用节省法计算保持和遗忘的数量，发现了遗忘进程的规律，并绘制了第一条遗忘曲线。他发现，遗忘的发展是不均衡的，先快后慢，在学习停止的短时间内，遗忘特别迅速，后来逐渐缓慢，到了一定时间，几乎不再遗忘（见图3-1）。

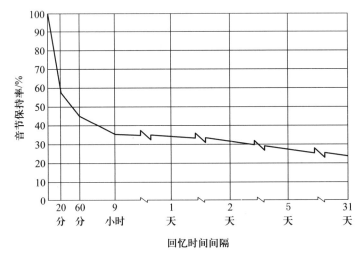

图3-1 艾宾浩斯遗忘曲线

遗忘与很多因素有关，一般认为，学习程度越高，遗忘就越少，但是，学习程度与保持效果并不成永恒的正比关系。研究发现，在过度学习到达

150% 的时候，记忆内容保持最佳。过度学习是指学习后的巩固水平超过其刚能背诵的程度。低于或者高于 150% 的学习程度，都会导致记忆效果不佳。除学习程度之外，学习者对记忆任务的态度以及记忆内容的性质、数量都与遗忘有关。

三、如何促进儿童有效地学习

在了解了儿童记忆发展的特点和记忆的普遍规律之后，一个具有实践价值的内容便是如何促进儿童更高效能地学习。

（一）根据儿童记忆的特点促进儿童的学习

学前儿童以无意识记为主，因此培养其记忆能力时，教师应该尽量选择形象、直观、具体、生动，能引发儿童兴趣、吸引儿童注意的对象。学前儿童的有意识记正在逐渐发展，家长和教师要注意采取适宜的方法，对其有意识记行为进行启发引导。事先把学习的目的和步骤向儿童说明是一个比较好的方法，例如，在表演游戏中，教师事先提出角色要求。教师在给儿童讲故事之前，提出听完故事后让儿童复述的条件等。像这样在生活和教学中多加训练，能促进儿童有意识记的发展。

研究表明，儿童对事件的记忆能力发展早，而对图片特别是语词等材料进行记忆的能力发展晚，因此，教师要尽量避免让儿童单调地记忆材料，而应适当地结合情境，形象生动地进行记忆。例如，在教儿童一首儿歌之前，教师可以先讲述一个故事，让儿童表演、想象，这样记忆的效果会好得多。

由于儿童记忆容量有限，一次记忆的内容不应太多。而且，儿童在学习过程中容易疲劳，所以学习过程的安排应做到动静交替、劳逸结合。另外，在儿童学习的过程中教师可以适当教授一些记忆的策略，如追述、联想、分类、组块等，以加强记忆的效果。

（二）针对记忆规律促进儿童的学习

首先科学地组织复习。遗忘的进程是先快后慢，因此，教师在指导儿童学习时，对他们学过的东西，要及时地安排复习，如果等到记忆信息已经丢失了很多时再复习，差不多就是重新学习。同时根据记忆内容和儿童遗忘的程度合理地分配复习时间，一般认为，经常性分散的复习比集中复习的效果要好。

对于幼儿来说，复习不能仅仅是简单、机械地进行，运用多种感官相结合的复习方式对幼儿的学习是非常有利的。

干扰理论认为，遗忘的主要原因是由于材料之间的干扰，比如你正在记一个电话号码，如果这时有人和你说话，你马上就忘记了那个电话号码。所以教师在安排儿童学习时应尽量做到，不要要求他们在同一时间学习太多的内容；同时不要把内容、性质相似的材料安排在一起学习，以减少记忆内容之间的相互干扰。另外，在学习时具有良好的情绪状态，学习过程中学习兴趣的建立，对学习内容的理解都是儿童有效学习必须具备的要素。

*第四节　儿童记忆发展的认知神经科学研究

正如培根所说"记忆是一切知识之母"。儿童关于这个世界的知识，建立在信息储存的基础上，而这些信息又是通过记忆获得的。儿童发展的过程也正是上千亿神经元在经验中不断学习和形成记忆的过程。发展认知神经科学为儿童记忆发展研究带来了新的发现与应用。

一、学习的脑机制

唐纳德·赫布（Donald Hebb）在《行为的组织》一书中提出，如果神经细胞 A 的轴突足够靠近细胞 B 并能使其兴奋，如果细胞 A 重复或持续地刺激细胞 B，那么在这两个神经细胞或其中一个细胞上必然有某种生长过程或代谢过程的变化，这种变化使细胞 A 激活细胞 B 的效率有所增加。Hebb 学说较好地反映了突触前与突触后神经细胞放电的相关性。因此，Hebb 学说被广泛地应用于解析各种各样的陈述性学习记忆过程中潜在的突触机制。

突触的可塑性主要指突触连接在形态上和功能上的修饰。实验显示，在成年时树突和棘仍表现出相当的可塑性。在某些经验后，数小时甚至数分钟内，树突可产生棘，轴突可产生新轴突。此外，突触传递的长时程增强现象被认为可能是记忆的细胞层面机制。而且有证据显示，哺乳动物包括灵长目的大脑，能够为嗅球、海马结构，甚至额叶皮层和颞叶皮层产生新的神经细胞。也许这一过程是为了增加大脑的神经可塑性，特别是涉及学习和记忆的功能。对灵长类动物的脑损毁和人类患者的临床研究证明，海马是与记忆相关的重要部位。

二、多重记忆系统与大脑结构

人类记忆存在多重记忆系统，可以分为瞬时记忆、工作记忆和长时记忆。长时记忆又分为陈述性记忆与非陈述性记忆。陈述性记忆包括对事实（语义记忆）或事件（情景记忆）的记忆，主要与内侧颞叶、间脑等相关。非陈述性记忆中的程序性记忆（包括技巧和习惯）的神经基础主要在纹状体，情感反应主要通过杏仁核，而经典条件反射则与小脑相关。各种记忆功能的完善有赖于相应脑区发育的成熟。

三、长时记忆神经机制的相关理论

1. 认知地图理论（cognitive map theory，CM）

海马参与了产生以外部线索为参照点的环境空间表征的过程，而这些表征提供了插入情节性事件所需的背景。认知地图理论假设认知地图不区分近期或陈旧记忆，所以海马在保存与提取近期或陈旧的空间记忆中都发挥作用，但这一认知地图理论的基本原则已被脑损伤和神经成像技术研究结果所否定。

2. 标准巩固模型（standard consolidation model，SC）

情节记忆先在海马中存储一个暂时的阶段，而后被巩固于颞叶新皮层中。此后，对于此类记忆的存储和提取都无须海马参与。支持这一理论的证据是在实验观察中得到的，如发现某些遗忘症病人存在时间梯度的记忆丧失情况，即已经巩固的记忆——生命早期事件比近期记忆保存得更好。

3. 多痕迹理论（multiple trace theory，MTT）

海马永久性地参与情节记忆的提取。根据多痕迹理论，海马存储着指向新皮层记忆表征的索引或指针。一个记忆每被激活一次，就产生一条新的痕迹。陈旧记忆比近期记忆更不易被破坏，因为它们经常被复原而增加了痕迹的分布。由于标准巩固模型和多痕迹理论都得到一定实验证据的支持，深入研究与探讨有待进一步展开。

4. 颞额假说（temporofrontal hypothesis）

额叶皮层和颞叶皮层在陈旧记忆提取过程中起核心作用。前额叶皮层通过提供主动记忆痕迹搜索的动力与触发，以及作为时间组织器两种方式参与记忆提取；通过癫痫病例、电刺激试验和语义痴呆病例的研究，外侧颞叶已被证明是记忆提取的重要脑区。在颞额假说中，颞额交界区域被认为是参与陈旧记忆痕迹激活的关键位置。[①]

四、记忆发展的认知神经科学研究

关于外显的陈述性记忆与内隐的程序性记忆，先前的假设是程序性记忆系统在出生时就已存在，而陈述性记忆的形成则需要更长时间的发展，主要依赖边缘系统特别是海马的发育。但纳森（Nelson）等根据最新的证据提出以下观点：

1. 外显记忆的发展是分阶段性的

从出生后不久出现的由海马调节的"前－外显记忆"，逐渐地发展为出

---

① MOSCOVITCH M, NADEL L, WINOCUR G, et al. The cognitive neuroscience of remote episodic, semantic and spatial memory[J]. Current Opinion in Neurobiology, 2006（16）: 179–190.

生后第一年末出现的"成人样－外显记忆"。在外显记忆的神经基础中，皮层参与程度的增加可能与和海马相连的皮层区域的经验依赖性特化作用相关。例如，新奇偏爱（婴儿对视觉信号的刺激能有所记忆，即能区别熟悉的和新鲜的刺激，对新鲜的刺激表现出"偏爱"）现象的机制是基于"前－外显记忆"系统。海马是这一系统的关键结构，在个体出生时就开始工作。

再认记忆（recognition memory）、协调不同感觉形态之间的信息、将"自我"加入记忆，或是基于先前经验产生行动计划等都需要外显记忆系统的参与。外显记忆系统涉及"前－外显记忆"系统神经基础的扩展，包括加入内嗅皮层和颞下皮层等。这种"成人样－外显记忆"在出生后第一年末开始工作，并伴随着前额叶皮层的发育而一直发展到青少年时期。

2. 存在多个不同的内隐学习系统

如视觉期待（visual expectation）任务这一类型的程序性记忆依赖纹状体，而非颞叶或小脑，在至少 3 个月的婴儿中发现。而包含条件反射的任务也与内隐记忆系统相关，其依赖于小脑与脑干深部核团，如需提取或视觉再认可能还有海马的参与。条件反射在至少 3 个月的婴儿中可获取。

3. 工作记忆系统

工作记忆系统在婴儿 6—12 个月时开始发展，但在整个儿童期都似乎发展缓慢，这是受背外侧前额叶发育的限制所致。

4. 来源记忆与自传记忆

目前成为发展认知神经科学研究热点的是来源记忆与自传体记忆。来源记忆是对事件发生背景（包括地点与时间等）的记忆。研究者考察了 4 岁、6 岁和 8 岁儿童对事件的来源记忆，发现儿童来源记忆能力在 4—6 岁有显著的提高，4 岁儿童在确定事件来源中会犯很多的错误。这一发现结合在额叶皮层受损的成人中发现的"来源遗忘症"，可以推测儿童这一记忆能力的改善与额叶皮层相应区域的成熟有密切的关系。[1]

自传体记忆是有关个人过去经验的记忆，包括所有情绪与知觉的细节。Pillemer 等认为自传体记忆尚未形成而表现出来的童年期遗忘是海马区域结构不成熟导致的直接后果。然而利用 PET、fMRI 和皮层慢电位等认知神经科学方法对自传体记忆进行研究，发现自传体记忆提取相关的广泛性神经网络。如施坦沃特（Steinvorth）等研究了自传体记忆痕迹激活（包括搜索和回想两个阶段）所对应的脑区，发现一个很大的双侧网络（左侧激活较右侧更强）支持着自传记忆提取：包含颞叶、颞－顶－枕交界、背侧前额叶皮层、额内侧皮层、压后皮层（与情感有关）和周围区域，以及内侧颞叶结构。因

---

[1] 参阅 JOHNSON M H. Developmental Cognitive Neuroscience[M]. 2nd. Oxford: Blackwell Publishing Ltd., 2005: 119-129.

此，海马区域结构的成熟对自传体记忆的形成是不充分的，还需要大脑额叶皮层、颞叶皮层、枕叶皮层、内侧颞叶等许多结构的发育成熟。[①]

本章小结

记忆是人脑对过去经验的识记、保持和恢复的过程。关于婴儿记忆的研究表明了婴儿具有令人惊异的记忆能力。

自传体记忆指个体在日常生活中对自身经历事件的记忆，是婴儿阶段之后儿童记忆发展的重要表现。儿童对发生于有意义的熟悉情境的真实事件的记忆，要优于他们对诸如图片、言语等材料进行的实验室中的记忆。

记忆策略的使用可以有效地提高记忆的效果，许多记忆策略的初始形式出现于后婴儿期。心理学家对儿童复述、组织、精细加工三种基本策略发展进行了研究，策略的使用可能不仅取决于儿童对策略有效性的认识，还取决于执行策略的能力是否与认知空间相匹配。

元记忆涉及元记忆知识、自我监控和自我调节，儿童在元记忆方面的发展是非常有限的。学前儿童往往高估自己或他人的记忆能力，另外，儿童在关于记忆的自我体验方面也表现出了初步的能力。

记忆容量是指在记忆过程中，可供心理过程使用的总的心理工作空间，儿童的记忆容量比成人小。这一方面是由于神经发育尚未成熟，另一方面是由于知识、技能的欠缺。

记忆信息的保持有一个动态的变化过程，体现在质和量两个方面。与成人的差异是，儿童存在记忆恢复的现象，即学习后过几天测得的保持量比学习后立即测得的保持量要高的记忆现象。记忆的遗忘规律告诉我们遗忘进程是先快后慢。

儿童的记忆随着神经结构的成熟而渐渐发挥作用。突触传递的长时程增强（LTP）现象被认为是记忆的细胞层面机制。海马是学习记忆相关的重要脑区。人类记忆存在多重记忆系统，可以分为瞬时记忆、工作记忆和长时记忆。长时记忆又分为陈述性记忆与非陈述性记忆。不同的记忆功能有赖于脑内对应复杂系统的成熟。

进一步学习资源

- 关于婴儿记忆的研究，可参阅：

　1. 弗拉维尔. 认知发展：第四版 [M]. 邓赐平，译. 上海：华东师范

---

① STEINVORTH S, CORKIN S, HALGREN E. Ecphory of autobiographical memories: an fMRI study of recent and remote memory retrieval[J]. NeuroImage, 2006 (30): 285–298.

大学出版社，2002.

2. 默里，安德鲁斯. 婴儿心理学［M］. 北京：北京科学技术出版社，2016.

- 关于自传体记忆的研究，可参阅：

贝克. 儿童发展：第五版［M］. 吴颖，等译. 南京：江苏教育出版社，2002.

- 关于策略发展的研究，可参阅：

桑标. 当代儿童发展心理学［M］. 上海：上海教育出版社，2003.

- 关于促进儿童有效学习，可参阅：

陈帼眉. 学前心理学［M］. 北京：北京师范大学出版社，2000.

思考与探究

1. 心理学家们是如何研究婴儿记忆的？婴儿期记忆有何特征？

2. 什么是自传体记忆？它对儿童发展有何意义？

3. 记录儿童对某一事件回忆的描述，并试着进行分析。

4. 用图片、实物或数字符号作为记忆内容，让不同年龄段儿童进行记忆，记录、分析、比较他们所使用的记忆策略。

5. 记忆的保持和遗忘都有什么规律？

趣味现象·做做看

要求幼儿在 2 分钟内记忆 10 张实物图片，询问他是否都能记住，并告诉他完成任务会得到奖励。而你在前一分钟内只是静静地在旁边观察他，在后一分钟内则在旁边玩玩具并观察他。

这个小实验主要是了解幼儿的元记忆能力，具体从以下几个方面研究：一是幼儿对自己记忆能力的认识，二是对记忆任务的认识，三是记忆策略的使用，四是在记忆过程中监控与自我调节能力的体现。

第四章　　　　儿童想象、思维的发展

本章导航

本章将有助于你掌握：
- 想象的分类
- 想象与思维的关系
- 想象的发展规律
- 儿童想象发展的特点

- 思维的特征与类型
- 儿童思维发展的特点

- 儿童实物概念的发展
- 儿童数概念的发展

- 儿童判断的发展
- 儿童推理的发展
- 儿童理解的发展

- 问题解决的含义与过程

- 儿童想象和思维发展的认知神经科学研究

　　晨晨和牛牛是表兄弟，今年都是 3 岁多，牛牛比晨晨早出生两天，可个头却比晨晨矮一点儿。一天，在外婆家的小院子里，晨晨和牛牛正在玩把椅子当马骑的游戏，当"马儿"要越过花盆时，晨晨对牛牛说"牛弟，我们要翻山了"，外婆听到了，笑着对晨晨说"牛牛才是哥哥"。晨晨委屈地说"外婆，我比牛牛高，我是哥哥"。晨晨认为自己个子比牛牛要高，就应该比牛牛大，为什么还要叫牛牛"哥哥"呢，他执意认为自己才是哥哥。

　　晨晨和牛牛把椅子当"马"骑，椅子当然不是马了，他们把它想象成马，把花盆想象成小山。什么是想象？儿童想象发展的趋势是什么？想象与思维有什么关系？在此例中，当外婆说牛牛才是哥哥时，晨晨有着自己的辩解。晨晨直接通过具体形象——个头的高矮来比较自己和牛牛谁大谁小。晨晨的比较与判断是一种思维活动，那么什么是思维？思维是一种重要的心理活动与过程，人类在思维的基础上认识事物，进行推理，解决问题，思维对于整个心理活动与过程的发展起着举足轻重的作用。为什么晨晨会如此进行判断呢？儿童思维发展的基本特征是什么？儿童思维发展的基本过程又是怎样呢？本章将围绕上述这些问题介绍儿童想象与思维发展的基本规律与特点，从而使成人更好地了解儿童和教育儿童。

第一节　儿童想象的发展

　　想象是对头脑中已有的表象进行加工改造从而建立新形象的心理过程。所谓表象是指当事物不在眼前时，在头脑中形成对该事物的稳定形象。想象不同于表象，它是更加高级的心理过程。显然，想象要借助头脑中已有的表象，对这些表象进行重新加工，形成新的形象。例如，晨晨和牛牛虽然没有见过更没有骑过真正的马，但是他们或是在电视里或是在儿童画册里看到过马。借助这些，晨晨和牛牛在头脑中就形成了关于马的生动形象，于是在玩游戏时，他们把头脑中的关于马的形象进行了新加工，把椅子当作"马"。想象创造的新形象不仅是现实中存在的，还可以是现实中不存在的。无论想象创造的新形象是现实的还是不现实的，想象均来源于现实生活。想象同其他心理过程一样，是对客观现实的主观反映。

　　想象在儿童心理发展中处于重要地位，它与儿童记忆、语言和思维等的发展关系密切。学前儿童需借助想象才能进行游戏、绘画等活动。入学后，小学生还需借助想象阅读、欣赏和理解文学作品，借助想象学习数学等自然科学知识。

一、想象发展概述

（一）想象的分类

想象来源于现实，是对现实的一种反映。根据想象有无目的性可分为无意想象和有意想象。有意想象又分为再造想象和创造想象。

无意想象是指无特定目的、不自觉的想象。例如，晨晨看到棉花堆成的样子，便想到了《西游记》里的"猪八戒"；看到天上的白云，又马上想到了它的形状像狮子王"辛巴"；听外婆讲故事时，随着外婆生动形象的讲述，晨晨头脑中会不由自主地浮现出故事中的情景。此外，梦是一种漫无目的、不由自主的奇异想象，它是无意想象最极端的例子。

有意想象是指有一定目的、自觉进行的想象。例如，建筑师设计楼房，服装设计师设计服装，科学家从事发明创造等，他们根据一定的目的和任务进行想象，这些想象都是有意想象。根据想象内容形成方式的不同，有意想象又分为再造想象和创造想象。再造想象是根据语言或非语言（如图画等）的描述，在头脑中形成相应新形象的过程。例如，当我们阅读名著《红楼梦》时，头脑中便会形成林黛玉、贾宝玉和王熙凤等人物的形象；当房屋装修工人看到设计图纸时，眼前便出现了房屋装修后的样子。创造想象是创造新形象的过程，创造想象的内容不仅新颖还具有开创性。例如，科学家提出一种新理论，艺术家创造新的艺术作品，发明家创造的发明物等，这些都是创造想象。显然创造想象比再造想象更复杂。

（二）想象与思维的关系

思维是一种心理现象，是人脑对客观现实间接和概括的主观反映。想象是对人脑中已有表象的加工与改造，也是人脑对客观现实的主观反映。但是想象的内容可能与现实相符合，也可能脱离现实。与现实相符合的创造想象属于创造性思维，脱离实际的创造想象是空想或幻想。由此可见，想象与思维发展有着关系的密切，有研究者认为想象就是一种形象性思维。

（三）想象的发展规律

想象与其他心理过程一样，有其自身的发展规律。一般而言，个体想象的发展呈现出从最初的无目的性的无意想象到有意想象，从以再造想象为主到出现创造想象的萌芽，从想象脱离实际到合乎现实逻辑性的规律。

☞视频：儿童想象的发展

二、儿童想象发展的特点

一般认为1岁半到2岁儿童出现想象的萌芽，但这种想象是一种类似情形的记忆再现或联想。例如，儿童看到同伴生病了，医生给同伴打针，在游戏中便模仿医生给娃娃打针、吃药。儿童在游戏中模仿日常生活情形，就已具有了想象的成分。但这种想象还只是儿童在新的情景下对所感知过的情景的重复。随着儿童语言、感知和知识经验的不断丰富，儿童想象也得到不断发展，主要呈现以下特点：

（一）学前儿童想象发展的特点

1. 有意想象逐渐得到发展，但仍以无意想象为主

儿童的无意想象表现出无目的性、无稳定主题、内容零乱无系统性等特点。例如，儿童用积木搭了一个模型，高兴地说"我的火车可以开了"，便推着"火车"在活动室里转，转身看到别的小朋友搭了房子，便又把"火箭"当成"房子"了。由此可见，儿童的无意想象缺乏目的性，主要由外界刺激引起，没有稳定的主题，一会说搭的积木模型是火车，一会又是房子；前后所想象的事物之间也没有任何的联系。

儿童能从想象过程中获得满足与乐趣。例如，在幼儿园里，儿童讲故事时一会儿讲爸爸昨天带回家一只小黑狗，一会儿又讲星期天妈妈带我去超市了。虽然儿童所讲的故事前后没有衔接，其他儿童却听得津津有味。

儿童的无意想象还呈现出想象有时跟现实分不清楚的特点。例如，我们常常听到幼儿说"我今天看到了什么或我今天听到了什么"等，而实际情况是他根本没有看到，是想象的。由于儿童缺乏经验，还不能分清现实与想象。教师与家长必须分清儿童是在想象还是在撒谎，以免阻碍儿童想象的发展。到了学前晚期，儿童在成人的教育与影响下出现了有意想象的萌芽，并不断发展。儿童从无意想象发展到有意想象，表现出想象具有目的性，主题逐渐稳定，想象内容逐步完整等特点，但这种有意想象还处于初级水平。

2. 在再造想象的基础上，逐渐发展创造想象

再造想象是幼儿想象的主要形式。研究者发现，根据想象的内容，幼儿再造想象可分为经验性再造想象、情境性再造想象、愿望性再造想象和拟人化再造想象四种，其中以第一种类型为主。幼儿再造想象需借助成人指导和外部行动进行。例如，在角色游戏中，教师经常用语言指导幼儿进行角色扮演。再如，幼儿喜欢拿着一根木棍到处玩耍，嘴里说着这是我的"金箍棒"，这是幼儿借助外部行为来进行再造想象。学前晚期，在再造想象的基础上，随着语言和知识经验等的不断增加，创造想象逐渐出现。但这时的创造想象还只是处于萌芽阶段，并不像成人那样具有完全的独立性和新颖性。

3. 想象从完全脱离现实到合乎客观逻辑

最初，儿童的想象时常会夸大现实，甚至完全脱离现实。例如，教师让幼儿想象宣纸上的不规则的黑点像什么。小班幼儿说它像足球，而中班和大班幼儿会认为"怎么会像足球，像足球的影子还差不多"。随着年龄的增长，知识经验的增加与丰富，儿童想象的内容越来越符合客观逻辑。

（二）入学后儿童想象发展的特点

朱智贤、林崇德（1979，2002）认为儿童入学后，在教育教学的影响下，随着儿童语言和知识经验等的增长，儿童想象会获得进一步的发展，主要表现在想象的有意性迅速增加，创造性的内容逐步增加，想象的独特性也日见端倪，想象更符合现实逻辑。教师在教学过程中，要积极发展儿童的想象，培养儿童独立思考问题的能力。

第二节 儿童思维的发展

皮亚杰认为，新生儿的动作是一系列的条件反射，并不具有智慧。也就是说，新生儿还没进行真正的思维活动。思维是个体在与周围现实的互动中产生和发展起来的。思维活动从条件反射和感知觉活动开始。首先儿童在条件反射的过程中形成对事物的感知觉，例如，不论妈妈穿什么衣服，儿童都能认出自己的妈妈，这就是皮亚杰所说的"客体永久性"。有研究者认为儿童获得"客体永久性"是儿童思维发展的转折。这种"客体永久性"有利于儿童进行深层次的加工，为形成表象创造条件。表象还不是真正意义上的思维，但它为形成逻辑思维提供了基础。

皮亚杰认为，从无条件反射到逻辑思维的形成，都是在个体不断地与外界相互作用的过程中进行的。当不断地与外界进行相互作用时，儿童思维操作能力（如分析、综合）不断得到发展；当感知觉、表象和语言相互作用时，儿童的思维活动就逐步产生和发展起来。那么究竟什么是思维，它具体又是如何发展的呢？

一、思维发展概述

思维是一种心理现象，是人脑对客观现实的反映。它是人类最重要的认识活动，也是人类区别于动物的主要特征。

（一）思维的特征

思维具有概括性、间接性、逻辑性等特征。

概括性是思维的核心特征，正是因为有了概括性，思维才能认识事物的内在本质和规律。认识事物的过程主要是抽象与概括的过程。首先通过抽象提取事物的一般规律，其次概括事物的一般规律并将其推广到其他的同类事物中。由此可见，思维的概括性对认识事物起着非常重要的作用。

间接性是指思维是人脑对客观现实的一种间接反映。例如，清早起床时，发现地面是湿的，由此判定"昨晚下雨了"，但是个体并没有亲身感知昨晚下雨的过程，他是根据自己的知识经验，即根据地面湿度来判定昨晚下雨了。人们还可以借助知识经验，对从未感知过的事物进行反映。例如，宇宙飞船在太空的运行速度。除此之外，个体在认识事物的基础上，可利用现有的知识经验，认识和预测事物的发展。

逻辑性是指思维作为一种心理活动和心理现象，其本身不是混乱的，毫无规律的，而是具有一定的逻辑性和规律性。例如，思维过程中，首先形成对事物本质属性与特征的掌握，即形成概念。在概念形成的基础上，进行判断，又由判断进行推理，也就是说，概念、判断和推理是思维的基本形式和过程。

（二）思维的类型

思维种类繁多，依据不同的划分标准，思维可分为不同的种类。例如，根据所要解决的问题的不同，思维可分为动作思维、形象思维和抽象思维；根据探索答案方向的不同，思维可分为聚合思维和发散式思维；根据独创性的程度，思维可分为常规思维和创造思维。那么，儿童思维究竟有哪些类型呢？在发展心理学中，根据思维的抽象程度，儿童思维通常分为直观行动思维、具体形象思维和抽象逻辑思维。

直观行动思维是指直接与物质活动相联系的思维，又称感知运动（或动作）思维，是思维发展的初级阶段，其主要作用是协调感知和动作。

具体形象思维是以表象为材料的思维，是一般形象思维的初级形态，也是思维发展的必经阶段。它具备思维的概括性、间接性和逻辑性等特点，同时它带有强烈的个人情感色彩。具体形象思维借助活泼、具体和形象的语言或作品来对表象和形象等重要材料进行加工，由此成为艺术创作中不可缺少的一种特殊的思维活动。

抽象逻辑思维是在实践活动和感性经验的基础上，以抽象概念为形式的思维。它是人类思维的核心形态，主要以概念、判断和推理的形式表现出来，分为形式逻辑和辩证逻辑两种形式。

二、儿童思维发展的特点

思维的发展是个体不断地同客体相互作用的结果，是一个由量表到质变的过程。一般认为，儿童思维的发展具有阶段性、顺序性和年龄特征等特点。所谓阶段性，即直观行动思维、具体形象思维和抽象逻辑思维三个阶段；所谓顺序性，即按照直观行动思维→具体形象思维→抽象逻辑思维的顺序发展。由于思维活动本身的复杂性，上述三种思维虽然会互相渗透，但表现出一定的年龄特征。

一般认为，初生婴儿并没有开始真正的思维活动。他们只有一些先天的条件反射，如吮吸、抓、握，但正是这些先天的条件反射是思维产生的前提条件。例如，当儿童吃过一次苹果时，下次再看到红红的、圆圆的苹果，就知道苹果是好吃的。虽然这种对事物的认识水平还很低，但它是儿童认识的开端。当儿童开始以表象为基础，以词为中介，并形成了对客观现实初步的、概括的和间接的反映时，思维便开始发生。目前，有关儿童出现思维的年龄界限还没有统一的认识，一般认为，2岁之前是思维的准备期，2岁左右发生了思维。

（一）0—3岁儿童思维发展的特点

0—3岁儿童的思维基本属于直观行动思维，主要特点如下：

1. 产生了词的概括

☞视频：0—2岁婴儿的思维特点

1—2岁是动作和语言开始迅速发展的时期。在动作发展的过程中，由于语言的出现，儿童的直观行动概括能力逐步发展。但是这种概括一般只限于对事物的感知，并没有认识到事物的本质。例如，1岁左右的儿童只知道"妈妈"这个词指自己的妈妈，当听到别的孩子把他们的妈妈也叫妈妈时，就感到很困惑。之后，词开始标志着一类相似的事物，这就产生了最初的概括。例如，"房子"这个词意味着"大房子"和"小房子"，但这还只是词和表象的结合，只是事物外部特征（形状大小）的描述，还没有对其本质进行概括。到了3岁左右，儿童开始能用词对一类事物的比较稳定的主要特征进行概括。例如，此时儿童可以将"房子"这个词作为各种房子的名称，而不再根据房子的形状、颜色进行概括了。甚至当"房子"不在眼前时，儿童也能从概括的意义上使用这个词，这就产生了词的概括。

2. 存在显著的阶段特征

皮亚杰将儿童思维发展划分为四个阶段，其中从出生到2岁称为"感知运动阶段"，它是儿童智力发展的萌芽阶段。这个阶段又可分成6个小阶段，每个阶段都有着相应的年龄划分和发展状况，如4.5—9个月，是有目的的动作的形成时期。在这个时期，儿童能够重复他刚才偶然做出的动作，但目的与手段还没有完全分化。到了9—11、12个月，是手段和目的之间的协调时期。这些都表明，3岁前儿童思维的发展表现出显著的阶段特征。

总之，3岁前儿童思维主要是直观行动思维，具有直观行动性，虽然这种思维还属于思维的低级阶段，但是其产生和发展的意义是巨大的，它不仅标志着智慧活动的真正开始，还意味着人的意识的萌芽。

（二）3—6岁儿童思维发展的特点

☞视频：3—6岁幼儿的思维特点

3—6岁属于学前期，这一时期，儿童进入了新的环境——幼儿园，参加了新的社会生活并受到了一定的社会教育。同时，成人对儿童的要求也有所不同，让儿童独自吃饭、睡觉、穿衣等。随着儿童与周围环境的相互作用的频繁与深入，儿童思维发展也较 0—3 岁阶段有了新的特点，主要表现在以下方面：

1. 思维的具体形象性

儿童思维由直观行动思维发展到具体形象思维，开始向抽象逻辑思维过渡。思维的具体形象性是这一阶段思维发展的主要特点，它以直观行动思维为基础，以具体形象或表象为加工材料，主要还是以感知觉进行思维，而不是依靠理性的概念来进行思维。但它与直观行动思维有着本质的不同，具体形象思维较直观行动思维的概括性更高。研究表明，此阶段儿童解决问题的复杂性较直观行动思维时期要高得多。思维的具体形象性主要表现在以下几个方面：

（1）相对具体性

儿童以具体形象的事物为加工材料，借助已有的知识经验进行思维活动，还不能运用概念进行抽象逻辑思维。例如，问儿童"6+3 等于几"，大部分儿童会马上扳手指头算或借助其他的具体事物计算。

（2）不可逆性、不守恒性

问一个 3 岁的儿童"你有哥哥吗？"，他说"有"，再问"你哥哥有弟弟吗？"他却说"没有"。这就是思维的不可逆性。同时，儿童思维还不具有守恒性。例如，皮亚杰守恒实验，如图 4-1 所示①，把两个大小形状且装着一样多水的杯子呈现给儿童，然后将其中一个杯子里的水倒入另一个形状矮胖的杯子，再问儿童两个杯子里的水是不是一样多，通常大部分儿童都会回答"不一样"。

这两杯水是一样多吗？　　　现在这两杯水一样多
　　　　　　　　　　　　　还是不一样多？

图 4-1　皮亚杰液体守恒实验

（3）自我中心

此阶段儿童的思维都以自我为中心，他们不会站在别人的角度思考问题，也没有认识到别人会有着与自己不同的观点。在他们看来，其他人的想法都是和自己一样的。例如，皮亚杰著名的"三山问题"实验，他在桌子上向儿童呈现了一个"三山模型"，如图 4-2 所示②，让儿童站在一边，然后让

---

① 方富熹，方格. 儿童发展心理学［M］. 北京：人民教育出版社，2005：305.
② 方富熹，方格. 儿童发展心理学［M］. 北京：人民教育出版社，2005：303.

一个洋娃娃围绕该模型，站在不同的位置观看这"三座山"，再让儿童从备选的照片中选出一张符合当前洋娃娃观察到的山的形状。研究结果表明，学前儿童一般不能完成这一任务，他们总是根据自己的视角位置来选择照片，也就是他自己看到什么便认为别人也是如此。

图 4-2 皮亚杰"三山问题"实验

自我中心的另一种表现就是拟人性，即儿童表现出一种泛灵论思维，认为任何事物同人一样具有生命。例如，问一位 3 岁多的儿童"为什么天上的云彩会动？"他会说：太阳公公生气了，把云彩气跑了。学前儿童喜欢童话故事，因为童话故事采用拟人的手法描述，符合这一阶段儿童的思维特点。

2. 思维的抽象逻辑性开始萌芽

抽象逻辑思维是思维发展的高级阶段，学前儿童还不具备这种思维，但是四五岁儿童已出现了抽象逻辑思维的萌芽。例如，4 岁的儿童可以猜中"花生""月亮"等谜语，5 岁儿童知道"把西瓜子种到地里会长出西瓜来"。但是这些因果关系都是儿童日常生活中比较熟悉的，对于比较陌生的或不太熟悉的事物，儿童还不能掌握事物的本质特征与规律。到了学前晚期，在良好的教育条件下，随着儿童生活经验和知识经验的不断累积，以及儿童言语的发展，儿童的抽象概括能力也逐渐发展起来，开始进行一些初步的抽象逻辑思维，但是这种抽象逻辑思维还只是处于一种萌芽阶段。

（三）入学后儿童思维发展的特点

朱智贤、林崇德（1979，2002）认为小学儿童思维发展的主要特点是，由具体形象思维过渡到以抽象逻辑思维为主要形式，但这种抽象逻辑思维还只是直接与感知经验相联系，仍然具有很大的具体形象性。虽然在小学阶段，儿童逐渐具备了人类思维的完整结构，但这个结构还有待于进一步的完善和发展。同时在由具体形象思维向抽象思维过渡的过程中存在着较大的不平衡性。青少年思维发展的主要特点是，青少年儿童进入中学后，思维获得飞跃性的发展；在青少年时期，抽象逻辑思维处于优势地位。

第三节　儿童概念的发展

概念是人脑对客观事物本质属性和特征的反映。儿童在概括的基础上，在由具体形象思维向抽象逻辑思维发展的过程中，逐渐掌握以词为标志的概念。儿童在与周围环境的相互作用中学习、掌握概念。儿童学习概念是一个积极主动的过程，不是被动地接受由成人乃至一些传播媒体所传授的概念。

学前儿童由于缺乏知识经验，对概念的掌握还主要停留在事物的感知方面（如大小、形状、颜色和用途等），还不能深入了解事物的本质属性，因此学前儿童对概念的掌握往往呈现概括不精确、非本质且内容比较贫乏等特点。例如，"布袋"是"奶奶早上用来买菜用的"，"是妈妈用来装东西的"。

儿童掌握概念的类型主要包括实物、数、空间和时间、科学概念等。下文将以实物概念和数概念的掌握为例来阐述儿童概念的发展。

一、儿童实物概念的发展

3—6 岁儿童对实物概念的掌握，主要体现在与自己日常生活联系密切而且十分常见的一些实物方面。儿童一般从感知觉或实物的用途方面进行概括，从而掌握实物概念。研究表明，学前儿童对实物概念的掌握主要以低层次概念为主。向儿童呈现画有以下水果和蔬菜的图片，如图 4-3 所示，让4—6 岁儿童进行分类，结果发现：

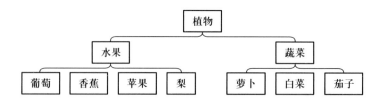

图 4-3　儿童实物概念的掌握

（1）4 岁左右的儿童还不能进行一级概念"植物"的独立分类，基本上不能完成二级概念"水果""蔬菜"的分类任务。

（2）5 岁左右的儿童可以进行独立分类，但他们往往根据事物的外部特征或功用进行分类。如把香蕉和茄子放在一起，因为它们都长得弯弯的。

（3）与 5 岁左右的儿童相比，6 岁左右的儿童开始将某些比较熟悉的实物的特征进行综合，但这些特征仅局限于实物的内部、外部特征，他们还不能很好地区分本质与现象。例如，儿童把萝卜、白菜和茄子放在一起，因为它们都是可以吃的，它们是蔬菜。

由此可见，学前儿童掌握实物概念的特点是：能概括某些比较熟悉的事物的非常突出的特征，尤其是功能特性方面，但并没有完全地掌握有关实物本质特性的概念。

二、儿童数概念的发展

数概念是数学中最基础的知识，也是儿童开始积累数学的感性经验首先遇到的问题之一。数概念相对实物概念更加抽象，掌握数概念是一个较复杂、较长期的过程。2 岁前的儿童还没有数量的观念，对物体集合的感知模糊不清，没有分化，往往要与具体的事物相结合。例如，给 1 岁多的婴儿每只手里放 1 块饼干，如果拿走 1 块，他会不满意。2 岁左右，在成人的教育影响下，儿童逐步学会个别的数词，如"1""2"，但往往不能正确地用以表示物体的数量。例如，当问到物体"有多少"时，有些儿童往往都用"两个"来回答。林崇德通过实验研究表明，儿童形成数的概念，经历了口头数数—给物说数—按数取物—掌握数概念四个发展阶段。

1. 口头数数

研究表明，3 岁多的儿童，多数能数到 10；4 岁多的儿童，多数能数 20 以内的数，其中少数能数到 100；5 岁多的儿童，多数能数 30 以上的数，其中约半数能数到 100；6 岁多的儿童，大多数能数到 100。

2. 给物说数

给物说数即点数实物后，说出总数。儿童说出计数的结果比点数能力的发展更迟缓一些。据调查，2 岁多的儿童，大部分能点数到 2~3，还有小部分儿童完全不会点数。3 岁多的儿童，大都能点物数 5 以内的数，有的能点数到 10 以内，但他们说数的能力明显落后于点数的能力。5 岁多的儿童，大多数能点数，点数的数目与口头数的数目范围基本趋于一致。6 岁多的儿童，基本都能点数 20 以内的数。

3. 按数取物

3 岁多的儿童，大多还不能按指定的数（5 以内）取物，有些儿童所取物体的数量是对的，但是当问到所取的总数是多少时，又回答错误。4 岁多的儿童，大多数能说出数量在 10 以内的物体的总数，而且能按指定的数（10 以内）取物；约半数的儿童说出计数结果的数目范围与点数的数目范围大体趋于一致。这表明儿童初步理解了数的基数含义。五六岁的儿童，不仅计数的范围逐步扩大，计数的准确性也不断提高，基本上都能按指定的数正确地取出物体。

4. 掌握数概念

上述 3 种能力的形成并不代表儿童掌握了数概念，只有掌握事物的本质属性才算真正地掌握数概念。从以上 3 种能力的形成到数概念的掌握，还有一段漫长的过程。林崇德的研究表明，在数概念的发展过程中，儿童对不同数概念的获得所花的时间是不一样的。例如，掌握 1、2 数概念较快，而从"2"过渡到"3"的时间却几乎是前者的 1 倍时间（约半年以上）。

学前儿童数概念的发展具一定的年龄特征。两三岁儿童大都处在数量感知阶段，对数仅有模糊的观念，有些儿童虽认识几个数，也大多是靠直接感知的。四五岁儿童大都进入数概念形成的阶段，能点数数量不多的物体，并说出计数的结果。六七岁儿童大都进入数概念基本形成的阶段，能较顺利地一个一个点数数量较多的物体。

第四节　儿童判断、推理和理解的发展

判断是概念与概念之间的联系，是对事物之间或事物与它们的特征之间的联系的反映。判断的结果只有一种：肯定概念或否定概念。推理是判断与判断之间的联系，是在已有判断的基础上推出新的判断。对概念进行判断，对判断进行推理这些思维活动都必须建立在对事物理解的基础上。概念、判断、推理和理解是进行抽象逻辑思维的基本活动。

一、儿童判断的发展

判断有直接判断和间接判断两种。直接判断是基于对事物的感知特征进行的判断，不需要复杂的思维加工；间接判断是根据事物的本质定义和事物的因果关系进行的判断，它是以抽象形式进行的思维活动。儿童判断发展的过程是一个由直接判断向间接判断发展的长期过程。陈帼眉认为儿童判断的发展主要呈现以下特点：

（1）判断形式逐渐间接化。即从直接的感知判断向间接的抽象判断发展。

（2）判断内容逐渐深入。从判断的内容来分析，儿童判断内容从对事物的表面感知所得信息，开始向对事物的本质认识发展。

（3）判断依据客观化。儿童从以主观态度作为判断依据，向以客观逻辑作为依据发展。

（4）判断论据明确化。儿童从没有意识到判断的根据，向明确意识到自

己的判断根据发展。

有研究者认为，从直接判断向间接判断发展主要经历了以下几个阶段：一是根据事物的名称来进行判断；二是根据事物的外在属性进行判断；三是根据事物外在属性的差异进行判断；四是分析和综合事物的特征后进行判断。总之，儿童对事物所进行的判断，主要是按事物的外在特征和联系进行的，他们往往把直接观察到的物体之间的表面特征和现象作为因果关系进行判断，所以他们的判断往往是不准确的。

二、儿童推理的发展

（一）传导推理

儿童最初的推理是传导推理，皮亚杰认为，儿童在 2 岁时就出现了传导推理。传导推理是从一些特殊的事例到另一些特殊的事例，这种推理并不具有逻辑性，往往也不符合客观规律。当事物之间关系简单，推理过程中并没有类关系和逻辑关系时，儿童的传导推理往往是正确的。一旦情况不是如此，儿童的传导推理就会不符合逻辑并得出错误的结论。一个非常有名的案例是皮亚杰对其女儿传导推理的分析：女孩 J（2 岁 1 个月）在户外散步时看见一个驼背的小男孩，就问："他为什么有个驼背？"经解释后，她说："他有病，他驼背。"几天之后，她要求去见那个小男孩，被告之："他有病，感冒了。"她说："他生病，在床上。"又过了几天，听说小男孩病好了，不躺在床上了，她说："他背上没有大驼驼了。"这是一典型的传导推理，从中可见小女孩已将所有的"病"都等同了，并没有将驼背与感冒相区别，只是简单地将两者混淆在一起，并进行直接的推理，认为感冒好了，那么驼背也就好了。

（二）类比推理

类比推理是一种逻辑推理，它是对事物或数量之间关系的发现和应用。类比推理一般的表现形式为：A：B/C：D。如耳朵：听 / 眼睛：看。弗里曼（Freeman）等人曾做过"破损与完好"的实验。研究者首先出示一把破损的雨伞和一把完好的雨伞（图 4-4A 组），一根折断的木棍和一根完整的木棍（图 4-4B 组）。然后让儿童看到一个破损的蛋壳（图 4-4C 组），并从图 4-4D 组的排列中做出选择。儿童能忽略知觉相似性的影响而选择完好的蛋壳。由此可见，学前儿童已经有了类比推理能力。

我国学者查子秀等的实验研究认为，3—6 岁儿童已经具有一定水平的类比推理。该研究采用几何图形、实物图片、数概括三种形式，要求幼儿通过选择进行类比推理。结果表明，儿童这三种形式的类比推理发展速度不完全相同，但经历的阶段基本相同。3—6 岁儿童出现根据两种事物之间外部的

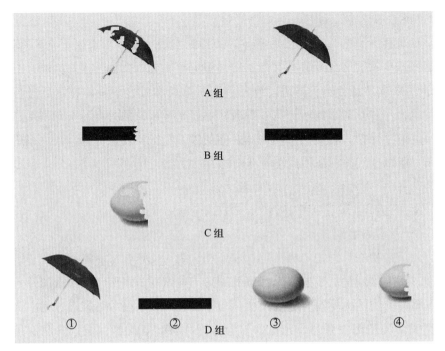

图4-4 "破损与完好"实验

功用特征或部分特征，来进行初级形式的类比推理。例如，4岁儿童中不少人在"水果／苹果，文具／？"的类比项目中，虽然能够正确选择"铅笔"，但理由并不准确，如：看见文具图片中也有一支铅笔，认为"铅笔跟铅笔（文具中的）是一块儿的"或"铅笔也是写字用的"。他们并没有理解苹果是水果的一种，不是基于对"水果／苹果"是种属关系的理解，去推理文具与铅笔的关系。查子秀等认为4岁儿童的类比推理还不能算是真正的类比推理，只能说是处于萌芽状态。随着儿童知识、经验与技能的增加，他们逐渐能进行青少年期出现的抽象而又复杂的类比推理。

三、儿童理解的发展

掌握概念，进行判断与推理等思维活动，都需要对事物有一定的理解。思维的发展也表现为理解的发展，理解就是指对事物本质的认识。理解是在已有的知识经验前提下，用这些已有的知识去认识新的事物，发现新的联系。例如，儿童吃过糖后，知道到了糖的味道、形状和颜色等。随着知识经验的不断积累，儿童还了解了糖的用途以及其他更深层的知识。由于儿童知识经验水平的有限，他们对事物的理解往往是片面的或不准确的。也就是说，儿童最初对事物的理解是来自感知经验的理解，随后才是间接理解，即对事物的本质的理解。朱智贤、林崇德和陈帼眉等认为学前儿童理解的发展主要呈现以下特点：

（1）从对个别事物的理解发展到对事物关系的理解。以儿童对图画的理解为例，儿童起初对图画的理解是对单个人或物的理解，然后是人与人或者人与物之间关系的理解。若图画的人、物单一简洁，儿童很快就能理解图画的内容；若图画细节多，儿童就不能理解整幅图画的内容了。

（2）从主要依靠具体的形象来理解发展到主要依靠词语说明来理解。起初儿童理解事物会借助具体的形象或实际的行动。例如，教师给儿童讲故事时，儿童有时会做出相应的动作。研究表明，插图可以提升儿童理解文学作品的水平。但随着年龄的增长和言语的发展，儿童逐渐可以不借助图画而单纯依靠词语说明来理解事物。

（3）从对事物比较简单、表面的评价发展到比较复杂、深刻的评价。起初儿童只能理解事物的表面现象和特征，难以理解事物的内部联系与本质。例如，在阅读图画作品时，儿童往往只能理解图画对人物的表面描述，无法深入理解人物的内心活动和思想等。

（4）从自我中心的理解发展到比较客观的理解。儿童早期常常带着自己的情感来理解事物，例如，年幼儿童不喜欢某事物就认为该事物是不好的、坏的；若喜欢某事物就认为它是好的。而年龄较大的儿童开始能够根据事物的客观逻辑来理解事物。

第五节　儿童问题解决的发展

从日常生活到工作、学习，相信每个人都有问题解决的经历，体会过问题解决后所带来的快乐。如在学习过程中，成功地运算了一道数学题；在工作中完成了一项新任务等。思维发展的最终目的是为了问题解决。儿童问题解决的心理发展过程又是如何呢？

一、问题解决的含义与过程

问题解决是由一定情境引起，按照一定目标，应用一定认知操作或技能，使问题得以解决的过程。[①] 问题解决过程是人类主动地、进行有目的的认知活动的过程。另外，问题解决是一种"个人"的行为，即对于某些人来说该问题需要应用一定的认知操作或技能得以解决，但对于其他人来说，这也许不是问题。例如，对于不会开车的人而言，让他们开车就是问题解决；而对于熟练的驾驶员来说，这就不属于问题。

① 梁宁建. 当代认知心理学 [M]. 上海：上海教育出版社，2003：276.

问题解决过程大致有四个阶段：发现问题、分析问题、提出解决问题的假设和验证假设。一个人在其求知欲等动机的驱动下发现问题，并对问题的条件和要求进行分析，从而提出解决问题的方案和策略，并在实际问题解决过程中验证所提出的方案和策略是否成功。经过学习与积累，人们掌握了某领域的专门知识，又称专业知识或专家知识，而专业知识对问题解决起着重要作用。专家在知识组织方式上与新手存在着本质的差异。在专家头脑中知识是整体的、系统的，专家能够最快、最准地对问题的本质进行深层次的分析；而新手的专业知识是零散的、不完整的、无系统性的，新手们总是对问题的表面特征进行浅显的分析。同时专家与新手在知识数量上也存在着差异。正是这些差异导致了专家与新手在问题解决过程中存在着显著的不同。当遇到问题时，知识经验丰富的专家比知识量少、经验不多的新手，能够更准确地判断问题的本质，组织已有的专业知识，采取正确的策略解决问题。

二、儿童问题解决发展观点

皮亚杰通过客体守恒实验，认为婴幼儿的问题解决能力还处于知觉水平，儿童通过试误来完成问题解决。但最近的研究表明，婴儿并不像皮亚杰所想象的那样，他们更早就具有了问题解决的能力，而且婴幼儿在问题解决时并不需要试误的方法。例如，在一项研究中，研究者向 9 个月大的婴儿呈现一个玩具，把玩具放在一块桌布上，婴儿的手够不着玩具但能够着桌布，但在婴儿与桌布之间有一个障碍物——一块泡沫塑料。婴儿要想拿到玩具必须先越过泡沫塑料，然后拉动桌布拿到玩具。研究结果表明，9 个月大的婴儿没有经过试误，就一次性地解决了该问题，拿到了玩具。由此可见，婴儿获得问题解决能力的时间比我们预想的时间更早。我国学者董奇等通过实验探查了 8—11 个月婴儿的问题解决行为，其结果表明，婴儿问题解决行为取决于抑制性控制能力与整合信息能力的提高，而这些又跟大脑皮层额叶的成熟程度有关。

弗拉维尔等认为儿童在问题解决的过程中除了常用的一些资源与技能外，主要还涉及四个方面的资源与技能：专业知识、元认知、游戏感和社会支持。

1. 专业知识

随着儿童交往、学习等能力的增强，儿童也能像成人一样在某些领域建立专业知识，通过专业知识来进行问题解决。有时专业知识远远地超过了年龄的限制，例如，在象棋、围棋以及绘画等领域某些儿童比对该领域一无所知的成人更具有专业知识。当儿童逐渐地建立了与成人一样的专业知识时，在问题解决的心理过程中，他们也能表现得和成人一样。

2. 元认知

元认知概念起于 20 世纪 70 年代，认知心理学家对元认知进行了许多广泛而深入的研究。元认知涉及心理学领域的各个层面，许多研究者开始用元认知来解释一些心理行为与过程。[①] 弗拉维尔认为，元认知是指反映或调节人的认知活动的任一方面的知识或者认知活动，即"对认知的认知"。元认知涉及元认知知识、元认知自我监测和自我调节三个方面。儿童在解决问题的过程中，不仅仅要思考解决问题，还要对解决问题的过程和策略进行思考。例如，让儿童进行加 / 减法运算时，儿童不仅会运算，还能说出自己是如何进行运算的，即对自己的运算过程进行思考。弗拉维尔认为，若我们仔细观察，会发现幼儿就具有了某种监测问题解决的初始能力。在问题解决的过程当中，儿童通过不断地自我修正错误，学习到了什么样的策略是有助于问题解决，而什么样的策略是无用的，这些都会促进元认知的发展。另外，元认知的发展反过来又使儿童在问题解决过程中能采用有利于问题解决的新策略或正确策略，从而促进问题解决能力的发展。

3. 游戏感

弗拉维尔认为，儿童在平常的游戏和日常生活中逐渐形成了有关"事情应如何进行"的程式。随着年龄的增长，儿童很可能在问题解决的过程中，运用这些程式建构"事情应如何进行"的知识结构。也就是说，儿童运用日常所得，获得了事情应如何进行的逻辑与推理，之后运用这些逻辑与推理（或知识结构）来解决问题。

4. 社会支持

儿童问题解决的另一个重要资源是社会支持，社会支持主要包括两个方面：社会文化和同伴。维果茨基等认为，儿童在社会历史文化背景下，与父母、教师或年长儿童进行人际交往，在此过程中，来自他们的鼓励、支持与帮助将有利于儿童的问题解决。当然，在不同的社会文化背景下，社会支持将会不一样。但最终儿童都是用被自己内化了的文化价值观来获得处理问题的信息和方式。同伴对于儿童获得问题解决的策略也有着极大的帮助，研究表明，同伴的热情参与有助于问题解决。

---

① 梁宁建. 当代认知心理学 [M]. 上海：上海教育出版社，2003：308.

* 第六节   儿童想象和思维发展的认知神经科学研究

认知神经科学利用脑成像技术，如功能性核磁共振成像（fMRI）、功能性近红外光谱（fNIRS）和脑磁图（MEG）等，可以进一步了解儿童想象和思维发展的大脑功能及相应的区域。

一、儿童想象发展的认知神经科学研究

在过去的 20 多年里，很多新兴的研究方法纷纷出现。研究者利用多种手段，包括行为学研究、神经成像、经颅磁刺激（TMS）和脑损伤后的缺陷，发现视觉表象的两个基本原则：（1）视觉表象与视知觉共享着很多神经加工过程；（2）视觉表象是伴随与大量加工的子过程相互作用而产生，它不是一个单一的过程。

视觉表象与视知觉不同，它主要在无外部视觉刺激的情况下产生。事实上，视觉表象以能够通过"脑中的眼睛"经历事件，并对视觉事件进行短时记忆表征为特征。这种心理表征是以脑内的视觉长时记忆为资源库的，但又不完全被视觉记忆中具体经历的事件所限制。视觉表象尽管以大脑中已储存的记忆为基础，但也能以一些新异的方式转化、整合，从而形成一些未经感知过的事件或物体的图像。事实上，视觉表象确实有多元的转化方式：例如，我们能够想象得到某物体因受外力（旋转、挤压等）而形成的样子。此外，视觉表象的转化也有不同的加工过程。例如，人们很容易想象得到某物体因外力旋转和自己亲自旋转的情景，而这两个情景所激活的脑区是不同的。

（一）视觉表象与初级视觉皮层的发展

初级视觉皮层（V1）的尾端部分代表最中心的视觉区域，而越向嘴端延伸的部分代表越为周边的视觉区域。因而，若要检验视觉表象所用的初级视觉皮层是否具有类似拓扑结构，则要测验大物体的视觉图像是否比小物体的视觉图像更容易诱发出嘴端初级视觉皮层的活动。

通过可造成所选择脑区暂时性的虚拟损伤的 TMS 技术，有助于揭示该脑区与视觉表象的因果关系。已知 TMS 刺激会削减大脑皮层的兴奋性，也会降低该处脑区加工的效率。例如，科斯林（S. M. Kosslyn）等利用正电子发射计算机断层扫描（PET）扫描发现视觉表象与视觉想象任务都会激活初级视觉皮层，而用 TMS 作用于初级视觉皮层时，两者均被阻断。该研究结果证实了初级视觉脑区在执行表象任务时的关键作用。

（二）视觉表象与高级视觉皮层的发展

视觉功能，主要可以分为腹侧通路和背侧通路。腹侧通路包括部分枕叶和腹侧颞叶，一般参与形状和颜色的分析。如果该部分脑区受损，则会有损

再认和识别视觉刺激的能力。而背侧通路包括部分枕叶和后侧顶叶部分脑区，参与空间和动作信息的加工。如果该部分脑区受损，则会干扰对定位刺激作出判断的能力。许多针对高级视觉脑区损伤者的研究证明了视觉表象与视觉间有部分加工是并行的。该脑成像研究普遍发现高级视觉脑区在视觉表象时会被激活，这与神经心理学研究结果一致。此外，视觉表象激活时的特定模式与视觉激活时的模式很类似。比如，fMRI 研究发现腹侧通路的颞叶特定部分偏好对面孔、地点图像作出反应，且其反应模式与对面孔、地点进行想象的模式很相似。虽然视觉表象与视觉会激活很多共同的脑区，但是这种重叠并不完全相同。例如，伊赛（Ishai）等的 fMRI 研究，让被试看不同类别的物体，继而对这些物体进行想象。视觉过程中分类信息明显激活了腹侧通路的部分脑区，然而该脑区只有一小部分在视觉想象任务中被激活。脑成像研究的另一个普遍发现是不同脑区参与不同的视觉表征任务，这与神经心理学研究的结果一致。如背侧通路中的顶叶脑区往往参与像心理旋转（即想象一个物体旋转之后的样子）之类的视觉空间任务，而"what"通道中的初级视觉皮层和枕颞脑区往往参与物体形状的表象任务。

（三）运动想象的神经基础

研究发现，当个体想象完成一个特定动作（如穿鞋）并在动作结束时示意，对这个运动想象的时间与实际操作该动作需要的时间非常接近。当操作不同类型的动作时，研究者让被试根据提问报告他们自己想象完成该动作的情景。大量研究显示这类运动想象能与单纯的视觉表象相分离。例如，若干神经成像研究表明，与动作执行相关的脑区在运动想象中起关键作用，而这些脑区在视觉表象时并不会被激活。另外，行为学研究也显示在头脑中练习特定的动作能够提高该动作执行的速度、准确性和力量。这一发现提示，运动想象与动作执行过程可能激活多个相同的神经回路。上述发现还具有很大的潜在应用价值，如可运用到特殊儿童的大脑康复、竞技体育运动训练中。

乔治波洛斯（Georgopoulos）等发现运动脑区与运动想象有关。他们在猴子计划沿着圆弧移动手柄时记录它们初级运动皮层中单细胞的活动。控制手臂的脑区（操作手的对侧半球）的神经元会根据手臂的朝向而调整，这些单个神经元的激活整合形成一个群聚向量，可以为手臂的朝向编码。而且这些神经元的活动先于真实动作的执行，这就揭示了运动想象与运动计划之间的联系。总之，神经心理学、神经成像以及行为学研究都显示，视觉表象能够参与运动系统。这为运动和视觉加工的关联研究提供了途径。

二、儿童思维发展的认知神经科学研究

认知神经科学研究显示，人类大脑高级功能与额叶特别是前额叶的发育

成熟关系紧密。这些高级功能包括：注意调控、工作记忆、行为计划和组织、语言交流、行为控制、情感人格、概念形成和思维推理等。下面就大脑高级功能与前额叶的成熟，婴儿客体概念的发展和婴儿数字加工系统三个方面进行讨论。

（一）大脑高级功能与前额叶的成熟

前额叶皮层在所有的皮层区域里是发育最迟缓的。目前，理解前额叶在认知发展过程中的作用主要有两种理论。第一种理论是根据年幼婴儿对物体永恒性的固着错误，以及伴随背外侧前额叶的成熟而能够正确完成搜寻任务（从关于婴儿、幼猴和前额叶损伤的成年猴子的研究中得出的结论）所获得的。这种理论认为前额叶的成熟使得跨空间与时间的信息整合，以及抑制强势反应成为可能。但该理论根据最新的一些神经成像数据仍需再作修正。

第二种理论认为在认知发展中，前额叶皮层是技能学习所必需的，并且在脑的组构中发挥重要和早期的作用。例如，脑电一致性研究显示了前额叶可能在认知发展的皮层表征的循环重组中起作用。总之，前额叶高级功能的特化，是由该区域起初的神经化学和连通性的偏爱，以及该区域相对延迟的可塑性共同作用的结果。[1]

（二）客体概念的发展

皮亚杰提出婴儿客体概念获得的年龄约为出生后 8 个月，客体概念的发生一直为认知发展研究者所关注。后来的研究者发现，婴儿在更早的时候就可能具备了"客体"的概念。延迟－反应学习是几十年来神经科学家用来探讨猴子额叶皮层功能发展的范式，但它在本质上相当于认知发展中的皮亚杰 A-not-B 任务。A-not-B 任务是将物体（如玩具）藏于 A 处，并允许婴儿拿到它。在完成预定的成功提取次数（通常是 3 次）后，物体被藏于 B 处。当藏物和搜寻之间的延迟在 2 s 或更长的时候，婴儿就无法搜寻到隐藏的物体。戴蒙德（Diamond）和拉基奇（G. Rakic）等发现猕猴避免 A-not-B 错误与额叶前部皮层调节功能的发展紧密相关，这可以间接地解释为人类婴儿在早期认知发展中客体概念的形成需要其相应神经基础的成熟。据此，戴蒙德认为婴儿最早表现出对物体永恒性的认识是伴随着前额叶皮层的成熟，在 5～12 个月之间。

（三）婴儿的数字加工系统 [2]

除了语言以外，对数字的理解与操作也能极大地促进婴儿思维的发展。

---

① 参阅 JOHNSON M H. Developmental Cognitive Neuroscience[M]. 2nd. Oxford: Blackwell Publishing Ltd., 2005: 146-157.

② JOHNSON M H. Developmental Cognitive Neuroscience[M]. 2nd. Oxford: Blackwell Publishing Ltd., 2005: 87-91.

在灵长类动物的脑中有两个数字相关系统。其一是模拟幅度系统，在时间和长度判断中激活，是对≥4的自然数的近似表征，又称为大数的近似表征系统。另一个系统则追踪小数目的物体（对自然数1~3或4的精确表征），称为小数精确表征系统。豪瑟（Hauser）和斯佩尔克（Spelke）等认为对小数的精确表征系统和对大数的近似表征系统是构成人类数量表征基础的两个核心系统。

萨堤安（Sathian）等的PET研究报告指出，"对精确小数的感数"激活了枕叶的外纹状皮层区，而"对大数的计数"则激活了广泛的脑区，包括与视觉注意转移有关的多个脑区——双侧顶上回和右侧额下回。针对两种数量表征系统的神经基础的研究，较一致地认为大数的近似表征系统的神经基础在顶内沟的双侧横向部分，而"感数"是一种基本的、高度自动化的加工过程，它无论在加工一个或多个视觉刺激时都会被卷入，因而很难找到该系统独有的神经基础。

两个系统在婴儿时期似乎都已激活，并成为婴儿进行小数目物体简单数字计算的神经基础。目前对婴儿数量表征能力的研究主要有四种范式：习惯化范式，也称注视偏向范式；期望违背范式；二盒选择范式；手动搜索范式。应用这些范式的大量行为研究都提示婴儿具有两种不同的数量表征系统。

本章小结

想象是对头脑中已有表象进行加工改造从而建立新形象的心理过程，想象与思维关系密切。儿童想象以无意想象为主，有意想象逐渐得到发展；从以再造想象为主发展到创造性想象；从最初想象的完全脱离现实到逐渐合乎客观逻辑。入学后，儿童想象在教育的作用下，获得更深入的发展。

思维是人脑对客观现实的反映，思维对儿童发展具有重要意义。儿童思维发展具有阶段性、顺序性和年龄特征等特点。儿童思维发展主要包括直观行动思维、具体形象思维和抽象逻辑思维三个阶段。学前儿童思维发展主要呈现具体形象性。入学后，儿童思维获得了更深入的发展，逐渐发展为抽象逻辑思维，并以抽象逻辑思维为主。

概念、判断、推理和理解是进行思维活动的主要内容。儿童在掌握概念，进行判断、推理和理解的思维发展过程中具有一定特点。

问题解决是一种复杂的高水平的认知活动。有研究表明婴幼儿并不一定要经过试误来解决问题，婴幼儿问题解决的能力超出我们的想象。在问题解决过程中，儿童借助多种资源与技能来进行。另外，如专业知识、元认知、游戏感和社会支持，随着儿童知识与经验的增加，儿童也能如成人那样熟练地运用专业知识，进行元认知加工，还能借助社会支持及在游戏与日常生活中的所得，进行问题解决。

进一步学习资源

- 有关儿童分类能力的发展，可参阅：

1. 曹瑞，阴国恩. 3—7 岁儿童分类方式对分类结果影响的研究 [J]. 心理发展与教育，2001（2）：7-12.

2. 刘果元，阴国恩. 基本认知训练对 3—4 岁儿童分类能力发展的影响 [J]. 心理科学，2006（1）：120-123.

3. 陈友庆，阴国恩. 儿童依"相似性"分类能力的发展及影响分类结果因素的实验研究 [J]. 心理发展与教育，2002（1）：27-31.

4. 刘志雅，宋晓红，Carol A. Seger. 6 岁儿童的类别学习能力：类别表征、注意和分类策略 [J]. 心理学报，2012（5）：634-646.

- 有关儿童对数的认知，可参阅：

方格，田学红，毕鸿燕. 幼儿对数的认知及其策略 [J]. 心理学报，2001（1）：30-36.

- 有关儿童其他推理能力的发展，可参阅：

1. 朱莉琪. 儿童推理能力的新发现：儿童的道义推理 [J]. 心理科学，2001（2）：214，220.

2. 毕鸿燕，彭聃龄. 4—6 岁儿童直接推理能力及策略的实验研究 [J]. 心理科学，2003（3）：228-231.

3. 张宏，沃建中. 图形推理任务中儿童策略获得的发展机制 [J]. 心理科学，2005（2）：314-317.

4. 王沛，赵志霞. 幼儿特质推理发展的初步研究 [J]. 心理发展与教育，2004（1）：1-5.

5. 费广洪，王淑娟，秦梅梅. 提示对 3—11 岁儿童解决类比推理问题的影响 [J]. 心理发展与教育，2015（5）：578-585.

- 有关儿童概念的发展，可参阅：

1. 周仁来，张环，林崇德. 儿童"零"概念形成的实验研究 [J]. 心理学探新，2003（1）：29-32.

2. 陈英和. 儿童数量表征与数概念的发展特点及机制 [J]. 心理发展与教育，2015（1）：21-28.

- 其他可进一步参阅期刊：

Development review

Development psychology

Early childhood research quarterly

思考与探究

1. 简述儿童想象发展的主要趋势与特点。

2. 简述儿童思维发展的主要特点。

3. 简述儿童掌握实物概念和数概念的主要特点。

4. 理解儿童判断、推理和理解的发展特点。

5. 弗拉维尔等认为儿童问题解决过程涉及哪些资源。

6. 参照图 4-1，试在某幼儿园选不同年龄的幼儿各 4 名，看看他们的回答情况，分析不同年龄幼儿守恒发展的特点。

7. 参照图 4-2，挑选一些幼儿比较熟悉的日常物品，试在某幼儿园选不同年龄的幼儿各 4 名，了解他们的分类情况，分析不同年龄思维自我中心的发展特点。

8. 参照图 4-3，试在某幼儿园选不同年龄的幼儿各 4 名，观察并记录他们的选择结果，分析不同年龄实物概念的发展特点。

趣味现象·做做看

让幼儿从放杂物的小抽屉里取出卡片，引导幼儿数数共有多少张卡片。注意选择适量的卡片总数目，在幼儿数数的过程中注意观察、记录幼儿的行为特点。

该过程考察了幼儿对数的掌握情况。你会观察到不同年龄阶段的幼儿掌握数概念的基本过程与特点，从口头数数到最后说出总数需要一个发展过程。一般来说，5 岁以上的儿童，能够正确地说出最后卡片的总数。从中你还可以发现儿童掌握数概念的个体差异与年龄特点。

第五章　　　　儿童语言的发展

本章导航

本章将有助于你掌握：
- 儿童前语言阶段语音、语义、语用的发展
- 儿童语言阶段语音、语义、语用的发展

- 儿童单词句和双词句的句法特性
- 儿童双词句阶段后语法发展的趋势

- 儿童语言发展的认知神经科学研究

月亮出来了，小孩和小狗一块儿在看青蛙，看呀看。青蛙眼睛朝上，也看着他们。小孩睡着了，青蛙跳出来了，伸出来了一只腿，嘴巴张着。等他醒之前，他看见青蛙没了，狗也看见青蛙没了，它就说："汪！汪！"他们俩就找呀找，找呀找……

以上是一个 5 岁女孩根据连环画《小青蛙，你在哪里？》讲述的一段故事。成人在惊叹于该女孩出色的语言表达能力的同时，不免产生疑问：这么小的孩子为什么能够说出如此连贯的语言？婴幼儿是以怎样的顺序获得这样准确而丰富的语音的？为什么婴幼儿能够以惊人的速度学习新词汇？为什么婴幼儿能够获得如此复杂的语法？婴幼儿的语言运用能力表现在哪些方面？这些问题都是儿童语言发展研究的热点。

语言发展又称语言获得，是指儿童语言的产生以及语言理解能力的获得（这里主要指口头语言中说话能力和听话能力的获得）。语言是一种非常复杂的结构系统，按其构成成分来说，语言包括语音、语法、语义三个方面。此外，语言作为一种交际工具，要使它有效地发挥作用，说者和听者双方都必须掌握一系列的技能和规则，这便是语用技能。儿童必须逐步掌握以上四者的基本规则，才能获得产生和理解母语的能力。因此，语言发展是一个极为复杂的过程。然而，所有生理发育正常的儿童都能在出生 4 至 5 年内未经任何正式训练而顺利地获得听、说母语的能力，其发展速度是其他复杂的心理过程和心理特征所不能比拟的。本章在结合新近研究成果的基础上，阐述儿童的语音、语义、语法和语用各自是怎样发展和完善的，支持这些发展的机制又有哪些。

第一节　儿童语音的发展

语音是口头语言的物质载体，是由人体发音器官发出的表达一定语言意义的声音。严格地讲，语音应该是言语的声音。在这里，我们采用的是语音的广义理解，即儿童发出的声音。儿童语音的发展大致可以分为两个阶段：一是前语言阶段的发展，二是语言阶段的发展。对儿童语音系统的发生和发展，又可以从语音的觉知和语音的产生两个维度来讨论。因此，本节我们主要介绍儿童不同阶段语音的觉知和产生情况。

一、前语言阶段的发展（0—12 个月）

前语言阶段一般从婴儿呱呱坠地开始，到发出第一批真正的词结束。在这一阶段，婴儿逐渐具备了较好的语音觉知能力和发音能力，这为他们将来正式发出词音奠定了基础。

（一）语音的觉知

1. 语音偏好

（1）与一般的声音相比，婴儿更喜欢倾听语言

在生命的早期，儿童就已经能够辨别语言和非语言，并对言语表现出更多的关注。研究者以出生几天的新生儿为对象开展实验，他们分别设立了两个人工乳头：一个连接着一小段话语录音或歌声录音，另一个则连接着其他乐器或有节奏声音的录音。新生儿只要吸吮，便会接通电源，播放声音录音。结果发现，连接话语或歌声录音的人工乳头更容易引起新生儿的吸吮反应。其他研究也发现，出生不久的婴儿，对妇女的说话声作出的反应比对铃声作出的反应更多；2周大的新生儿在听到大人说话时会停止哭喊，而听到摇铃时却不会这样。

（2）与其他的语言形式相比，婴儿更喜欢倾听"妈妈语"

所谓"妈妈语"，又称为"儿向语言"，通常是指母亲指向婴儿的语言，它们具有语速慢、声音高和音调高度夸张等特征，并具有强烈的起伏性。在出生的最初几天里，在众多声音中，婴儿便对"妈妈语"更感兴趣和更关注，甚至当声音由一位陌生女子或男子发出时，也同样如此。针对聋婴儿的研究发现，如果聋婴儿的母亲放慢手势，表现出"手势妈妈语"时，聋婴儿也对其表现出更多的偏好。可见，即使感觉的通道不是通常的听觉，婴儿对"妈妈语"的偏好也十分明显。

（3）与其他人的声音相比，婴儿更喜欢倾听自己母亲的声音

研究者指出，在出生后3天，新生儿就能够辨别不同的声音，即使与母亲接触很少，他们也对母亲的声音有所偏好。为什么这么小的婴儿就能够识别并记住自己母亲的声音呢？近年来的研究发现，婴儿能够记住他们在母亲子宫里所听到的声音事件。由于婴儿出生前已经受到母亲声音的影响，出生后他们便对母亲的声音有所偏好。一项著名的研究证实了这一结论：研究者要求孕妇在怀孕的最后6周内，每天2次大声朗读故事《帽子里的猫》。在婴儿出生后2天内，研究者采用不同的故事（其中一则故事是《帽子里的猫》）对婴儿进行测试。结果发现，婴儿在听到《帽子里的猫》时，表现出更多的吸吮反应。可见，婴儿能够保持其在胎儿期的经验。该研究表明在出生之前，婴儿确实能够感知到某些声音，而他们也有足够的感知能力对特定的声音输入进行加工，此外，他们还拥有足够的认知、记忆能力来存储这些信息。因为只有这样，他们才能够记住胎儿期间某种特定的语音输入。

2. 范畴知觉

要理解什么是语音的范畴知觉，首先要弄清楚成人语言的性质。举例来说，从纯粹的物理学来看，"ba"和"pa"两个声音刺激是一个量的连续变

化体，仿佛位于一把尺子的两端。我们可以设想，如果从"ba"开始，逐渐地改变刺激，向尺子的另一端移动，"ba"听起来就会越来越像"pa"。这样，在"ba"和"pa"之间就存在一个宽泛的区域。语言知觉的研究表明，成人并不是以这种设想的连续的方式感知语音的，而是在"ba"和"pa"这两个连续体之间的某一个点上，突然地感知为"ba"或者"pa"。所以，成人对语音的觉知通常是间断或者范畴性的，这便是语音的范畴知觉。成人以"范畴"的形式对语音加以感知，显然不同于其他的知觉（如视觉）。

研究表明，1 个月的婴儿就已经具备了语音范畴知觉，他们能够正确地分辨出属于不同音位范畴的 [b] 和 [p]。艾马斯（P. D. Eimas）等利用婴儿吸奶的速率来反映婴儿对于语音差别的感知。他首先向婴儿呈现单个的音 [b]，数次呈现后，婴儿出现了厌倦，吸奶的速率下降。这时，他将这个音修改为三种情况：一是改变音素的 VOT 值（唇松开后和声带颤动之间的延迟时间），使 [b] 变成了 [p]；二是同样改变音素的 VOT 值，但仍与原来的 [b] 同属于一个范畴；三是仍使用原来的 [b] 音。结果发现，在第一种情况下，婴儿吸吮奶的速度明显增加，而在后两种情况下则没有变化。事实表明，虽然第二种情况下的音与原来的音有变异，但它们仍属于同一个范畴，所以婴儿会忽略这种差异，把它们知觉为相同的声音。这是因为：其一，早在出生时 1 个月（可以测量的最小年龄）婴儿便出现了这样的能力；其二，不同社会背景的婴儿，虽然听到的语音各不相同，但是在知觉上他们所能够辨别的语音却十分相似。因此，研究者认为，语音范畴知觉很可能是一种先天的听觉能力，在人类出生时就具有。

（二）语音的产生

语言包括接受，也包括产生。早在婴儿产生第一批词语之前，他们就开始发出类似语言的声音。研究发现，世界各国婴儿最初的发音呈现出大致相同的趋势：都是从最初的哭声中逐步分化出来，并沿着"单音节音—双音节音—多音节音—有意义语音"的顺序发生和发展的。概括来说，婴儿的发音可以分为以下几个发展阶段：

1. 反射性发音

婴儿的哭声可分为分化的和未分化的两种。1 个月以内的新生儿的哭声是未分化的，1 个月之后，婴儿的哭声逐渐带有条件反射的性质，出现了分化的哭声，但这种分化只是初步的。约从第 5 周开始，婴儿开始发生一些非哭叫的声音，显示出发音器官的偶然动作，先出现类似于后元音的 a，o，u，e 等，随后出现辅音 k，p，m 等。

2. 牙牙语

大约 5 个月时，婴儿进入了牙牙学语的阶段。这些声音对婴儿毫无意义，他们只是把发音当作游戏以得到快感。此时婴儿能发出的声音很多，不限于母语的声音。不同种族和生长在不同社会文化环境下的婴儿发出的声音都很相似。聋儿在此时期也会像正常婴儿一样发出牙牙语，只因他们缺乏听觉反馈，其牙牙语停止得比正常儿童早。自第 9 个月起，婴儿牙牙语的出现达到高峰，虽然牙牙语听起来像语音，并常具有升降调，但它们仍然是无意义的，是不能被理解的。

从牙牙语开始，婴儿的发音呈现两个相辅相成的过程：一方面，语音量扩充，即逐步增加符合母语的声音。根据吴天敏的研究，本阶段婴儿的发音又增加了 b、d、g、p、n、f 和 ong、eng 等音。这时婴儿发出的辅音和元音结合在一起的音大量增加，一些婴儿已经能模仿发出成人的词音，并开始将特定的声音与具体形象结合起来，使声音有了一定的意义，如发 ba-ba 时找爸爸，最初的词音就这样产生了。另一方面，儿童在这一阶段又呈现出语音紧缩的现象，即逐步淘汰环境中用不着的语音。研究发现，牙牙语期后，当儿童即将进入独词句阶段时，会有一个短暂的"沉默期"，即儿童的发音突然变少了。

从语调发展来看，此阶段婴儿已经有了颇似成人的语调。8~9 个月，婴儿的牙牙语有了变化，除了同音节的重复，还明显地增加了不同音节的连续发音，而且出现了音调的变化，除发出第一声外，其他三声也出现了，国外有学者称其为"小儿语"，或变调牙牙语。成人无法辨认这种非语言声音流的确切意思，但从它的音调变化中人们能感受到似乎含有命令、陈述问题的意思。这说明婴儿已经在为说出句子做准备了。同时，婴儿开始模仿成人的音高。例如，当婴儿和父亲玩时，婴儿的音调就降低到接近于父亲的音高；当婴儿和母亲玩时，牙牙语的音高就又上升。牙牙学语阶段，婴儿了解了有关语言的机制，练习了如何控制和协调发音时的动作与呼吸，了解了口腔发音和听觉结果的关系，学着把口腔的某种运动和发出某种声音联系起来，逐渐取得控制发音活动的经验。成人经常模仿婴儿的发音与其"对话"，能使婴儿发出更多的音，发音器官也能得到更多的锻炼。因此，牙牙语的主要作用并不在于能具体地发某个音以便以后使用，而是通过牙牙语，学会调节和控制发音器官的活动。这是以后真正的语言产生和发展所必需的。

二、语言阶段的发展（12—24 个月）

（一）语音的觉知

1. 音位知觉的发生和发展

在前语言阶段，儿童主要是以范畴知觉的形式对语音加以感知的。只要两个音分属于不同的范畴，如 [b] 和 [p]，儿童就能够区分出他们。进入语言发展阶段之后，儿童对语音的感知开始跟一定的意义、一定的语言系统结合起来。也就是说，儿童逐渐学习并掌握那些在特定语言系统中能够区分意义的语音差别。另外那些不能区分意义的语音上的差别，他们会逐渐地给予忽略。这时，儿童开始进入音位感知水平。所谓音位，是语音中最小的能够区分意义的语音聚类。例如，汉语普通话里的［p］和［p'］有区别词的语音形式的作用，"拔"［pA］和"爬"［p'A］等不同词就是靠这两个辅音的差别来区别的，因此它们在汉语普通话中可视为两个辅音音位，分别标写为/p/ 和 /p'/。而在英语里［p］和［p'］就没有区别意义的作用，假如把它们混淆起来，把 port（港口）里的［p'］念成［p］，只会使人感到发音不标准，却不会使人误解为另一个词。这说明它们之间的差别没有区别意义的功能，因而在英语中［p］和［p'］就只属于一个音位。对于汉语儿童来说，他们需要进一步掌握［p'］和［p］之间的差异，而对于英语儿童来说，他们需要学会把［p'］和［p］归为一个音位，忽略它们之间的细微差异。儿童对不同音位辨别的发展是有一定顺序的，如萨那查金发现讲俄语的儿童首先能够区分元音，在元音中又首先区分［ɑ］；之后学会区分辅音，辅音的区分顺序是塞音、擦音和鼻音、流音、滑音。[①]

儿童学会辨别不同的音位之后，接着要学习音位组合的规则。在各种语言中，音位的组合都必须遵循一定的规则。例如，在汉语普通话中，舌根音、舌尖前音和舌尖后音不能同齐齿呼、撮口呼的韵母组合，而只能同开口呼、合口呼的韵母组合。又如，在英语中也同样存在音位的组合规则。凡是说英语的成人，虽然不懂得 slithy 和 toves 是什么意思，但是他们会认为这些词可能是英语中的词，而 mvaq，sred 却不可能是英语中的词。研究表明，年幼儿童并不懂得这些组合规则，因此会出现用 sred 来代替 thread 的情况。到了 4 岁儿童才具有这种能力。

2. 词的语音表象的建立

除了音位知觉外，儿童又是怎样认识词的语音呢？研究者指出，儿童记忆中词的语音主要是按照成人的发音形式来存储的。一些观察发现，儿童能够识别他们自己还不能够发音的词，这种现象被称为"fis"现象。伯科和布朗发现，一个儿童把他的玩具充气塑料鱼叫作 fis（正确的发音是 fish），而当成人故意模仿他的发音时，这个儿童却试图纠正成人模仿的发音，说"不是fis，是 fis"，反复数次，几乎发火。当成人改口说 fish 时，这个儿童才认可。这个现象表明，儿童虽然在发音上不能区分两者，但是能够觉察到成人的发音中两者的区别。儿童将词的语音与成人的发音形式紧密联系，而不是将其

---

① 李宇明. 儿童语言的发展［M］. 武汉：华中师范大学出版社，1995：70.

与自己的发音形式相联系。

（二）语音的产生

在 1 岁左右，儿童开始学习发出词的音。儿童集中的无意义的发音现象已经消失，此时的发音已与发出词和句子整合在一起。这个时期，儿童的发音表现出两个特点：发音紧缩现象和使用发音策略。

1. 发音紧缩现象

根据比利时语言学家格里高利的研究，在牙牙语最发达的阶段，儿童能发出任何一个可以想象出来的声音，其中有些音不仅是他父母亲语言中所没有的，甚至是许多语言中所不存在的。然而，等到儿童从"前语言阶段"进入"单词句阶段"时，却丧失了这种发出一切声音的能力。这揭示了儿童一个重要的发音现象——发音紧缩。在牙牙语阶段儿童能发出的一些音，其中包括母语中有的和母语中所没有的音，到了此阶段却不发了，有的音甚至成人反复教他发，他也发不出来了，而且从此以后，儿童的发音基本上属于母语范畴的，对于早期的一些母语中没有的音，他一般不再发，甚至也听辨不出来。

2. 使用发音策略

使用发音策略，是指儿童开始使用一些发音方法来促使自己发出一些音。这些策略可以分为两大类：改变与选择。改变包括替代（如用 d，t 替代 g，k）、同化（如"老公公快快来"变成"老蹦蹦派派来"）和删除（如"汽车"，不是只发"汽汽"就是只发"车车"）等；选择包括避免发某个音和倾向发某个音。

三、后期的发展（2 岁以后）

我国研究者曾经系统考察了 2—6 岁汉语儿童的发音特点。这些特点可以归纳为以下几点：

（1）汉语儿童的发音是随年龄的增长逐步提高的，2.5—4 岁是语音发展的飞跃期，可持续到 4 岁半；4—5 岁儿童的语音进步最明显。4 岁以上儿童基本能够掌握本民族语言的全部语音。如朱智贤的研究表明，4 岁儿童的发音正确率为 32.0%，5 岁儿童的发音正确率便可达到 57.7%。刘兆吉等曾以《汉语拼音方案》中规定的声母、韵母来测查 3—6 岁儿童语音的正确率，结果发现，4 岁城市儿童声母的正确率已达到 97%，4 岁农村儿童达到 74%；韵母发音的正确率，4 岁城市儿童已达到 100%，4 岁农村儿童已达到 85%。

（2）在儿童的发音中，韵母正确率偏高，只有"o"和"e"易混淆，因为这些音发音部位相同，只是在发音方法上有细微差别。儿童声母的发音正确率较低，因为这时儿童还没有掌握主要的发音方法，还不会运用某些发音器官。汉语儿童对 zh、ch、sh（舌尖后清擦音）、r（舌尖后浊擦音）等声母的发音感到困难，容易将 zh、ch、sh 与 z、c、s 混淆。

（3）儿童的语音发展受到方言的影响。例如，南方儿童说普通话往往混淆"n，l"。朱智贤的研究比较了儿童跟读绕口令和背绕口令的情况，发现背绕口令的发音正确率（49.5%）远低于跟读的正确率（84.7%）。研究者把这种差异归结为"当地言语的发音习惯对学前儿童的正确发音产生了严重的阻碍作用"。

第二节 儿童语义的发展

从语言的结构层次来说，语义发展是指儿童在词、句子和语段这三个层面上理解的发展。然而，由于语段意义本身的复杂性，目前的研究主要集中在儿童对词、句意义的理解与发展上。本节我们主要介绍儿童对词义和部分句义的理解与发展。

在词义和句义理解中，儿童语义的发展主要可以分为两个方面：一是词汇语义的发展，指理解句子中各个词语的意义，如学习标志物体、动作特点的词，以及表示物体之间关系、空间和时间条件的词语；二是命题语义的发展，即理解句子所表达的基本语义关系，如理解"施事—动作—受动""物体—方位"等语义关系等，从而了解现实中各种事物的关系。下面，我们分两个阶段来介绍儿童这两个方面语义的发展。

一、前语言阶段的发展（0—12 个月）

词汇语义是儿童对词义的掌握。在儿童产生第一批真正的词之前，他们已经理解了许多词。大约在 6 个月时，儿童已经有话语理解的萌芽，能对个别极简单的词语作出指令性的反应。八九个月时，婴儿已开始能听懂成人的一些话，并能作出相应的反应。到了 1 岁，婴儿能作出反应的祈使句和疑问句就更多了。研究统计，在前语言阶段，婴儿一共能够理解 230 个"语元"[①]（语元是婴儿能够理解的最小话语单位，可能是词，也可能是比词大的单位）。

儿童这种以动作来表示回答的反应最初并非对语词本身的确切反应，而是对包括语词在内的整个情境的反应。由于在这个时期，词在这个情境的一切成分中是最不起作用的，因此，对 6—9 个月的儿童来说，只要保持同样的音调，保持习惯情境的一切成分，一些常用的词即使用其他词来代替，婴

---

① 李宇明. 儿童语言的发展 [M]. 武汉：华中师范大学出版社，1995：66.

儿也能始终不变地作出相应的反应。通常到 11 个月左右，语词才逐渐作为信号从复合情境中分离出来，并引起相应的反应，这时儿童才开始真正理解词的意义。

二、单词句阶段的发展（12—18 个月）

（一）词汇语义

从理解层面说，儿童在单词句阶段已经能够理解很多名词和动词。名词主要是儿童生活中熟悉的家用物品，人物的称谓，动物的名称以及特征较明显的身体器官的名称等。动词主要是表示身体动作的动词以及表示事件和活动的能愿动词、判断动词。从产生层面来说，儿童产生的词语却不如理解的词那么多。许多研究者对儿童产生的第一批词进行了详细的研究，取得了较丰富的研究成果。下面我们将从"词的意义""词的类型""词的数量"分别阐述儿童产生的第一批词的特点。

1. 词的意义

在 10—13 个月，儿童开始发出最初的单个的词。他们看到父母能分别叫"爸爸""妈妈"，看到玩具会叫"娃娃"。研究发现，儿童对词的意义的理解要经历一个由笼统到精确的过程。在单词句阶段，儿童对词义的理解还比较笼统，主要表现出以下特点：

（1）过度扩充

过度扩充是指儿童超越和扩充了词义的范围。例如，一个儿童把所有有皮毛的小动物都称为"猫"。当成人问不到 1 岁的婴儿："妈妈呢？"他会望向妈妈，有时也会望向爸爸或其他人。这说明，婴儿对"妈妈"一词还没有确定的理解。值得注意的是，近来的研究发现，过度扩充现象更多地出现在语言的产生中，如儿童把所有的圆形物体（如球、番茄、洋葱、饼干）都称作苹果；而在语义的理解上，过度扩充现象却没有那么严重。例如，研究者要求一个过度扩充词语"猫"的儿童，从一系列看起来相似的动物中找出猫，他毫不费力地做出了正确的选择。这说明，儿童对词义的理解比语言产生更早。

（2）过度缩小

过度缩小词义是指儿童缩小了词义的范围。例如，一个儿童最初可能只将"猫"用于指家里的猫，或只用于指窗外看到的猫，而不是一般的猫。这可能是儿童获得每个新词的初期表现。随着儿童接触同类物体的机会增加，加上成人在交谈中所提供的一些非语言和语言线索，儿童逐渐能够将其他的猫也归入"猫"中。这样，儿童必然会拓宽知识范围。但是，有些儿童又会出现过度扩充起初被他们过度缩小的单词。

2. 词的类型

儿童最初产生的是哪种类型的词？首先，从抽象和概括水平来说，儿童最初使用的是那些中等抽象水平的词。例如，儿童可能最先学会"狗"，之后才能学会下级类别的词（如"长毛垂耳狗"）和上级类别的词（如动物）。中等水平的词之所以学得早，是因为它们对于儿童来说最为实用。例如，对于儿童而言，更为重要的是他们能够把狗与其他动物区分开，而不是把长毛垂耳狗与其他类型的狗区分开。另外，父母也更愿意教孩子这种中等抽象水平的词。其次，从与儿童经验相联系的程度说，儿童最初使用的都是在认知方面和社会交往方面与他们关系最为密切的词，如他们最熟悉的人和物，像爸爸、妈妈、抱抱等。纳尔逊（K. Nelson）对 18 名美国儿童最早出现的 50 个词进行了词类分析，发现儿童最初词的类型存在共性。其中，非专有名词所占比例最大，占到全部词数量的 51%，其次是专有名词（如"猫咪"）、动词（如"给"）、修饰语（如"脏的"）和功能词（如"为"）。①

然而，除了词汇类型普遍的共性外，不同的儿童在最初词类的学习上也表现出一些差异。纳尔逊根据儿童最初的词类将儿童分成两类：一类是"指称"型儿童，他们首先学会的是表示物体名称的词，如"牛奶""积木""鞋子"等。第二类是"表达"型儿童，他们首先学会表达个体愿望或社会交往方面的词，如"再见""要""请"等。这两种类型的儿童对语言的功能似乎有不同的理解。"指称"型儿童更关注名称，也更加注意指称对象，而表达型儿童更多使用语言来调节他们与其他人的交往。当然，大多数儿童都处于两种类型之间，较少的儿童才有极端的表现。

3. 词的数量

儿童在单词句阶段能说出多少个词？中西方的研究结果有所不同。著名心理学家彪勒（C. B. Bühler）的研究结果显示：12—14 个月儿童能说出的最高词汇量是 58 个，最低词汇量是 3 个；15—17 个月儿童能说出的最高词汇量是 232 个，最低词汇量是 4 个。在芬森等人的研究中，在 16 个月时，婴儿所产生的单词的范围在 0~347 个之间。我国的研究者对 1 岁半之前儿童的研究不多，而且分歧也比较大。郭小朝、许政援认为，1 岁末幼儿已获得 20 多个词，满 14 个月词汇量已经达到 80 个左右。李宇明认为，儿童在此阶段大约能说出 28 个语元。这些数据之间的差异，体现出儿童早期词汇数量存在较明显的个体差异。

（二）命题语义

命题语义是指理解句子所表达的基本语义关系。在单词句阶段，儿童产

① 朱曼殊. 心理语言学 [M]. 上海：华东师范大学出版社，1990：337.

生的语言还不存在命题语义，因为单一的词还无法体现复杂的语义关系。但是，这一阶段的儿童已经能够理解一些句子的基本含义。研究者总结出，这一阶段儿童能够理解的句子有以下几种：

（1）呼应句，即呼唤他人（呼唤句）或是对他人呼喊的应答（应答句）。

（2）述事句，即幼儿对自己发现的事情的述说。如爸爸问："你的球呢？"幼儿四处望一下说："没。"

（3）述意句，即幼儿叙说自己意愿的句子。幼儿所表述的意愿大多是表示否定的。如成人让婴儿赶快收拾玩具吃饭，幼儿会说"不"，以表示自己不愿意。[①]

三、双词句阶段的发展（18—24 个月）

☞视频：儿童语言学习有关键期吗

大约在 18 个月，儿童的单个词语开始结合为双词语。我们把儿童 1 岁半到 2 岁这段时期称为双词句阶段。这个阶段，英语环境的父母会听到类似 "put book" "more milk" 等这样的话，而在汉语环境里，父母会听到诸如 "妈妈鞋" "娃娃饼饼" 等句子。这些话听起来像我们发电报时所采用的省略语，因此，双词句又被称为电报句。

（一）词汇语义

在双词句阶段，儿童在词汇语义发展上表现出以下特点：

1. 词汇数目和种类突飞猛进

从理解层面来说，儿童在这一阶段所能理解的词汇越来越多。尤其是对名词和动词的理解在本阶段是一个飞跃。但是，儿童理解的词汇仍局限于日常生活范围之内的，像科技词义、文学词义他们还是无法理解。从产生层面来说，这一阶段儿童的语言表达能力突飞猛进，出现"词语爆炸"的现象。他们每个月平均说出 25 个新单词，到 2 岁时能够说出 300 个左右的词语。

2. 词汇意义逐渐精确化

这一阶段，婴儿已经能够脱离具体情景，准确地把词与物体或动作联系起来。如让婴儿把玩具狗拿过来，他能把玩具狗从一堆毛绒玩具中拿出来，不会再把毛茸茸的东西都误以为是狗。这说明词的特定称谓功能开始形成，语义扩大现象开始减少。另外，词的概括性逐渐形成。如婴儿已经由只认识穿红衣服的娃娃，过渡到把穿不同衣服的娃娃都叫娃娃。"娃娃"一词变得概括了，这说明上一阶段的语义缩小现象也开始减少。

（二）命题语义

在双词句阶段，儿童的命题语义开始出现在儿童的口语中。罗杰·布朗

① 张明红. 学前儿童语言教育［M］. 上海：华东师范大学出版社，2001：137.

（Roger Brown）认为儿童说出的大多数双词语表达了八种语义关系：施事—动作（如"妈妈抱"）、动作—对象（"开嘟嘟"）、施事—对象（如"妈妈鞋鞋"）、动作—位置（"坐凳凳"）、实体—位置（如"桌桌上"）、所有者—所有物（如"妹妹娃娃"）、属性—实体（如"好看衣服"）和指示词—实体（如"这个娃娃"）。儿童就是利用上述这些词的组合来标志他们在感知运动阶段所获得的概念和关系，其表达也比单词句阶段更加清楚。

四、后期的发展（2岁以后）

（一）词汇语义

1. 习得新词汇

双词句阶段之后，儿童仍以惊人的速度习得大量的新词。一般估计，汉语儿童词汇量3岁时为800~1 000个，4岁时为1 600~2 000个，5岁时为2 200~3 000个，6岁时的词汇量可以达到3 000~4 000个。有关研究表明，3—6岁是人的一生中词汇数量增长最快的时期，其中3岁为第一个高速期，6岁为第二个高速期。

2. 有顺序地掌握各类词

儿童对于不同类的词掌握是有一定顺序的，他们在单词句和双词句阶段总是先学会名词，然后是动词、形容词等。到了3—6岁阶段，名词所占总词汇量的比例有所下降，而动词却不断增加。根据许政援等的研究，6岁儿童在复述教师讲述时所使用的词类，动词最多，占38.4%；其次是名词，占22.4%；接着是形容词、代词、数次、副词、介词、助词和语气词。

儿童对每一类词的掌握也有一定的顺序。张仁俊等对2—6岁儿童空间方位词的研究表明，儿童掌握的顺序为"里、上、下、后、前、外、中、左、右"；朱曼殊等的调查发现，对于时间次序的词，儿童掌握的顺序为"先、后、以前、以后、同时"等；对表示动作的时态词，儿童掌握的顺序为"正在、已经、就要"。缪小春等的研究发现，儿童对于疑问代词掌握的顺序为"谁、什么、什么地方、什么时候、怎样和为什么"。全国语言协作组对于儿童掌握空间维度形容词的调查表明，儿童掌握空间维度形容词的顺序是："大－小、长－短、高－矮、高－低、粗－细、厚－薄、宽－窄－深－浅"。[①]

3. 充实词的意义

在词汇量不断增加，词类不断增加的同时，儿童对每一个词本身含义的理解也逐渐加深了。经过这样的过程，儿童在早期所出现的词义过分扩充和

---

① 方富熹，方格，林佩芬. 幼儿认知发展与教育［M］. 北京：北京师范大学出版社，2003：227–229.

过分缩小的现象进一步减少。例如，1 岁左右的婴儿会把天上圆圆的月亮、乒乓球、橘子都称作"鸡蛋"，因为他认为凡是圆的东西都是"鸡蛋"。这时，他对鸡蛋的理解是笼统的。随着对词义理解的加深，3—6 岁儿童能够掌握词的确切含义。

4. 从单义到多义

每个词都可能具有多种含义，儿童要逐个掌握，并根据不同的语境去使用该词的不同含义。儿童这方面的发展是缓慢的。例如，关于"前""后"两个同时具有空间意义和时间意义的词，儿童总是先理解其空间意义，后理解其时间意义，两者相差时间达到 1~2 年。

5. 学习同音异义词

汉语中同音异义词特别多，因此汉语儿童语义的发展还包括对同音异义词的学习。在口语中，儿童必须学会根据语境的线索来辨别词义，否则容易出现"张冠李戴"的错误。如一名 20 个月大的儿童将"带"理解成"戴"，妈妈要求他"把娃娃带出去"，他却把娃娃放在头上说"戴着出去"。儿童理解同音异义词要具有丰富的感知经验和概念知识，还要有一定的语言能力，能根据语境和句法结果进行推论。

6. 构建语义网络

语义网络的发展反映了儿童对词与词之间关系的理解和把握。语义网络假设，每个词语都可以以它自己为核心，在其周围集结一个词群，构成语义的网络系统。其他各词在其周围一圈一圈地向外扩展，离核心越近，则与核心的意义越接近（如与"汽车"接近的词汇有"卡车""救护车""救火车"等）。对于发展中的儿童来说，语义网络的构建是比较晚的。但是，研究者发现，语义网络在年幼儿童中已经开始出现，因为儿童总是在不断地探究他们所经历的各种事物之间的关系。当然，儿童此时的语义网络仍是原始的，有待于不断地充实和修正，以形成成人式的语义网络。

（二）命题语义

双词句阶段之后，罗杰·布朗所确认的八种语义关系继续向两个方向发展：一是将两种语义关系连接在一起而省略其中共有的一个词。例如，[施事 + 动作] + [动作 + 对象] 变成"施事 + 动作 + 对象"："[妈妈 + 抱] + [抱弟弟]"变成"妈妈 + 抱 + 弟弟"。在这里，语义关系不再孤立地出现，而是开始联合成更大的单元。二是将关系中的一个元素扩展成关系本身，如将实施对象进一步加以说明。例如，[动作] + [对象] 变成"动作 + 物主 + 所有物"，[拿] + [鞋] 变成"拿 + 爸爸 + 鞋"。依次类推，八种语义关系具有很多的组合可能性，因而能够广泛地表达各种复杂的意义，产生大量可能的简单完整句。此外，儿童还陆续出现了在双词句阶段上较少见的语义关系，如间接宾语"给我书"（give me the book）和工具词"用扫把扫"（sweep with the broom）。

第三节　儿童语法的发展

语法由一系列语法单位和有限的语法规则构成，是语言中最为抽象的基础系统。儿童语法的发展，主要指儿童口语中语句结构的发展。从产生方面来说，尽管由于所处的语言系统不同，以及学习的主客观条件不同，儿童的语法发展表现出一定的差异，但世界各国儿童语法发展又有一个基本相同的过程。下面，我们从三个阶段来介绍儿童语法发展的基本过程。

一、单词句阶段的发展（12—18 个月）

儿童在 1 岁左右产生第一批真正的词，而最初这些词还只是作为具体人物或动作的标志。随后不久儿童就出现了含义更为丰富的"单词话语"。所谓单词话语，指的是儿童用单个词来表达成人需要用一个句子才能表达的内容，这些单个词不再仅仅发挥标志或指物的功能，而可以用来描述某个情境、事件或用来表达愿望和感觉状态等。例如，当儿童说"球球"时，他有可能是说"这个球球""我要球球""球球滚掉了"等具有不同含义的句子。

单词话语是否已经具有了某种句法特点呢？研究者认为，儿童已具有简单句法关系和句法范畴的知识，不能说出完整的句子并不是因为不知道句法，而是由于儿童没有掌握足够的词，并受到其他方面的限制。最为显著的证据便是"词的选择"。在同样的语境里，儿童会在不同的时期选择同一主题的不同部分。例如，当儿童拿着锤子敲钉子时说"敲"，这时他选择的是动作的名称。而在另一相同情境下，他可能说"钉子"，所选择的是动作的对象。这种选择不是随机的，而是极其有序地出现的。这表明儿童头脑中已经有一个完整的主题，但每次只表达其中的某一个方面，其他方面则需要依靠语境来传递。研究者认为，儿童实际上已经具有对实践的丰富理解，但只能用有限的语词来表达。因此，儿童的单词话语借助语言和非语言的各种信息，已经具有比单个词更加丰富的意义，已能在具体的语境中发挥句子的交际功能，在功能上类似完整的句子，从而具有句法的特点。

二、双词句阶段的发展（18—24 个月）

在双词句阶段，儿童句子结构的萌芽开始出现。可以看到，在双词句中，儿童省略了在交流中比较不重要的单词，诸如连词、介词、助词等虚词，使用的往往是情境所必需的名词、动词等实词。

在讨论单词句时，我们提到可以根据儿童在不同情境下"词的选择"来推测儿童的单词句具有句法特点。而在双词句阶段，是否有证据表明双词句已经具有一定的句法结构，而不仅仅是基于语义关系呢？最为显著的证据便是词序。研究者发现儿童并非任意使用词序，而是利用词序作为一种表达的装置。研究者给这个阶段的儿童看一幅一只熊背一只猴的图画。儿童大多数都会说出"熊背""背猴"，而不会说出"背熊""猴背"。可见，在语言中刚刚开始能将词加以组合的儿童，已经能够根据词序来正确地理解一些简单句子的含义。

当然，此阶段儿童的语法基础仍是十分具体的，并没有形成超出具体语义关系的抽象语法范畴。在双词句阶段，儿童还不能理解主语、动词和宾语的抽象含义，例如，儿童还不会使用诸如"北京是个大城市""钥匙开了门"等无生命主语句。研究和经验都表明，儿童早期语言还没有超越具体的语义关系。

三、后期的发展（2 岁以后）

在单词句和双词句阶段，就言语的表现形式和主要内容来说，讲汉语的儿童与讲英语的儿童之间具有较高的一致性。而在双词句之后，当儿童进入完整句阶段时，不同语种的儿童就表现出各自的特殊性。在这里，我们主要介绍 2 岁以后的汉语儿童在语法上的发展情况。

汉语是一种缺乏形态变化的语言，因而儿童不需要学习英语中词素形态的变化（如将词素"-ed"加到"push"的末尾构成"pushed"，这样可以表示 push 这个动作发生在过去）。他们只要掌握了一些词组就能比较自由地将它们组合成句。总体上，汉语儿童句法的发展呈现出以下特点：

（一）句子长度不断增加

句子的长度被视为衡量儿童句法能力的重要指标。朱曼殊以 2—6 岁儿童为被试，研究了儿童平均句子的长度。从表 5-1 的数据可以看到，2—6 岁儿童所使用的句子的平均句长随年龄增长显著增加。

表 5-1 幼儿所用句子长度的变化 [①]

年龄	平均句长
2 岁	2.91
2.5 岁	3.76

---

① 方富熹，方格，林佩芬. 幼儿认知发展与教育 [M]. 北京：北京师范大学出版社，2003：229.

年龄	平均句长
3 岁	4.61
3.5 岁	5.22
4 岁	5.77
5 岁	7.87
6 岁	8.39

研究还进一步表明，从 2 岁半到 6 岁，儿童使用的句子中含 6~10 个字的句子比例较高，但是含有 11~15 个字和含 16~20 个字的句子有随着年龄增长的趋势。

（二）句法结构复杂性不断提高

1. 单句的发展

2 岁以后，儿童从之前的不完整句逐渐过渡到使用完整的简单句。汉语儿童各种单句的出现有一定顺序，它们是：无修饰单句、简单修饰语单句、双宾句、简单连动句、复杂修饰语、复杂连动词、兼语句、主语或宾语含有主 - 谓结构的句子。

2 岁儿童在句中极少使用修饰语，有时即使在形式上似有修饰语，如"小白兔""老奶奶"等，但实际上，儿童是把整个词当作一个名词使用，因此他们会出现"灰小白兔"等称谓。2 岁半后，儿童开始使用一些简单的修饰语，如"两个娃娃玩积木""×× 穿好看衣服"。此后，儿童使用的修饰语数量和复杂程度都不断发展。到了 3 岁左右，儿童开始使用较为复杂的名词性结构的"的"字句（如"这是我的娃娃"）、介词结构的"把"字句（如"我把积木放在盒子里面"），还出现了较复杂的时间状语、空间状语（如"我有的时候到小红他们家去玩""我在公园和爸爸划船"）。[①] 我国研究者发现，3 岁半儿童在单句中使用复杂修饰语的句数和修饰词的种类增长速度最快，可能是简单单句发展的转折期。

2 岁以后，儿童出现了由几个结构相互串连或相互包含所组成的具有一个以上谓语的单句，即复杂单句。2—6 岁儿童一般会讲出三类复杂单句：一是连动句，如"小朋友看见了就去告诉老师"；二是兼语句，如"老师教我们做游戏"，其中，"我们"既是教的宾语，又是"做"的主语；第三种是句子的主语或宾语中又包含主谓结构的复杂单句，如"两个小朋友在一起玩就好了"，其中，"两个小朋友在一起玩"是句子的主语，而其本身是主谓结构。

---

① 朱曼殊. 心理语言学［M］. 上海：华东师范大学出版社，1990：312-315.

2. 复句的发展

复句由两个以上的单句组合而成。汉语儿童从 2 岁到 2 岁半开始能说出极为少数的简单复句，到 5 岁时复句的发展速度才快起来。复句主要分为联合复句和主从复句两类，其中联合复句占全部复句的 75% 以上，主从复句约占 15%。在联合复句中，出现得最多的是并列复句，即把两件并列的事加以陈述，如"爸爸写字，我看书"；其次是连贯句，即按事情的经过情况加以描述，如"吃好饭以后，我在家里和小华玩一会儿，就看电视了"；最后是补充复句，即对前面讲的主题加以补充说明，如"奶奶给我一本书，是讲孙悟空的"。主从复句中出现得最多的是说明因果关系的因果复句，如"这个小朋友睡觉的时候不好好睡，还要吵，老师把他关在小房间"；其次是为数不多的转折复句和条件复句；转折复句如"那个人是好的，就是脾气太急"，条件复句如"妈妈你给我讲故事，我就去睡觉觉"。

较小儿童所使用的复句最显著的特点是结构松散、缺少连词。随着年龄的增长，儿童使用的连词复杂程度也随之增加。开始时，儿童使用的连词最多的是"还""也""又"等，后来逐渐出现"后来""那么""只好"等。5—6岁，儿童使用的连词数量大为增加，出现了"因为""为了""结果"等说明因果、转折、条件、假设等关系的连词，还出现了前后呼应的成对连词，如"一边—一边"，"没有—只有"等。当然，连词的掌握对儿童来说是复杂的。儿童在学习连词的过程中，经常会犯一些错误，如"告诉他下雨了，他就回家去睡觉"，这句话形式上是因果复句，但语义上却不存在因果关系。由于连词学习的复杂性，直到 6 岁，儿童使用连词的句子仍不到复句总数的 1/3。

我国心理学工作者对儿童语言发展的研究发现，3—6 岁儿童在句法结构方面的发展可概括为：第一，复合句所占比例随年龄增长增多；第二，使用句型增多。3—6 岁儿童使用的句型中陈述句占 1/3，随着年龄增长，儿童开始使用疑问句和否定句；第三，语句趋于完善。同 3 岁前儿童相比，3—6 岁儿童简单句的正确率有较大提高时，到 6 岁时，简单句的完整率已经达到 90%。

第四节　儿童语用的发展

语用即对语言的运用。前面我们探讨了儿童语音、语义和语法发展的问题。由语音、语义和语法所构成的语言符号系统只是儿童语言运用的一部分。要有效地运用语言，儿童还要掌握其他很多的内容，包括对语言意图的把握和对语言后果的觉察等，人们一般把这种能力称为语用能力。儿童语用能力从不完善日益走向成熟、完善。下面我们分成两个阶段加以介绍。

一、前语言阶段的发展（0—12个月）

在言语产生之前，儿童已经习得一些交流技能，一些特定的声音和姿态变成了他们用来进行信息交流的重要手段，我们称为"前语言交流"。一些研究者认为，这些前语言的交流经验对儿童语用的发展能产生重要作用。概括来说，儿童的前语言交流体现出以下三大特点：

（一）交流的目的性

研究者发现，婴儿在大约9个月时开始出现有目的或有计划的交流，其标志是"原始请求"和"原始肯定"行为的出现。原始请求行为是指婴儿请求别人把够不着的物品拿给他。例如，婴儿张开手急切而坚持地伸向某个物品，同时还伴有喊叫，并且以肯定的目光看着可能成为"工具"的成人。在"原始请求"中，行为的目的性是外在的，成人只是儿童获得某一事物的手段。而在"原始肯定"中，成人成为交流的对象，外在的事物变成引起成人注意的手段。例如，婴儿把玩具举起朝向成人，成人微笑或者积极反应后，他才把玩具放下来或继续游戏。可见，在"原始肯定"中，行为目的是内在的，其本身就是为了交流。无论行为目的是外在的还是内在的，"原始请求"和"原始肯定"行为都显示了儿童前语言交流的目的指向性。

（二）交流的指代性

研究发现，婴儿出生后第9周就出现了类似指示动作的姿势，这表明人类生来具有产生指示动作的某种"生物准备性"。这种指示动作的出现是前语言交流指代性的典型外在表现，在前语言交流过程中扮演着特殊而重要的角色，与其随后的语言能力存在一定的正相关。

（三）交流的约定性

交流的约定性在言语活动中扮演着重要的作用。婴儿要进行语言交流，就必须学习这种普遍的社会约定性。在前语言交流阶段，婴儿对约定性的学习体现在两个方面：其一，婴儿对语言的模仿。例如，9个月时，婴儿能够通过模仿而掌握手的动作的约定性。他们知道什么动作表示"欢迎"，什么动作表示"再见"等。在这里，成人的指导和婴儿对这些词的理解促进了前语言约定性的发展。其二，婴儿的仪式化行为。在出生后半年内，婴儿能够通过操作化条件反射逐渐实现交流行为的仪式化过程。例如，婴儿在躲猫猫游戏或其他仪式化日常活动中学会如何轮流。之后当他们能够参与语言活动时，这种技能便能够很好地为他们所用。

二、语言阶段的发展（1—6岁）

在学前阶段，儿童语用能力日趋成熟，主要表现在以下方面：

（一）能够发挥更多的语言功能

语言功能是指语言的用途。对语言功能的把握是语用能力的重要方面。例如，说话者向听者询问某件事时，就必须发挥语言的提问功能，使用疑问句；如果说话者有所请求，则需要利用语言表达要求或愿望，使用祈使句。通过对儿童语言功能的研究，可以窥见儿童语言交际的意图。

1. 皮亚杰的研究

皮亚杰根据观察把儿童早期的语言功能分为自我中心语言和社会性语言两大类。皮亚杰认为，自我中心语言是一种"我向"语言，是儿童自己跟自己说话，其主要功能不在于交际；社会化语言才是一种"他向"语言，其目的是对听者产生一定的影响，包括传递信息、批评与嘲笑、祈使与威胁、提问与回答等。因此，社会化语言才是语言交际功能的真正发挥。皮亚杰发现，自我中心语言在儿童早期的语言交际中占有很大比例。3—4岁儿童的自我中心语言超过社会化语言，5—6岁时，儿童自我中心语言的比例有所下降，略低于50%，到了7岁时下降明显，仅占28%。

2. 哈里德的研究

哈里德把儿童的语言功能分为七种：（1）工具功能，即利用语言表达要求和愿望，如"我要""给我那个"；（2）控制功能，即试图控制别人的行为，如"姐姐不要走"；（3）交流功能，即利用语言进行社会和情感交流，如"你和我"；（4）表达个体功能，即引起别人对他本人和他的行为的注意，如"我来了"；（5）启发功能，即要求得到对事件的某种解释，如"告诉我为什么"；（6）想象功能，即儿童用语言来创造不同于成人的自我世界，如"让我们假装"；（7）表现功能，即利用语言告诉他人一些事情，如"我有些事情要告诉你"。

根据哈里德的研究，以上七种功能的出现有一定的顺序。10个半月到16个半月的儿童主要掌握的是前四种功能，即工具功能、控制功能、交流功能和表达个体功能。18个月左右，除了表现功能外，其他六种功能儿童都已经掌握。儿童在22个半月左右掌握表现功能。

（二）能够适应交际对象

能够根据听者的特点调节说话的内容和形式是语用能力的一个重要表现。在话语交流中，儿童必须学会使自己语言的产生和理解都能适应听者的特性。成人说话者一般在两个维度上使自己的说话适应听者的特性：清晰度维度和礼貌维度。

清晰度维度是指为了适应听者的能力和需要而对交流信息的内容和方式进行调节，以保证信息能为听者所理解和接受。研究发现，4岁儿童已能根据不同的交谈对象使用不同的谈话方式。当他向一个2岁儿童介绍某一玩具时，其话语简短而多次重复，还不时发出引起儿童注意的提示，如"看着""你看这个"；而当他对同龄儿童或成人进行说明时，则多使用较长或较复杂的句子。又如，研究发现仅仅2岁的儿童也表现出某种对听者知识状态的敏感性：当要求母亲帮助他拿到某个够不着的物品时，如果放置物品时妈妈不在场，则儿童会向母亲提供更多相关的信息；如果放置物品时母亲在场，知道了物品所处的位置，儿童对母亲所提的要求就比较简短。

礼貌维度是指遵循社交习惯，为了适应交流场合和听者的角色特征及其和说话者的熟悉程度，对语言内容和表达方式进行调节。礼貌维度的两端即所谓的正式语言和非正式语言。对社会地位高和陌生的人应使用正式、间接和婉转的表达方式；而对熟悉的同事和亲密的朋友则可以使用非正式的、直接的表达方式。研究表明，2—5岁的儿童，不管在什么情况下，对同伴多用直接祈使句，而对长辈则多用较为婉转的表达方式。例如，儿童对教师多用陈述句介绍玩具，"把这个放在鱼嘴巴里"，说话的语气比较礼貌、谨慎、委婉，不那么强烈。但当面对熟悉的同伴时，他们说话一般比较随便、大胆，语气比较明快、强烈、活泼，常常使用祈使句，如"手放得平一点""你这样做不像话"。他们也使用疑问句、感叹句。如"你知道开关在哪里吗？""谁叫你把这个拿起来的？""快点，哎呀，快点！"当儿童面对的是年龄更小的儿童，他们所使用的陈述句、祈使句、疑问句要更多，语气也更加喜欢以"年长者"自居。总之，在学前期，儿童很早就会根据角色的地位和亲疏等，使用不同的语言表达方式。

（三）能够适应交际情境

儿童是否能够根据交际情境调节语言表达方式是一种重要的语用技能。随着认知和语言能力的提高，儿童越来越能够使自己的语言适应交际情境的需要，最为明显的表现便是儿童语言"语境依赖度"的降低。双词句之前的儿童话语，即使在一定的语言环境中，理解起来也有一定的困难，只有最熟悉的人才可能根据一定的语境线索，明白儿童的意思，这时儿童语言的"语境依赖度"比较高。随着儿童语言能力的发展，句子不断加长，句子结构逐渐复杂，语义成分有了词语形式，其话语的语境依赖度逐渐变低。也就是说，成人只要根据较少的语境信息就能够了解儿童语言的意思。我国研究者研究了5—7岁儿童在这方面的能力。研究者选取一些颜色（红、黄）、形状（圆、方）和大小（大、小）不同的积木，在黄色的大圆积木下面放一枚硬币，要儿童告诉主试，硬币放在哪一块积木的下面。由于研究者在黄色的大圆积木旁边呈现了不同的情境，这样儿童就要采取不同的表达方式：（1）如果与黄色的大圆积木一起呈现的是红色的大圆积木，儿童只要说硬币在黄色的积木下就可以了；（2）如果与黄色的大圆积木一起呈现的是黄色的大方积木，儿童只要说出硬币在圆积木下就可以了；（3）如果与黄色的大圆积木一起呈现黄色的大方积木和红色的大圆积木两个积木，儿童就必须说，硬币在黄色的、圆的积木下面；（4）如果与黄色的大圆积木一起呈现的是黄色的大方积木、黄色的小圆积木和红色的大圆积木三个积木，儿童就必须说，硬币在黄色的大圆积木下面。研究结果表明，在 20 名 6 岁儿童中有 55% 能随语境变化调节表达方式，7 岁儿童中已经有 90% 能随语境变化调节表达方式。

（四）能够保持同一话题

交流中，说话双方必须将交流的中心维持在某一话题上。在交谈中保持话题的一致是一种重要的语用技能。研究者把 2—6 岁的儿童 4 个人分为 1组，让他们在自由游戏中交谈，观察他们对话题的保持和选择。研究结果表明，2 岁儿童没有出现围绕一个话题进行交谈的现象，3 岁儿童在这方面有很大进步，保持同一话题的交谈频频可见。而在 4 岁儿童中，研究者还发现了 3 个儿童围绕一个话题进行交谈的例子。该研究表明，3 岁左右的儿童，已经具有了相当的保持同一话题进行交谈的能力。话题保持能力的发展是儿童社会化语言发展的一种体现。

（五）能够理解复杂的语言信息

儿童语用能力的提高还表现为其语言理解能力的提高。桑标、缪小春在实验中让儿童的母亲分别向儿童说出三种语言指令：（1）直接指令，以命令句式表达，明确表达说话者对听者的要求，如"快去洗手"；（2）常规性间接指令，其包含了直接指令的命题，但不是以命令式表达，如"不洗干净不能吃饭"；（3）非常规间接指令，其不包含直接指令的命令，但隐含了要听者作出某种反应的信息，如"瞧你身上有多脏"。研究者试图通过实验，了解儿童是否真正理解了不同指令的内在含义。结果发现，4 岁儿童基本不能对间接指令作出正确反应，6 岁儿童基本上能够对不同形式的见解指令作出反应，5 岁儿童正处于对不同间接指令理解能力发展的重要时期，其对明确的常规性间接指令的理解要好于更为隐蔽的非常规间接指令的理解。

*第五节　儿童语言发展的认知神经科学研究

学习语言的能力是人类所特有的，语言的获取机制已成为发展认知神经科学研究的热点领域。传统的行为观察虽已发现一些早期语言习得的阶段性发展规律，而近二三十年来非侵入性神经成像和神经电生理技术的发展更为儿童语言与第二语言习得的研究提供了新而有力的手段，借助这些技术可以深入揭示语言获取与加工背后的神经机制。①②③

一、儿童语言习得的神经机制

（一）语言产生的脑区定位

传统的理论中，将与语言相关的功能区分为：语言表达中枢，语言感受中枢（包括左半球颞上回、颞叶后部以及顶叶），语言阅读中枢（角回）和语言书写中枢（左半球额中回后部）。近年来，应用先进的非侵入性神经成像技术发现传统语言相关脑区的划分和定义存在误差。首先，成像研究表明，语言中心并不是很精确划分的均质区域，而是由小块、不连接的、特异化聚焦的特殊语言单元组成。其次，语言相关激活不仅在经典的语言相关脑区被观察到，而且在这些中心区外围，如左外侧裂周区皮层，包括在整个颞上回和颞叶、舌回和纺锤状回、前额叶中区和脑岛也都有激活。最后，描述语言相关区域的功能性作用，用语言学术语如"语音、语法、语义"等比用"说、复述、阅读和听"等行为性术语更准确。

（二）语言的可塑性

脑损伤及脑成像研究都表明，多数成人大脑的左半球在语言功能中具有重要作用。语言产生控制的普遍单侧化，已成为人类大脑半球特异化的标志性特征。而随着对胼胝体切开术的跟踪研究，右半球具有语言产生能力的新发现也引起了广泛关注。ERP 研究发现，语言偏侧化的左右脑转换，使得中风诱发失语症的成人获得康复。正常成人 ERP 记录显示，在进行特殊语言训练之后，语言相关的皮层活动也发生变化。这些结果表明至少在语言的某些方面存在长期的神经可塑性。

（三）语言的偏侧化

左半球语言区特异化功能的起因尚未弄清楚：它究竟是一个特定处理语言信息的特异化区域，还是更多地与一般性处理有关（例如感觉/运动信息处理）。虽然手语与口语差异很大，前者依赖视空间定位与动作，而后者依靠听空间定位对信息快速变化的感知，但在脑损伤对手语影响的研究中同样发现了左半球的核心作用，这说明其作用来自语言的高级特性。PET、fMRI及 ERP 对未发生脑损伤个体的手语加工研究发现，无论手语还是口语/书面语，它们在左半球内的许多激活模式都很相似。

---

① 参阅 NELSON C A. Handbook of developmental cognitive neuroscience[M]. Cambridge, MA: MIT Press, 2001: 269-280.
② 参阅 FRIEDRICI A D. The Developmental Cognitive Neuroscience of Language[J]. Brain and Language, 2000 (71): 65-68.
③ 参阅 NEVILLE H J, BAVELIER D. Neural organization and plasticity of language[J]. Current Opinion in Neurobiology, 1998 (8): 254-258.

二、第二语言习得的神经机制

（一）双语语义表征的脑功能成像

在双语语义表征的脑功能成像研究中，关于不同语言的语义在双语者头脑中存储的系统存在不同的意见：（1）不同语言的语义在双语者大脑中存储在共同的语义系统里。（2）不同语言的语义分别存储于大脑不同的语义系统。（3）脑区激活的变化与第二语言习得的年龄无关，而与语言的熟练程度有关。笔者认为开始学习第二语言的年龄与语言的熟练程度相关。有调查显示，在语言关键期开始学习第二语言的儿童对该语言的熟练程度与以该语言为母语的儿童没有明显差异。儿童在语言关键期内学习第二语言，所利用的是专门的语言处理系统，因此比在其他时期学习更为高效。金（Karl H. S. Kim）等利用 fMRI 研究的结果表明，幼年期掌握第二语言的被试，母语和第二语言的表征有相同的脑区；而成年期后开始学习外语的被试，其母语和第二母语是分别表征的。也有研究者发现可能左侧前额叶是负责两种语言交替变换的脑区。[①]

（二）时间因素对第二语言习得的影响

通过对正常成人的脑成像研究发现：较晚学习第二语言的人（7 岁以后），其第二语言与母语对应的神经系统只有部分重叠，或完全没有重叠；而对早期双语学习者的研究发现了其母语与第二语言激活区域的重叠。这表明较晚习得第二语言的双语者在学习新语言时需重新构建一个不同于母语的语言处理系统。在脑损伤对双语者（主要是较晚习得第二语言的双语者）影响的研究中也发现，这些双语者母语和第二语言的语言处理系统不同，且神经系统更少地倾向于偏侧化，即其进行第二语言处理的系统很可能是非专门的语言处理系统。

第二语言的表征会因为语言获得的年龄不同而有所差异。如阿廖提（S. M. Aglioti) 等发现一个患者的左侧基底神经节损伤导致其长期的母语失语症，但该患者却能应用另一种较晚学习的语言。迪昂（G. Dehaene-Lambertz）等发现，fMRI 检测到第二语言处理期间前扣带回被激活，而处理母语时则不被激活。这些研究结果与认为基底神经节在无意识、内隐处理中起作用和前扣带回在有意识、受控的任务中起作用的假设相一致。另外，在发音方面，第二语言习得的年龄表现出对左半球前额区比对后部区域的影响更大，对语法加工及其相关脑系统的影响也大于对语义加工的影响。有关不同类型语言和个体语言获得年龄差异的问题有待进一步研究。此外，开展语

---

① 郭瑞芳，彭聃龄. 脑可塑性研究综述［J］. 心理科学，2005（2）：409-411.

言熟练程度及母语、第二语言之间相似度等方面的深入研究，都会使不同语言神经表征中多种重要因素更加明朗。

（三）第二语言习得的事件相关电位研究

雪乌尔（M. Cheour）等选取 3—6 岁以芬兰语为母语的单语种儿童作为被试，实验为期 6 个月。实验组的儿童进入法语学校或在 50%~90% 的日常时间里使用法语的日护中心，而控制组则不接触法语。实验过程中，研究人员将记录的两组 ERP 进行比较，以发现学习法语在听觉方面引起的变化。结果表明，控制组儿童的 ERP 在测试阶段没有明显变化；而实验组儿童在习得法语音素的过程中，伴随失匹配负波（MMN）、P3a 以及晚期判别负波（late discriminative negativity，LDN）波幅的增加。MMN 被认为是一种监测稳定的听觉环境中突然出现偏差刺激声音时产生的自动、前意识的脑加工反应。当偏差刺激的声音知觉显著时，MMN 之后会出现 P3a 成分，它是 ERP 中的一个正成分。P3a 比 P3b 的头皮分布更靠前，被认为是反映朝向新异刺激或偏差刺激的非随意的、瞬态的注意力汇集。LDN 也是儿童对偏差刺激的反应，它是 MMN 的第二个负波，在刺激变化开始后 400~600 毫秒达到峰值，有时也称为"晚失匹配负波"。至于 LDN 的功能，科尔皮拉蒂（P. Korpilahti）等认为 LDN 也许代表了一种发生在语义领域的失匹配波，但对此也存在不同意见。

第二语言习得相关的听觉事件相关电位随着实验进行而产生变化。仅仅 2 个月，这些处在法语环境里的儿童辨别法语差异引起的 MMN 波幅，与控制组相比已经有显著差异。实验组儿童在学习过程中，MMN 的波幅增大，潜伏期则不断缩小；P3a 的波幅显著增大；LDN——儿童对偏差刺激的反应也随着学习时间的推移而逐渐增强。这都表明由于儿童对法语的逐渐熟悉，对区分第二语言音素之间的差异越来越敏感。实验组儿童在学习第二语言的情况下，自动发展了法语的特殊记忆回路，以帮助他们识别、分类以及对第二语言进行发声。

本章小结

在出生的头一年，儿童的语音知觉、语音产生和非口语的交流为其第一个词的产生奠定了基础。在之后的几年内，儿童逐渐获得其本族语的基本成分：语音、语义和语法等，还同时习得语言使用的规则，即一般所说的语用。这些基本能力的获得，为儿童进入学校自如地驾驭语言提供了条件。

大量证据表明，普通婴儿从出生开始就对语言有特殊的倾向性反应，且尤其喜欢听"妈妈语"和母亲的语言。在语音的产生上，儿童发音的能力也表现出显而易见的变化：从反射性发音，到唧唧咕咕发音，再到牙牙语。一岁左右，儿童的语音感知开始类似于成年人。从一岁开始，儿童开始学习发出词的音。此时，儿童的发音表现出发音紧缩和使用发音策略的特点。到四岁时，儿童能够基本掌握本民族或本地区语言的全部语音，并达到发音基本正确。

出生的头一年，儿童已经获得了至关重要的非口语交流的经验。他们会对看护者进行社会性反应，也会吸引看护者进行社会性交流。经过一年的发展，儿童最终为其第一个词的产生（看护者往往视其为语言产生的标志）做好了准备。一岁以后，儿童的语义发展沿着词汇语义和命题语义两个方向发展。词汇的语义获得，实际上就是学习某特定语言系统中的词汇所指代的物理世界和心理世界。儿童最初获得的词汇一般以名词为主，随着年龄增长，他们继续习得新的词汇，学会词汇新的含义。在掌握词汇语义的基础上，儿童开始对词汇进行结合（命题语义），以表达更复杂的意思。这种词汇的组合在儿童双词句阶段正式出现，而后则逐渐变得复杂，产生更多的组合乃至于简单的句子。

在生命的头几年，儿童逐步建立起一个极其丰富和复杂的语法系统。他们从起初的只能用一两个词表达一个简单的意思，发展到后面能够用多个句子来表达抽象、复杂的意思。等他们进入到学校，他们还会继续获得更为全面的句法知识。所有这些成就绝不是通过简单的强化或教学就可以实现的。语义、环境等各种因素共同决定了儿童语法发展的顺序。语法的获得，确实是儿童发展中最为惊人和神秘的成就。

语用能力涉及用什么、在哪里、如何、跟谁进行语言交流。研究表明，儿童在学龄前便能够依据不同的听话者、不同的语言环境调整他们的语言。他们能够理解说话者的间接意图。他们能够轮流，能够在谈话中保持同一话题。随着年龄的增长，他们的语用能力将趋于成熟。

进一步学习资源

- 关于婴幼儿语义的发展，可参阅：

  BLOOM P. How children learn the meaning of words[M]. Cambridge，MA：MIT Press，2000.

- 关于婴幼儿语法的发展，可参阅：

  朱曼殊. 心理语言学 [M]. 上海：华东师范大学出版社，1990.

- 关于婴幼儿语用的发展，可参阅：

  周兢. 14 至 32 个月普通话儿童语言运用能力的发展 [M]. 南京：南京

师范大学出版社，2002.

思考与探究

1. 什么是婴儿的语音偏好？

2. 怎样理解婴儿的语音范畴知觉？

3. 请描述儿童前语言阶段的发音状况。

4. 你认为牙牙语的产生是先天的还是后天的？为什么？牙牙语与后来语言的发展存在怎样的关系？

5. 举例说明儿童前语言阶段的社会性交流。

6. 请思考儿童的前语言发展对其将来语言发展的意义。

7. 请描述儿童1岁以后语音发展的状况。

8. 什么是语义？请简要描绘出0—6岁儿童语义发展的脉络。

9. 儿童为什么能够获得复杂的语法系统？请讨论先天因素和环境因素在其中分别扮演了怎样的角色。

10. 幼儿的语用能力体现在哪些方面？

趣味现象·做做看

准备好一支笔、一些纸、一支录音笔、一本儿童画报和一些适合2岁孩子的玩具。

接着，请你访谈一位2岁孩子的母亲，请她说出孩子已经掌握的词汇。把这些词汇用笔记录下来。

访谈结束后，请这位母亲和她的孩子一起看画报、玩玩具。将整个过程录音。录音完毕后，整理录音，记录儿童在交往过程中说出的词汇。

最后，请你对比孩子母亲提供的孩子已掌握的词汇和你在录音中记录到的词汇。

这个过程有助于你进一步了解儿童在早期词汇掌握的情况。一些父母倾向于低估孩子早期的词汇掌握能力。在对比之后，你可以把对比的结果反馈给孩子母亲。

第六章　　　儿童情绪的发展

本章导航

本章将有助于你掌握：

- 儿童基本情绪的类别和表现
- 儿童的社会性微笑和陌生人焦虑

- 儿童社会情绪的类别
- 儿童移情和自我意识情绪的内涵

- 情绪理解的概念
- 表情识别和情绪线索
- 儿童对情绪原因和结果的理解
- 儿童对混合情绪的理解

- 儿童情绪调节的策略
- 儿童情绪表现规则

- 儿童情绪发展的认知神经科学研究

幼儿园里，4岁的东东和蒙蒙正在玩海盗游戏，他们戴着塑料佩剑，揣着"金币"，还带着一只毛绒鹦鹉，玩得可高兴了。突然，蒙蒙发现了"宝藏"："啊，太棒了！"这时候，一边的林林想加入游戏。林林平时最爱捣乱，东东生气地阻止林林，胆小的蒙蒙"哇哇"地哭起来。班里最会欺负人的毛毛也跑过来嘲笑他们，对着哭泣的蒙蒙做鬼脸。东东站了出来，他一边安慰蒙蒙，一边设法让林林离开，而且他努力不去在意毛毛的嘲笑。这时候，铃响了，教师让小朋友们吃点心了。

这个情景在幼儿园里十分常见，在这一情景中小朋友们表现出了各种不同的情绪：当蒙蒙发现宝藏时，他是那么高兴。当捣蛋鬼林林要加入游戏时，蒙蒙感到很害怕，而东东表现出生气，并阻止林林加入。同时，东东理解蒙蒙的害怕情绪，并快速作出反应，安慰哭泣的蒙蒙。而当爱欺负人的毛毛嘲笑他们时，东东又很好地掩饰了自己的生气和害怕。这里的高兴、害怕、生气等都属于情绪。那么什么是情绪呢？

情绪是个体对外部事物和内部需要的主观体验，它包括生理、表情和体验等多种成分。人的情绪体验是无处不在的。在心理学中，情绪过程与认知过程、意志过程一起被称为个体三大心理过程，所谓知、情、意。在谈到情绪时，要区分另一个概念——情感。情绪具有较大的情景性、激动性和暂时性，它随着情景的改变而改变，而情感则具有较大的稳定性、深刻性和持久性，是对人、对事稳定态度的反映。

对幼儿而言，情绪尤其重要。有研究表明，进行情绪交流和维系积极的同伴关系是幼儿阶段的主要发展任务，而情绪则是这些发展任务的中心。幼儿的世界，从某种意义上讲就是一个情绪的世界。儿童是从什么时候开始有情绪体验的？除了基本情绪，儿童是否发展出更高级的社会情绪？儿童如何理解他人和自己的情绪？又是怎样调节自己的情绪？本章将围绕这些问题展开讨论，重点关注儿童基本情绪、社会情绪、情绪理解以及情绪调节的发展。

第一节　儿童基本情绪的发展

基本情绪包括：高兴、感兴趣、惊奇、害怕、生气、伤心和厌恶等，是人类和其他物种普遍共有的。情绪有一个很长的发展进化史，不同文化的人拥有相同的基本情绪。那么，婴儿天生就具有表达基本情绪的能力吗？一般认为，情绪最初具有两种普遍的唤起状态：对愉快刺激的趋向和对不愉快刺激的回避。随着时间的推移，婴儿的情绪逐渐分化出不同的种类。

一、儿童基本情绪的类别

普拉奇克（Plutchik）根据情绪的强度、相似性和两极性，把基本情绪分为 8 种，即伤心、害怕、惊奇、接受、狂喜、狂怒、警惕和憎恨。伊扎德（Izard）等用因素分析和逻辑分析的方法，提出一个情绪分类表，包括 9 种基本情绪，即兴奋、高兴、生气、伤心、害怕、惊奇、厌恶、羞耻和傲慢。他发现，兴趣、高兴、伤心和生气等表情在婴儿出生后第 1 周至 4 个月时出现，而害怕表情在 7~9 个月时出现。一旦出现后，这些情绪的表情模式就趋于稳定[1]。我国学者孟昭兰也认为中国婴儿的基本情绪发展存在相似的规律。

伊扎德等人提出的"最大限度辨别面部肌肉运动编码系统"（Max），是一套目前世界上广泛使用的情绪编码系统。Max 将面部分为：（1）额－眉－鼻根区；（2）眼－鼻－颊区；（3）口－唇－下巴三个部位，各部位肌肉运动的多种组合形成了各种面部表情。Max 能够辨别兴奋、高兴、生气、伤心、害怕、惊奇、厌恶、羞耻和傲慢 9 种基本情绪。脸颊上提、嘴角向后上方拉伸，是高兴的表情；眉毛上扬，眼睛睁大、嘴稍张开、嘴角下斜，是害怕的表情。

二、儿童基本情绪的表现

（一）高兴

高兴，是个体追求并达到所盼望的目的时产生的情绪体验。高兴表现为微笑和出声的笑。当年幼儿童获得新技能时，他们会微笑和出声的笑，表达成功的喜悦。高兴也可以使年幼儿童获得照料者更多的关爱，它使父母和孩子之间形成一种温暖的、支持性的关系，这种关系有助于儿童能力的发展。

鲍比（J. Bowlby）等人认为婴儿的微笑分成以下三个阶段。

第一阶段：自发的微笑（0—5 周）。这个阶段婴儿的微笑主要是用嘴作怪相，它与中枢神经系统活动不稳定有关。笑的时候眼睛周围的肌肉并未收缩，脸的其余部分仍保持松弛状态。这种微笑被认为是非社会意义的微笑。

第二阶段：无选择的社会性微笑（从三四周起）。婴儿得到妈妈温柔的抚摸，听到妈妈轻柔的声音，或者吃饱后都可能露出微笑。一个月左右，婴儿开始对有趣的东西露出微笑，比如一个亮闪闪的玩具突然出现在婴儿眼前。这时候婴儿对陌生人的微笑与对熟悉的照料者的微笑没有多大区别，只是对熟悉的人的微笑比对陌生人的微笑多一点，这种情况持续到 6 个月左右。婴儿见到熟悉的、陌生的脸，甚至假面具都会笑。

☞视频：儿童基本情绪的发展

---

[1] IZARD C E, FANTAUZZO C A, CASTLE J M. The ontogeny and significance of infants facial expression in the first 9 months of lift[J]. Developmental Psychology, 1995（31）：997–1013.

第三阶段：有选择的社会性微笑（从五六个月起）。随着婴儿处理信息能力的增强，他能够区分熟悉和陌生的东西，开始对不同的个体作出不同的反应。具体表现为：婴儿对熟悉的人会无拘无束地微笑，而对陌生人则带有一种警惕的注意。随着社会交往的增加，儿童的社会性微笑逐渐增多。有一项研究考察 1 岁半儿童、3 岁儿童的三种笑：儿童自己玩得高兴时的笑，对教师的笑和对同伴的笑。结果发现，1 岁半儿童主要在自己玩得高兴时笑，而 3 岁儿童主要是对教师和对同伴笑。

（二）生气和伤心

生气是愿望不能实现或目标受阻时引起的一种紧张而不愉快的情绪体验。新生儿对各种不愉快体验都会作出痛苦反应，包括饥饿、打针吃药、身体不舒服等。从 4 个月到 2 岁，儿童生气的表情逐渐增多。在很多情况下儿童都会感到生气，比如，喜欢的玩具被拿走了，得不到想要的玩具，照料者一定要让他们睡觉等。

为什么生气反应随着年龄的增长而增长？这主要是因为随着认知和运动技能的发展，儿童希望能控制自己的行为。儿童逐渐能够辨别阻碍他们的目标或引发他们痛苦的刺激，而且运动技能的发展使儿童可以克服障碍或保护自己。

伤心是失去自己心爱的对象（人或物）或自己的理想或愿望破灭时所产生的情绪体验。对于年幼儿童而言，分离是引起其伤心的普遍原因。当儿童得知自己将要和爸爸或妈妈分开时，他会体验到一种分离感，感到很伤心。儿童想跟同伴玩，却被排斥时，也会产生伤心的情绪。

在某些情景中，生气和伤心可能会同时出现。例如，借给同伴的玩具被弄坏了，儿童可能既感到生气，又感到伤心：感到生气是因为同伴把他的玩具弄坏了；感到伤心是因为玩具被弄坏了，自己不能玩了。总体来看，生气和伤心主要从三个方面区分：一是根据行为发出者的意图，生气与别人的故意伤害相联系，伤心与无意、不可控的因素相联系；二是对消极结果类型的感知，生气的结果是敌对事物的出现，伤心的结果是所渴望事物的消失；三是目标是否可以修复，生气更多地与目标可以修复联系，伤心更多地与目标不可以修复联系。

（三）害怕

害怕是因为受到威胁而产生，并伴随逃避愿望的情绪。最初的害怕不是由视觉刺激引起的，而是由听觉、肤觉、机体运动觉等引发的，如听到尖锐刺耳的声音、皮肤被烫、突然从高处摔下等。随着视觉的发展，面对不熟悉的玩具，婴儿会表现出犹豫。在视觉悬崖实验中，刚刚会爬的婴儿对前方不可测的深崖表现出害怕。

4 个月大的婴儿对陌生人也会笑，但 7~9 个月后，婴儿见到陌生人就

☞信息栏：帮助
幼儿克服害怕

会感到害怕，这种反应称为陌生人焦虑。在一个新的环境中，一个陌生人把婴儿抱起来时，陌生人焦虑就可能出现了。气质（有些婴儿特别容易害怕）、环境的熟悉性（不熟悉的实验室比熟悉的家里更容易引发害怕）、陌生人的特点（陌生的成人比陌生的婴儿更容易引发害怕）、父母是否在场、婴儿与母亲的亲密程度等因素都会影响婴儿的陌生人焦虑。如果陌生人用温和的交流方式，拿出具有吸引力的玩具，慢慢地靠近婴儿，同时婴儿的妈妈也在一边，那么婴儿的害怕就会减少。

儿童的这种害怕情绪也有其适应功能，这使得他们能够保持与父母的亲密关系，远离外界的危险。但是，过度的害怕对儿童的发展不利。例如，6岁的林林特别怕黑，不敢一个人待在屋子里。一关灯她就缩在被子里，把头蒙得严严实实。而开着灯，她又总觉得柜子后面藏着怪物，所以她一直无法一个人单独睡觉。这种害怕情绪会直接影响林林独立能力的发展和社会适应。不过，随着认知的发展，儿童逐渐能够有效地区分哪些个体和情景是具有威胁性的，哪些是安全的。

第二节　儿童社会情绪的发展

☞视频：儿童社
会情绪的发展

基本情绪是人类和其他物种共有的，社会情绪是人类区别于其他物种的一个显著特征。社会情绪的产生和发展要晚于基本情绪，它依赖社会情景，并要求个体对自身在社会情景中的处境和状态有更广泛的认知。儿童社会化最初的和首要的方面是情绪的社会化。

一、儿童社会情绪的类别

社会情绪主要分为依恋性社会情绪、自我意识情绪、自我预期情绪三类。依恋性社会情绪包括爱、移情等，自我意识情绪包括自豪、内疚、羞愧等，自我预期情绪包括后悔、嫉妒等。社会情绪有助于个体了解他人的处境和状况，并产生共鸣，即移情；也有助于个体适应社会的需要，促进其亲社会行为的发展。个体的羞愧、内疚等自我意识情绪也会影响道德判断、推理和决策等高级认知过程。这些情绪在某种程度上与道德发展相联系，所以又称为道德情绪。

二、儿童主要的社会情绪

（一）移情

3岁的毛毛正在玩玩具，妈妈在一旁做饭，突然妈妈被溅起的油烫了一下："哎呦！"妈妈发出一声尖叫，毛毛放下玩具跑过去，一边用关切的眼神看着妈妈，一边还用小嘴在妈妈烫伤的地方不停地吹。

毛毛的这种行为是典型的移情反应。移情是个体观察他人情绪反应时体验到的与他人相似的情绪反应。移情主要包括认知和情感两个成分：认知移情指个体从认知上洞察和理解他人的情绪体验，情感移情指个体从情感上体验他人的内部情绪。移情是亲社会或利他行为的重要激发者，是道德发展的前提。移情能力强的儿童表现出较少的攻击行为，较多的助人和亲社会行为，并且具有较高的道德判断水平。

新生儿会因为其他婴儿的哭泣而哇哇大哭，但这只是一种非常原始的情绪感染，因为新生儿不能把自身与他人区分开来，以至于他们无法弄清谁在体验这种情绪，而且常常把发生在别人身上的事情当作发生在自己身上，所以他们的这种反应还不是真正意义的移情。移情的前提是儿童理解自身和他人的差异，能够从他人的角度看问题。移情与对痛苦的消极反应不同，移情伴随着一种消除他人痛苦的他人导向的动机，而对痛苦的消极反应伴随着一种减轻个人痛苦的自我导向的动机。移情在儿童两岁左右时出现。

相比学步儿童，5—6 岁的幼儿更多依靠语言来表达他们的移情。例如，当一个 6 岁幼儿发现妈妈正为找了很久都没找到旅馆而苦恼时，他说："妈妈，你肯定很失望、很伤心吧。我想一切都会好的，我们很快能找到一个很好的地方。"随着观点采择能力的发展，儿童的移情反应逐渐增加。

研究表明，儿童更倾向于安慰哭泣的女孩，批评哭泣的男孩。相比陌生人，朋友的哭泣更容易引发儿童的移情反应。经常生气或伤心的儿童比经常高兴的儿童，对他人的痛苦作出移情反应的情况更少。另外，自闭症儿童的移情能力较弱。

（二）自我意识情绪

在社会情景中，个体因他人对个体自身或自身行为的评价所产生的情绪称为自我意识情绪，自我意识情绪包括对自我的肯定，如实现了某个目标或取得了某些成就时感到自豪；对自我的否定，如做错事情时，感到羞愧、尴尬、内疚。

自我意识情绪在 2 岁半左右出现，伴随自我意识的发展而产生。我们可以从 18—24 个月的儿童身上看到羞愧和尴尬，做错事后他们会低垂着眼睛，耷拉着脑袋，用手把脸蒙起来。自豪也在这个时期出现，嫉妒主要在 3 岁以后出现。

儿童自我意识情绪的发展也需要成人的指导。父母很早就会对孩子说："你能把球扔这么远，真棒！"或者"你抢别人的玩具应该感到难为情。"在不同的文化中，成人赞同的情绪也有所不同。在个人主义文化中，人们更重视个人成就；在集体主义文化中，人们更重视个人成就对集体的贡献。

儿童的自我意识情绪很大程度上受到成人评价的影响。如果父母不断地给孩子消极评价，如"这件事做得真糟糕，我还以为你是一个好孩子"，儿童倾向于在失败时感到羞愧。如果父母关注如何改进孩子的表现，如"你应该这样做"，儿童则更多体验到一种适度的更具有适应性的羞愧和内疚。

第三节　儿童情绪理解的发展

情绪理解是个体理解情绪的原因和结果，以及应用这些信息对自我和他人产生合适的情绪反应的能力。

许多研究发现，情绪理解能够促使儿童与他人良好相处。3—5 岁儿童的情绪理解与其友好、体谅、助人等亲社会行为积极相关。儿童推断同伴情绪的能力越强，就越受同伴欢迎。

一、表情识别

纳森（C. A. Nelson）等人提出，表情识别反映出儿童通过表情推测他人内部心理状态的能力。7—9 个月的婴儿开始把面部表情知觉为有组织的模式，他们能把说话者的情绪语调与恰当的面部表情相匹配，这说明这些信号对于婴儿而言是有意义的[①]。随着联合注意的发展，婴儿认识到表情不仅有意义，而且也是对特定客体或事件的反应。

一旦建立这种认识，婴儿就开始使用社会参照，遇到不熟悉的情景或陌生的物体，他们会主动地从信任者那里寻找情绪线索作为行动参照。研究者给 14—18 个月的婴儿看椰菜（甘蓝）和饼干，在一种情景下，研究者做出喜欢椰菜、讨厌饼干的表情，然后要求幼儿和他分享食物，结果发现，14 个月的婴儿往往把自己喜欢的食物（通常是饼干）分给他，而 18 个月的婴儿则可以脱离个人偏好，分享的是研究者喜欢的椰菜。所以，18 个月的婴儿已经可以把他人的表情当作社会参照，指导他们作出行为反应。另一个经典的视觉悬崖研究也支持这个观点，把婴儿置于研究装置的"浅滩"一端，母亲站在"悬崖"另一端，用玩具吸引婴儿爬过去。结果，看到露出高兴表情的母亲，不少婴儿爬过"悬崖"；而看到面露害怕神情的母亲，几乎没有婴儿爬过"悬崖"。总之，社会参照不仅帮助儿童对他人的情绪信息作出反应，而且有助于儿童使用这些信息来指导自己的行为，并找出他人的意图和

---

① NELSON C A. Recognition of Facial expressions by 7-month-old infants[J]. Child Development, 1979, 50（4）: 58-61.

偏好。

儿童最早学会区分高兴与非高兴的表情。然后从非高兴 / 伤心类别中分化出对生气和害怕表情的理解。人脸不同部位对儿童的表情识别具有不同作用，儿童首先根据嘴巴来识别表情，其次是眼睛，最后是鼻子。一般情况下，儿童指认某种表情的能力（如"哪个是生气"）比用语言命名某种表情的能力（如"图中的孩子心里感到怎样"）更强。不同表情识别的发展也存在差异，指认和命名积极情绪的能力优于消极情绪。在消极情绪中，害怕是最难识别的表情，甚至对于成人也一样。

二、情绪线索

儿童根据表情、情景、个体等多种线索来推断情绪。除了我们前面提到的使用表情识别之外，4 岁左右的儿童已掌握了一套情绪的典型情景，例如，吃冰激凌时很高兴，要打针了很害怕。随着儿童年龄的不断增长，他们推断他人情绪的水平越来越高。

表情线索与情景线索相匹配有助于儿童的情绪推断。例如，结合微笑的表情线索和得到想要东西的情景线索，儿童很容易理解他人的情绪为高兴。伤心、害怕、生气等表情线索较难识别，但如果与情景线索匹配，就能促进儿童对它们的识别。

不过，面对冲突线索的情景，许多儿童往往无法正确理解他人的情绪。例如，情景中描述一个孩子面对一辆摔破的玩具汽车，但表情却是高兴的。4—5 岁儿童往往只能依据面部表情来推断情绪："他很高兴，因为他喜欢玩具汽车。"根据皮亚杰的认知发展理论，这时儿童更关注冲突线索情景中比较明显的部分，而忽视其他相关信息。年长儿童则能够理解冲突线索，指出"他很高兴，因为他的爸爸答应帮助他修好弄破的玩具汽车"。

在解释情绪时，独特的个体线索也是很重要的，例如，毛毛生活的地方有一大片森林，经常会见到蛇，接着问儿童：如果毛毛看到蛇，心情会怎样？通常大多数人看到蛇都会害怕，但是一些儿童能够根据独特的个体线索（毛毛不怕蛇）正确地推断毛毛看到蛇不会害怕。另外，儿童还可以根据年龄、性别等个体线索来理解他人的情绪。例如，得到洋娃娃的礼物后，男孩会不高兴，而女孩会高兴。

三、对情绪原因和结果的理解

随着儿童词汇水平的飞速发展，他们能很好地运用词汇来反映自己和他人的情绪。以下是一些 2 岁和 6 岁儿童谈论情绪体验的例子：

2 岁儿童：（爸爸对她发火后，她变得非常生气，叫嚷着说）"爸爸，我对你很生气。我要走了，再见。"

2 岁儿童：（看到其他拒绝午睡的儿童在哭时）"妈妈，毛毛在哭，她很伤心。"

6 岁儿童：（听到妈妈的话"看到妹妹哭个不停真难受"），儿童的反应是"我肯定不如你那么难受"。（当妈妈问为什么时）"你比我更喜欢妹妹。我有点喜欢她，但是你很喜欢她，所以我想看到妹妹哭时，你会比我更难受"。

6 岁儿童：（妈妈出去了，6 岁儿童安慰一直在哭的小弟弟）"没关系的，妈妈马上会回来的。不要害怕，我在这里。"

正如上面的例子所见，儿童逐渐能够推断情绪的原因和结果，而且他们的理解变得越来越准确和复杂。例如，研究者给 3 岁和 4 岁幼儿呈现六种情绪：高兴、感兴趣、惊奇、伤心、生气和害怕，让他们根据每种情绪编一个故事，来解释为什么主人公会产生这样的情绪。例如，研究者告诉幼儿"一天，东东很生气，爸爸妈妈和所有小朋友都知道他很生气"，然后询问幼儿"你觉得东东为什么这么生气"。结果表明，3 岁幼儿已经开始根据以往经验对情绪作出合理的解释。4 岁的幼儿开始能够对不同的基本情绪给出不同的原因解释，如"他很高兴因为他学会游泳了""他很伤心因为他的妈妈不见了"。总体来看，3 岁和 4 岁幼儿对高兴的解释常常是非社会性的，如玩玩具；对生气和伤心的解释往往是社会性的，如被惩罚（生气），等不到妈妈（伤心）；对害怕的解释往往是幻想的，如看到恐龙。然而，3 岁幼儿在解释原因时更强调外在因素，4 岁以后的幼儿能够理解愿望和信念等内在状态对情绪的作用。

再如，研究者给幼儿听一个故事："小象埃里只喜欢喝牛奶。小猴米奇搞恶作剧，它在埃里不知道的情况下把牛奶瓶里的牛奶换成了可乐。"研究者询问幼儿："当埃里发现牛奶瓶里装的是可乐的时候，它的心情会怎样？"

结果发现，4 岁和 6 岁幼儿都能够根据埃里的愿望（"喜欢喝牛奶"）正确推断它的情绪（"不高兴"）。该结果证实了 4—6 岁幼儿能够理解他人的真实需要，能够根据实际结果和愿望是否符合来推断他人的情绪。这种情绪理解被称为基于愿望的情绪理解。威尔曼（H. M. Wellman）等人发现，2—3 岁的幼儿已经开始理解一个人的情绪与他"想要 / 不想要"相联系。[①]

如果进一步询问幼儿："埃里在打开牛奶瓶之前的心情如何？当它从外面回来，很热也很渴，看到米奇递来的牛奶瓶时，它感到高兴还是伤心呢？"

结果发现，大部分 4 岁幼儿只注意到埃里的愿望（"喜欢喝牛奶"），无

---

① WELLMAN H M, BANERJEE M. Mind and emotion: children's understanding of the emotional consequences of beliefs and desires[J]. British Journal of developmental of Psychology, 1991（9）: 191-214.

法考虑埃里的信念（"以为牛奶瓶里装的是牛奶"），而错误理解埃里打开牛奶瓶之前的心情（正确的回答是"高兴"）。6 岁幼儿能够准确地认识到，打开牛奶瓶之前，埃里的情绪取决于它是否喜欢喝牛奶这个表面现象。如果埃里喜欢喝牛奶，打开之前它会感到高兴，即使牛奶实际上已经被换成了可乐。可见，6 岁幼儿的情绪理解已经摆脱了自我中心的限制。他们看到米奇的恶作剧，也知道牛奶瓶里其实装的是可乐。即便如此，他们仍旧能够通过埃里的错误信念推断它的情绪，这种情绪理解能够使幼儿从他人拥有的不同信念来推断他人的情绪，是一种基于信念的情绪理解。这个结果也表明，幼儿预测他人的情绪时不仅通过简单的情绪脚本，而且也考虑愿望和信念对情绪的作用。从发展来看，基于信念的情绪理解出现晚于基于愿望的情绪理解。

儿童也能够对情绪的结果进行合理的预测。4 岁幼儿知道一个生气的孩子可能会打人，一个高兴的孩子可能会与别人分享玩具。丹翰（Denham）有关 4—5 岁幼儿对自身情绪结果的理解的研究发现，幼儿认为伤心导致的结果主要是退缩（如睡觉），生气导致的结果主要是消极反应（如打破玩具、骂人）。其他相关研究发现，4—6 岁幼儿认为生气会使同伴远离他，伤心会得到同伴的安慰、陪伴和补偿。同时，幼儿还认识到父母对自己的不同情绪也会产生不同的行为反应，如父母会惩罚生气的孩子，安慰伤心和害怕的孩子。

四、对混合情绪的理解

受认知水平限制，年幼儿童很难相信一个人同时具有两种不同的情绪。例如一个幼儿会说："一个人不可能一边笑一边哭，他没有两张嘴巴。"可见，他们还不具备对混合情绪的理解能力。混合情绪理解指个体认识到同一情景可能会使同一个体产生两种不同或矛盾的情绪反应。

5—6 岁幼儿一般只能描述先后诱发的两种情绪。例如，东东拿着冰激凌，蹦蹦跳跳的，他很高兴。后来，冰激凌掉了，他很伤心。哈特（S. Harter）在一项研究中，询问儿童："怎样在同一时间体验到……"，发现 7 岁儿童只能识别同一性质的情绪，如同为积极情绪，或者同为消极情绪；只有到了 11 岁，儿童才能理解一种以上不同性质的情绪会同时发生在同一个体身上的现象。[①] 但这些研究更多依赖语言报告，温彻（M. G. Wintre）认为如果不依赖语言表达，可能年龄更小的儿童就可以对一些事件产生多种情绪反应。为此，他设计了一系列情绪情景，在每一个情景后呈现高兴、

---

① HARTER S. Children's understanding of the simultaneity of two emotions: a five-stage developmental acquisition sequence[J]. Developmental psychology, 1987 (23): 388-399.

生气、伤心、害怕等情绪，使用五点量表让儿童对情绪的程度逐一进行评定。结果发现，8岁儿童就可以预测在一些情景中个体能够同时体验到三种情绪。[①]

第四节   儿童情绪调节的发展

儿童不仅可以识别情绪，解释情绪，对情绪结果进行预测，还能够对自身的情绪进行调节。情绪调节是指为了达到某种目标而使用策略，把自身情绪状态调节到合适的强度水平。儿童能够采用各种策略来改变自己的情绪。随着社会性的不断发展，在某些情景中，为了不伤害他人或者避免消极后果，儿童还学会了掩饰自己的情绪，即获得情绪表现规则。

一、儿童情绪调节的策略

恰当的情绪调节可以促进儿童自主性、认知和社会技能的发展，而不良的情绪调节可以预测儿童之后的社会适应不良等问题。王莉、陈会昌等考查2岁儿童在实验室压力情景（陌生人情景、延迟任务、分离焦虑等）中的情绪调节特点，结果发现2岁儿童已经能够使用积极活动策略、自我安慰、寻求他人安慰、被动行为、回避等情绪调节策略。[②] 而且儿童2岁时的情绪调节策略能显著地预测其4岁时的社会行为。[③]

3—4岁儿童能够采用各种策略来调节他们的情绪。例如，他们认为可以通过阻断感觉输入（如闭上眼睛、蒙住耳朵）、安慰自己（如妈妈马上会回来的）、改变行为方向（如由于不能玩某个游戏，儿童就对自己说"我一点都不喜欢玩这个"。）等方式减少消极情绪。

艾森伯格（N. Eisenberg）等认为，要预测儿童的情绪调节策略，必须评估两个重要的气质变量:（1）情绪强度上稳定的个体差异，如情绪强度高或低;（2）调节过程中稳定的个体差异，如注意力转换和集中，对行为的主动发起或抑制。这两种特征的结合会出现四种可能。其中，情绪强度和调节程度都高的儿童很容易表现出害羞、退缩、抑制，他们很难享受社会情境中的乐趣;情绪强度和调节程度都低的儿童往往容易出现攻击性等问题行为。因此，中等调节水平和中等情绪强度是儿童最佳的情绪调节模式。这类儿童具

---

① WINTRE M. Self-predictions of emotional response patterns: age, sex, and situational determinants [J]. Child Development, 1990 (61): 1124-1133.

② 王莉，陈会昌. 2岁儿童在压力情境中的情绪调节策略 [J]. 心理学报, 1998 (3): 289-297.

③ 王莉，陈会昌，陈欣银. 儿童2岁时情绪调节策略预测4岁时社会行为 [J]. 心理学报, 2002 (5): 500-504.

有较强的情绪表达能力、计划能力、以问题为中心的应对能力，以及灵活地运用各种情绪调节策略的能力。

儿童的情绪调节能力与他们对刺激的社会认知，以及对自己和他人心理状态、情绪反应的理解或推测能力有关。年幼儿童难以准确地理解他人的痛苦，以至于不能恰当地调节自己的情绪反应，例如，看到别人承受痛苦时，儿童可能还当面表现出高兴。随着年龄的增长，儿童能更多地利用认知策略，有效地调节自己的情绪。例如，2—3岁的儿童倾向用避开情景的方式来调节自己生气的情绪。4—5岁的幼儿倾向承担社会责任，表现出积极的情绪来应对生气的情绪。

二、儿童情绪表现规则

情绪表现规则是个体根据社会期望对情绪进行的调节。例如：

蒙蒙4岁生日到了，阿姨送给她一个礼物，她打开礼物后，发现是一只玩具熊，她一点都不喜欢，但是她没有在阿姨面前表现出不高兴，还对阿姨说："谢谢。"

蒙蒙具有根据社会期望调节情绪的能力。许多研究表明，情绪表现规则是情绪调节的外部社会化要求。每个社会、每种文化，都有约定俗成的情绪表现规则。它规定了个体什么场合可以笑，什么场合可以发怒，什么场合想笑不能笑，什么场合想发怒不能发怒。这些规则往往是儿童通过对成人的观察模仿，通过自身生活体验的积累获得的。

3岁儿童已经表现出少许掩饰情绪的能力。一个偷偷玩了父母不让玩的玩具，并且还撒谎的3岁儿童，可以掩饰自己的紧张情绪，以至于不知实情的父母无法识别他说了谎话。不过，儿童主要掩饰高兴和惊奇等积极情绪。所有儿童，甚至成人都发现掩饰伤心、生气或厌恶等消极情绪比掩饰高兴等积极情绪难。

个体不表达真实情绪主要是为了避免惩罚，避免伤害他人，以及获得想要的物品或尊重。但是，不同的文化具有不同的情绪表现规则。在集体主义文化的国家中，父母更鼓励儿童掩饰生气，因为生气会影响人际和谐；而在个人主义文化的国家中，父母更鼓励儿童掩饰羞愧，因为羞愧往往与退缩行为相联。

面对不同的在场者，儿童掩饰情绪的能力也是不一样的。例如，在幼儿园里，东东摔了一跤，他看看教师，爬起来没有哭。晚上，在家里玩的时候，东东又摔了一跤，看着正在身旁的妈妈，东东"哇哇"大哭起来。情绪掩饰与在场人的熟悉程度和地位有关。父母作为儿童最亲密的人，儿童可能更自如地对父母表达真实情绪。教师作为儿童的重要权威人物，也对儿童的

☞信息栏：情绪表现规则的实验室观察研究

情绪表达产生影响。[①]总体来看，相比在父母面前，儿童更多地在教师和同伴面前掩饰消极情绪。另外，女孩比男孩能更多地掩饰自己的消极情绪，这与父母和当今社会更强调女孩的举止得体有关。

总的来说，学前儿童掩饰真实情感的能力有限，情绪表现规则在小学阶段飞速发展。

*第五节   儿童情绪发展的认知神经科学研究

随着神经科学的进步，情绪研究逐渐从主观的、行为学的水平发展为脑和神经学的水平。心理学、神经学和行为学三个指标结合起来，才是探索情绪基本性质和机制的完整途径。目前越来越多的人开始关注情绪是如何从神经活动的相互作用中产生的。

一、情绪表达的认知神经科学研究

情绪的产生是神经系统活动的结果和表现，需要边缘系统和大脑皮层及皮层以下许多部位的参与。1937年，帕佩兹（J. Papez）根据生理学神经解剖学以及临床观察，正式提出边缘回路，并指明情绪活动发源于海马回和扣带回。海马经穹隆到下丘脑的乳头体经丘脑前核至扣带回，构成一个环路，成为情绪、感觉活动的基础，后称其为帕佩兹环路（Papez circuit）。影像医学研究均发现了情绪处理时前扣带回和杏仁体的活动增强，且负向情绪对杏仁体的作用更显著。

尽管有些发现还具有争议，大多数研究者对快乐、伤心、愤怒和害怕等情绪的神经学划分是接受的。当个体产生害怕体验时，海马（外显记忆功能区）、杏仁核（情绪唤醒区）、前额叶皮层（工作记忆区）这三个脑区在起作用。研究表明，被试在伤心的情绪中，前额叶皮层中部、额下回、颞上回、楔前叶、杏仁核、丘脑等活动都有所增强。在愉快的情绪下参与活动的脑区有：下丘脑、前额叶皮层、杏仁核、腹侧纹状体、额前回、前额叶背外侧、后扣带回、颞叶、海马、丘脑、尾状核。对于愤怒的研究表明，愤怒与杏仁核有密切的关系，但是目前更多的是把愤怒和恐惧联系在一起研究，单纯研究愤怒脑机制的很少，也不成熟。

对情绪的处理左右脑是不平衡的，但对不同情绪，不平衡的情况有所不同。有研究发现情绪的右脑优势效应：被试在辨别情绪性面孔和中性面孔时，

---

① 何洁，徐琴美，王旭玲. 幼儿的情绪表现规则知识发展及其与家庭情绪表露、社会行为的相关研究[J]. 心理发展与教育，2005（3）：49–53.

主要是右侧顶叶区域显示出对不同情绪材料有不同反应。而作为对照，当被试辨别不涉及情绪内容的面孔时，大脑活动是双侧对称的。也有证据表明，较低年龄段的儿童已经表现出了这种情绪加工的偏侧化现象。研究者记录了5岁儿童在执行表情再认任务时的诱发电位 N170、P280 和 N400，结果发现它们的波幅在右半球要大于左半球。

　　但是也有研究认为，大脑皮层两个半球都涉及情绪，正向情绪主要在大脑皮层左半部处理，负向情绪在大脑皮层右半部处理，所以人能同时存在强烈的正向和负向情绪。除了正向和负向的划分，也有研究者认为大脑左半部皮层的活动主要与趋近情绪相联系，而大脑右半部皮层的活动主要与回避情绪相联系。在前额脑电非对称性模型中，趋近情绪如高兴和生气与左侧前额皮层较强的活动性相关，退缩情绪如伤心、焦虑、厌恶与右侧前额皮层较强的活动性相关。[①] 许多研究支持退缩情绪与右侧前额活动性的密切关系，例如，右侧前额皮层活动性较强的婴儿在退缩－消极情感任务中比一般婴儿表现出更多的害怕和伤心。脑电前额皮层活动性对婴儿早期消极情绪和退缩行为起调节作用。在右侧前额皮层活动性强的婴儿中，母亲报告的他们的消极情绪可以预测其后期社会退缩行为的发展，但在左侧前额皮层活动性强的婴儿身上没有发现这样的趋势。[②] 也有研究发现，在母亲离开时哭泣的 10 个月大的婴儿在静息状态时表现出较多的右侧前额皮层活动性，而不哭的婴儿表现出较多的左侧前额皮层活动性。[③] 但是，在亨德斯（H. A. Henderson）等人的研究中，母亲报告的消极情绪同时包含了婴儿的挫折和害怕，在福克斯（N. A. Fox）的研究中消极情绪包括了生气、伤心、害怕等多种情绪，所以需要对不同的消极情绪进行区分。

二、情绪理解的认知神经科学研究

　　对情绪理解的神经机制研究主要集中在表情识别方面。目前一般认为面孔识别与其他物体识别的过程是相互独立的，不同的事件相关电位（ERP）对应于不同的面部识别加工过程。[④] 将带有正性、中性、负性情绪的面孔和其他物体一同呈现给被试，对比面孔和其他物体诱发的 ERP 成分的波幅、潜伏期等因素的差异，可以判断对应于面孔和不同情绪特征的特异性 ERP。当

---

① FOX N A. If it's not left, it's right: electroencephalograph asymmetry and the development of emotion[J]. American Psychologist, 1991 (46): 863-872.

② HENDERSON H A, FOX N A, RUBIN K H. Temperamental contributions to social behavior: the moderating roles of frontal EEG asymmetry and gender[J]. Journal of American Academy of child and Adolescent Psychiatry, 2001 (40): 68-74.

③ FOX N A. Psychophysiological correlates of emotional reactivity during the first year of life[J]. Developmental Psychology, 1989 (25): 364-372.

④ 王妍，罗跃嘉. 面部表情的 ERP 研究进展 [J]. 中国临床心理学杂志, 2004 (4): 428-431.

呈现一系列面孔图片时，愉快的面孔引起的 P300 波幅最小，愤怒、悲伤及无表情的面孔图片引起的波幅相对较大，P300 的区域显示出与波幅相似的变化，但 P300 潜伏期的变化与前两项有所不同，悲伤的画面时 P300 的潜伏期最长。[①]

在排除药物干扰的条件下，给被试呈现不同情绪的图片，将其 ERP 数据及行为过程与正常控制组进行比较，可以从患者识别情绪的能力上了解其认知缺陷，有利于研究者更加准确地了解认知过程及其在大脑中的定位。例如，研究者设计了两个实验，在实验 1 中，让一名双侧杏仁核损伤（化名 HY）的患者区别六种不同的标准面部表情，并给表情配上合适的短语，结果发现，患者 HY 在识别恐惧表情上存在缺陷，他将恐惧、愤怒的表情与高兴的表情混为一谈。在实验 2 中，研究者给被试呈现高兴与恐惧、高兴与愤怒、高兴与悲伤混合的图像，要求被试将其分类。患者 HY 更倾向于将高兴与恐惧或愤怒的混合图像判断为是高兴的面孔。[②]

为了考察表情识别加工的起源，研究者给 7 个月大的婴儿和成人呈现高兴、害怕和中性的表情，同时记录 ERP。结果发现在枕－额区域存在区别害怕和中性／高兴的脑电成分，它们表现在成人中是害怕的 N170 波幅较大，在婴儿中是害怕的 P400 波幅较大。但是在行为测量中，成人没有表现出对害怕表情的注意偏好，婴儿对害怕表情的注视时间长于高兴和中性表情。这说明个体早期认知神经系统可以区分高兴、害怕和中性不同表情的加工，它对婴儿的面部表情加工起重要作用。[③] 在区分正向和负向情绪的脑机制上，也有研究在 7 个月和 12 个月的婴儿身上发现了一种发展变化。7 个月婴儿在观察高兴表情时，其前额叶中部，颞叶和顶叶区域的脑电活动性比观察生气表情时更强；而 12 个月婴儿在观察生气表情时，其枕叶区域的脑电活动性比观察高兴表情更强。然而这种 7 个月时对高兴表情的敏感性和 12 个月时对生气表情的敏感性，并没有体现在婴儿视觉偏好的行为数据上。[④]

研究者进一步从脑电活动性上考察婴儿对不同负向表情的区分。结果发现，在 7 个月婴儿中，在刺激呈现后的 300～600 ms，生气表情相比害怕表情在前额区域诱发更大的负成分（Nc）。同时，生气表情诱发更大波幅的

① YOSHIFUMI M, KIICHIRO M, MASASHI Y. Effects of facial affect recognition on the auditory P300 in healthy subjects[J]. Neuroscience Research, 2001（41）: 89–95.

② SATO W, KUBOTA Y, OKADA T. Seeing happy emotion in fearful and angry faces: qualitative analysis of facial expression recognition in a bilateral amygdale-damaged patient[J]. Cortex, 2002（38）: 727–742.

③ LEPPANEN J M, MOULSON M C, VOGEL-FARLEY V K, et al. An ERP study of emotional face processing in the adult and infant brain[J]. Child Development, 2007（78）: 232–245.

④ GROSSMANN T, STRIANO T, FRIEDERICI A D. Developmental changes in infants' processing of happy and angry facial expressions: A neurobehavioral study[J]. Brain and Cognition, 2007（64）: 30–41.

N290，害怕表情诱发更多波幅的 P400。[①]

三、情绪调节的认知神经科学研究

许多研究表明，情绪调节与高强度生理唤醒相关联。首先从情绪调节的产生来看，情绪调节是一个自我控制的过程，许多活动产生于意识水平之上，即个体必须知道自己所要调节的到底是什么。而这种意识的产生，取决于个体是否处于高强度的情绪唤醒状态或体验到强烈的情绪。换句话说，当个体处于高强度的情绪唤醒状态时，他才可能产生情绪调节的意识与活动。其次从情绪调节的结果来看，有效情绪调节的一个通常的自然结果是使有机体处于低唤醒状态。从生理学的意义上来说，情绪调节可以看作一个使有机体从激动状态回归平静状态的体内平衡过程。[②]

有关前额皮层的脑电研究发现，情绪调节中的认知和行为调控，与脑电的抑制性成分 N2 和错误相关负波（error related negativity，ERN）密切相关。在对于慷慨和小气的不同描述情景中，小气情景诱发了与 N2 相似的反应而慷慨情景没有，说明 N2 对负性倾向有调节作用。此外，ERN 的个体差异与情绪调节中的功能失调有关，社会适应不良的个体无法控制他们的攻击冲动，对应 ERN 的波幅较小；而顺从－强迫型的个体的 ERN 波幅较大。[③]

一项有关情绪调节的脑电研究，采用 GNG 的范式，即当屏幕中出现一个字母时，要求儿童尽可能快地按键，但是当连续出现相同的字母时，则要求儿童不按键。当儿童控制住不按键时，就会产生抑制性负波 N2；当儿童没有控制住时，就会产生与错误相联系的 ERN。根据实验的进程，即时调节刺激出现的速度以控制错误率，并设计为 A 阶段（点数增加），B 阶段（点数减少到零），C 阶段（点数增加）。B 阶段用来诱发负向情绪，并且在 B 阶段产生的焦虑可能会影响 C 阶段，考察儿童在此过程中的情绪调节。结果发现，B 和 C 阶段的 N2 的波幅是 A 阶段的两倍；N2 波幅随着年龄的增加（13—16 岁）而显著下降。[④]

情绪的自我调节能力与生理变化之间有着某种对应关系，可以通过测量不同情绪活动的生理指标，如心率、血压、瞳孔变化和皮肤电阻等来研究个体情绪调节能力或潜能。许多研究表明，心脏的基本活动方式标志着有机体

---

① KOBIELLA A, GROSSMANN T, REID V M, et al. The discrimination of angry and fearful facial expressions in 7-month-old infants: An event-related potential study[J]. Cognition & Emotion, 2008 (22): 134-146.

② 乔建中，饶虹. 国外儿童情绪调节研究的现状 [J]. 心理发展与教育，2000 (2): 49-52.

③ 王家鹤. 情绪调节：国外理论和实证研究的新视角[J]. 社会心理科学，2005 (4): 33-35.

④ LEWIS M D, STIEBEN J. Emotion regulation in the brain: Conceptual issues and directions for developmental research[J]. Child Development, 2004 (75): 371-376.

抑制体内平衡以对刺激作出反应的潜能，以及自我调节以恢复体内平衡的潜能。面对新奇刺激时，那些心率维持在较高水平的儿童更容易产生害羞、恐惧的反应；在一个啼哭的婴儿面前，学前儿童的心率变化与其安慰行为之间有着明显的相关。①

本章小结

情绪是个体对外部事物和内部需要的主观体验，它包括生理、表情和体验等多种成分。幼儿阶段是情绪发展的关键时期。

婴儿最初具有两种普遍的情绪唤起状态：对愉快刺激的趋向和对不愉快刺激的回避。随着年龄的发展，儿童逐渐发展起高兴、生气、伤心、害怕等基本情绪。基本情绪是人类和其他物种共有的，社会情绪是人类区别于其他物种的一个显著特征。个体观察他人情绪反应时体验到的与他人相似的情绪反应，即移情。个体因他人对个体自身或自身行为的评价所产生的情绪称为自我意识情绪。随着儿童自我意识的发展和成人的影响，内疚、羞愧等自我意识情绪逐渐显现出来。

儿童的情绪理解能力对其社会适应产生很大影响。儿童很早就能够通过表情推断他人情绪，以此作为自己行动的社会参照。除了表情，儿童还可以根据情景、个体等多种线索来推断情绪。随着年龄增长，儿童逐渐能够理解情绪产生的原因，也可以对情绪的结果做出合理的预测。

为了达到某种目标，儿童使用策略，把自身情绪状态调节到合适的强度水平，中等调节水平和中等情绪强度可能是儿童最佳的情绪调节。4岁左右的幼儿已经开始根据社会期望调节情绪，掌握一定的情绪表现规则。

进一步学习资源

- 关于情绪发展的概括性知识，可参阅：

    1. 孟昭兰. 情绪心理学 [M]. 北京：北京大学出版社，2005.

    2. 桑标. 当代儿童发展心理学 [M]. 上海：上海教育出版社，2003.

    3. 方富熹，方格. 儿童发展心理学 [M]. 北京：人民教育出版社，2005.

- 关于情绪发展的国外研究，可参阅：

    1. LEWIS M，HAVILAND J. Handbook of Emotion[M]. 2nd. New York:

---

① FABES R A, EISENBERG N, KARBON M et al. Socialization of children's vicarious emotional responding and prosocial behavior: Relations with mother's perceptions of reactivity[J]. Developmental Psychology, 1994 (30): 44–55.

Guilford Press, 2000.

2. DENHAM S A. Emotional Development in Young Children[M]. New York: Guilford Press, 1998.

3. HARRIS P L. Children and Emotion[M]. New York: Guilford Press, 1989.

思考与探究

1. 儿童基本情绪的发展规律是什么?

2. 什么是陌生人焦虑? 它对儿童的成长会产生怎样的影响?

3. 为什么有些初入幼儿园的幼儿会出现入园不适应的现象? 如何帮助这些幼儿克服入园焦虑?

4. 什么是移情? 举例说明移情对儿童社会性发展的影响。

5. 情绪的社会参照有何适应价值和现实意义?

6. 儿童使用哪些线索来推断他人的情绪?

7. 如何理解愿望和信念对儿童情绪理解的作用?

8. 儿童对混合情绪的理解分为哪几个发展阶段?

9. 试在幼儿园中选择不同年龄的幼儿各 4 个, 让他们谈谈什么事情使他们感到高兴、生气、伤心或害怕, 高兴、生气、伤心或害怕的结果怎样? 分析不同年龄幼儿的发展特点。

10. 试在幼儿园中选择不同年龄的幼儿各 4 个, 观察记录他们的情绪表现和情绪调节能力, 分析不同年龄幼儿的发展特点。

趣味现象·做做看

幼儿在玩玩具的时候, 请你在旁边搬凳子或者搬一大堆书, 然后假装弄伤了膝盖, 表现出痛苦的样子 (如 "哎呀, 好痛")。观察幼儿的反应 30 秒。然后你的表情缓和, 告诉幼儿 "现在好多了", 继续观察幼儿的反应 30 秒。注意在此过程中, 你不可以注视幼儿, 更不能叫幼儿的名字, 从而避免对幼儿产生的额外刺激。

该过程考察幼儿的移情反应。不同的幼儿存在不同的移情水平。有的幼儿会走过来安慰受伤者, 轻轻揉揉弄痛的地方; 有的幼儿只是看一眼受伤者; 还有的幼儿根本不关注, 只管自己玩玩具。在这个情景中, 你会观察到幼儿的许多有趣的个体差异。

第七章　　　　儿童社会性的发展

本章导航

本章将有助于你掌握：
- 依恋的概念及其主要理论
- 儿童早期亲子依恋的发展
- 影响早期亲子关系的因素

- 同伴关系的功能
- 同伴关系的发展
- 同伴关系的测量、类型及特征
- 影响同伴接纳性的因素

- 师幼关系的特点及价值
- 师幼关系的类型
- 影响师幼关系的主要因素

- 儿童性别角色发展的三个方面及其阶段
- 影响儿童性别角色发展的因素

- 儿童社会性发展的认知神经科学研究

三个月大的君君，看到妈妈逗他，会笑出声来；六个月大时，君君看到妈妈要出门，就哇哇大哭起来；十个月大时，君君看到同龄的孩子，会朝对方看看，笑笑或伸手抓一抓对方；三岁左右，君君在幼儿园里想妈妈了，会要老师抱住他；五岁时，别人问爸爸、妈妈哪个好？君君会当着爸爸的面说爸爸好，当着妈妈的面说妈妈好，当着爸爸、妈妈两个人的面，说爸爸、妈妈都好。

个体在成长过程中，除了会逐渐记住很多事情，解决很多问题，表现出认知方面的发展之外，还有一项重要的发展任务，就是逐渐"成熟"，即社会性方面的发展。

社会性是作为社会成员的个体，为适应社会生活所表现出的各种心理和行为特征。社会性是在人的自然属性的基础上，在社会生活中逐渐形成、完善的。社会性是人的本质属性，社会越发展，对人的社会性要求越高，并且对人的自然属性越尊重。

社会性发展，也称为儿童的社会化，是指儿童在一定的社会历史条件下，逐渐独立地掌握社会规范，恰当地处理人际关系，从而能客观地适应社会生活的心理和行为发展过程。[①] 社会性发展的过程也是人接受社会文化的过程，是人从一个"自然人"或"生物人"成长为"社会人"，并逐步适应社会生活的全部过程。

社会性发展是发展过程和结果的统一。从发展的过程来看，社会性发展有多方面的内容；从发展的结果来看，社会性发展也是差异巨大。这样迥异的发展结果，与儿童的交往经历，特别是早期的交往经历有关。

儿童的交往经历，直接取决于交往的对象。本章主要介绍在早期社会性发展中，儿童与三类"重要他人"的交往及建立的人际关系，以及儿童的性别角色发展问题。

第一节　早期亲子关系的发展

亲子关系是儿童最早建立的人际关系，主要表现为依恋。一般认为，亲子关系在法律上指父母和子女间权利、义务的总和；在心理学上，一般指在血缘和共同生活的背景下，父母与子女互动所构成的人际关系。亲子关系的特点如下：

第一，生物性和交往性，即强调血缘和交往的基础作用。

---

① 王振宇. 儿童心理学 [M]. 南京：江苏教育出版社，2001：197.

第二，互动性，即亲子关系不仅关注父母的特征，同时也强调子女的特征，如气质、性别等在亲子关系中的价值。

第三，依恋性，亲子关系表现的是亲子之间的关爱、沟通，特别是情感的支持。

一、依恋的概念及其主要理论

信息栏：哈洛"恒河猴"实验

关于人类依恋问题的研究，是从母婴分离造成的巨大影响开始的。在两次世界大战期间，许多儿童因战争失去或离开了父母，被送进孤儿院。这些儿童虽然得到了身体上的看护，但仍然表现出严重的心理障碍。英国精神病学家鲍尔比（J. Bowlby）在20世纪50年代向世界卫生组织提交的报告中，阐明了机构养育的危害，尤其是母爱剥夺的危害。同期的动物研究也得到了类似的结果。从此，人们开始重视早期依恋问题的研究。

（一）依恋的概念及其演变

一般意义上的依恋，指的是个体对另一特定个体长久的、持续的情感联结。发展心理学用"依恋"这一术语来描述个体生命早期与照料者的情感联结。

20世纪五六十年代，鲍尔比提出"依恋"概念。当时他认为依恋并不是发生在婴幼儿时期，而是发生在从"摇篮到坟墓"的全部人生阶段。由于最初的依恋研究对象主要集中于儿童发展的早期，因而我们习惯把依恋理解为"婴儿寻求并企图保持与另一个人的亲密的身体和情感联系的一种倾向"。[1]近来西方的一些研究对此"单一依恋"观点进行了修正，提出了"多重依恋关系"，即儿童可以与不同环境中的人建立不同的依恋关系，从而大大扩充了依恋的对象（不仅是母亲，还可能是父亲、同伴、教师、挚友、其他亲属等），也自然地拓展了依恋的时期（不再仅局限于婴幼儿时期，而是贯穿人的整个生命历程）。现代学者们更倾向认为，依恋是人与人之间的长久持续的情感联结。

依恋具有以下几个显著的特征：

一是依恋关系是依恋双方情感交融的关系，但有一方表现出更为依恋。

二是依恋者寻求与依恋对象身体的亲近和目光的追随。爱因斯沃斯（M. Ainsworth）认为，早期儿童依恋的基本行为包括探寻和吮吸、姿势反应、注视和跟随、微笑、有声信号、哭泣、抓握和依偎等。

三是依恋关系提供安全感和自我效能感，可使人在其他社会情境中面临人际压力时，身心得到放松，感到有所依靠，能更积极、更有信心地迎接挑战。

---

① 陈帼眉. 学前心理学 [M]. 北京：北京师范大学出版社，2000：359.

四是依恋具有传递性，早年的依恋经历会聚变为"内在工作模式"，从而影响人后来的多种社会观念和行为。

五是依恋具有稳定性，最早期建立的依恋关系，特别是安全性依恋能在较长的时间内保持稳定和一致。

（二）依恋的主要理论

依恋现象的普遍存在及其在个体人生发展历程中的意义，早就被人们所重视。关注儿童社会性发展的许多心理学家，对依恋问题提出了多种理论性的假设、解释，主要有以下几种：

1. 精神分析学派的理论

弗洛伊德（S. Freud）第一个提出，婴儿和母亲的情绪关系为以后的所有关系打下基础。精神分析理论认为哺育在孩子发展的过程中，对发展孩子与哺育者之间的关系起着核心作用。依恋是儿童与能够满足其生理需要，提供快乐与舒适的母亲或父亲形成的一种情感关系。

弗洛伊德在把儿童的成长过程分为一系列性心理发展阶段的同时，也分析了不同阶段的儿童与母亲或父亲所形成的不同依恋关系。在最初的口腔期，吸吮、饮食等口唇活动需要是支配性的动力需要，口腔经验是这一时期儿童的快乐之源。能提供这种帮助，满足这种需要的母亲或父亲，在儿童的生活中占据了极为重要的地位，成为儿童力必多的投射对象和最主要的爱的对象。

在紧接着出现的肛门期，排泄需要占主要位置，在保证排泄舒畅的前提下，儿童既巩固了对母亲的依恋情感，又为父亲成为儿童依恋对象创造了条件。

到了3—4岁的生殖器期，心理崇拜和行为模仿强化了儿童对异性父母的依恋，于是恋父或恋母的情绪出现，这时母亲的依恋地位依然无比重要，同时，父亲的心理地位突升，尤其是在女孩心中。

在之后的发展过程中，儿童的依恋对象逐渐多样、复杂起来，同伴、教师的地位逐渐显现。

2. 行为主义学派的理论

行为主义学派也强调哺育的作用，但是他们的观点与精神分析学派不同。行为主义最著名的依恋观点是依恋的冲动消退模式，行为主义认为哺育权是母婴关系的核心。当孩子发出饥饿的信号后（原始的本能冲动），如果能反复得到母亲的满足，那么母亲的存在将成为第二个或者习得的冲动，因为这与缓解紧张情况成对出现。结果，孩子学会偏爱所有伴随哺育的刺激，包括母亲的爱抚、温和的微笑、温柔的安慰性话语。

尽管哺育是建立母婴强烈持久的依恋关系的重要途径，但精神分析理论和行为主义理论单纯强调哺育喂养的观点，遭到了著名的恒河猴"替代母亲"实验研究的挑战，这个实验研究促使发展心理学家寻找依恋建立的其他根源，探究依恋发展的内在机制等问题。

3. 习性学的依恋理论

这是当今最广为接受、影响最大的依恋理论，它较深刻地解释了照料者和婴儿之间的情绪联系。习性学的基本观点认为，人类的许多行为都是在漫长的生物进化以及人类的历史进程中为获取生存而逐渐得来的，是源自种系生存和延续行为的进化。鲍尔比是第一个将习性学的基本观点与精神分析理论、劳伦兹（K.Lorenz）的幼鹅印刻学说相结合，并长期应用于依恋问题研究的人。鲍尔比成为依恋研究领域的代表性人物。

继承了不少精神分析观点的鲍尔比认为，依恋程度高则儿童的安全感和对父母的信任程度就高。受劳伦兹的影响，他认为人类的婴儿和动物的幼崽一样，有一套与生俱来的内在的行为，即留在父母身边，从而增强抵御危险的能力，增加生存的机会。与父母共同生活保证了婴儿基本的生理需要，但鲍尔比特别指出，哺育喂养并不是形成依恋的基础。依恋有着强大的生物学基础，从生物进化和种系生存的角度，我们可更好地理解依恋现象。这一革命性的观点被大家广泛认同。他认为最初父母和孩子间的关系作为一种内在的信号驱使父母在孩子身边。后来，随着儿童认知和情绪能力的发展，加上父母一段时间的精心照料，一条真正的情绪纽带建立起来，从而真正的依恋关系建立起来。

习性学强调从生命体本能来解释依恋的深层原因，有可能高估了生物习性的影响，而相对贬低了人的社会性，尤其是婴儿的社会认知能力。

二、儿童早期亲子依恋的发展

儿童早期的依恋对象一般是精心照顾自己的母亲。有研究指出，儿童对母亲的依恋晚于母亲对孩子的依恋，但目前研究成果更多集中在儿童对成人，特别是儿童对母亲的依恋的研究视角。

（一）儿童早期亲子依恋发展的阶段

鲍尔比依据儿童行为的组织性、变通性和目的性发展情况的不同，把儿童对母亲的依恋的发生发展过程分为四个阶段，并描述了四个阶段中儿童依恋行为的特征。

1. 前依恋期（出生至 6 周）

儿童出生时就具有的一系列内在信号，如抓握、微笑、哭叫、追视等，帮助这一阶段的儿童与养护者密切交流。这个时期的儿童已能嗅出母亲的味道，辨出母亲的声音。然而，此时他们尚未对母亲表现出依恋，并不介意被陌生人抱起、安抚。

2. 依恋关系建立期（6 周至 8 个月）

这个阶段的儿童对熟人和陌生人的反应逐渐发生变化。儿童和母亲交流时会笑，会咿呀学语，被母亲抱起时会很快平静下来。在与母亲面对面交流，或饥饿等情况由母亲照料时，儿童慢慢知道自己的行为能影响周围的成人。他们期望照料者对他们的信号能积极回应，但此时的儿童仍旧不会介意和母亲的分离。

3. 依恋关系明确期（8 个月至 2 岁左右）

此时儿童对熟悉的照料者的依恋已十分明确，形成对特定个体的一致的依恋反应系统。这时的儿童表现出一种分离焦虑，当他们所依靠的成人离开时，儿童会非常不安。分离焦虑通常在儿童 6 个月大之后表现出来。除了离开母亲时会焦虑，大一点的儿童或学步儿还会努力把母亲留下来。这一时期的儿童还会以母亲为安全保障，在新环境中探寻、冒险，然后又回来寻求情绪庇护。

4. 互惠关系的形成期（18 个月至 2 岁后）

随着口语理解和表达能力的迅速发展，儿童已经明白父母离开、回来的原因，也知道他们什么时候回来，分离焦虑降低，可以建立起双边互惠的人际关系。这时的儿童不再像前一时期跟在母亲后面哭叫或拉住她，而是会与母亲协商，向她提出要求。如 2 岁多的儿童会根据母亲的反应及母亲与自身的距离而调整哭叫的强度，并使哭叫、跟随等行为在某一目的的协调下互换使用，如儿童会要求母亲离开前给他讲个故事。若再有时间和妈妈在一起，他会问妈妈去哪儿（和爸爸一起看电影），什么时候回来（你一睡着就回来），这些解释能使孩子接受母亲的暂时离开。[①]

（二）儿童早期亲子依恋的测量方法

爱因斯沃斯等人发明的陌生情境技术因其有效性而得到广泛应用，是用来测量 1—2 岁儿童依恋水平的方法，其实验也成为研究婴儿分离焦虑、陌生焦虑的经典实验。

在设计实验时，爱因斯沃斯和他的同伴推理认为，如果依恋发展得好，婴儿应视母亲（或其他主要养护者）为安全保障并能在游戏室里自由探究。另外，当母亲短时间离开时，婴儿应表现出分离焦虑，陌生的成人来安慰他一定不如母亲安慰有效。

陌生情景设计的思路是：在婴儿的照料者（通常是母亲）在场和不在场的两种情况下，使婴儿或独自或与一位陌生人共同在他熟悉的环境中活动，从而观察、分析婴儿的行为反应。爱因斯沃斯制订的陌生情境设计（表

---

① 贝克. 儿童发展：第五版 [M]. 吴颖，等译. 南京：江苏教育出版社，2002：584-585.

7-1），最初只适用于 8—12 个月大的婴儿。

表 7-1　陌生情境技术的研究设计

场景	事件	观察的依恋行为	持续时间
1	实验者、母亲、婴儿进入观察室，然后实验者离开		30″
2	母亲在场，婴儿自由探究	母亲是安全保障	3′
3	陌生人进入，与母亲交谈，接近婴儿并与其游戏	对陌生成人的反应	3′
4	母亲离开，陌生人继续与婴儿一起活动，或安慰	分离焦虑	3′
5	母亲回来，安慰婴儿，陌生人离开	重逢反应	3′
6	母亲离开，婴儿单独留在房间	分离焦虑	3′
7	陌生人进入，与婴儿一起活动，或安慰	接受陌生人抚慰的能力	3′
8	母亲回来，重新安慰婴儿，陌生人离开	重逢的反应	3′

☞信息栏：依恋研究新方法——依恋卡片分类研究

　　陌生情境技术是在一系列标准事件的进程中实施的综合测量方法。它包括：3 个主要的行为主体变量——母亲（或其他主要照料者）、婴儿和陌生人；2 种主要的人际关系变量——与母亲的相互作用、与陌生人的相互作用；3 种潜在的紧张体验——与照料者分离、与陌生人相处、在不熟悉的环境中生活；4 种主要情境——亲子分离、亲子团聚、陌生人在场、陌生人退场。它提供了对婴儿在逐步升级的压力情境下的多种行为反应的测量：婴儿在陌生情境下与不同的人在一起或单独一人的探究反应，与不同的人的分离反应，与母亲的重逢反应。测验重点在于儿童对待逐步增强的压力与对待母亲在场的方式，尤其是对待与母亲分离之后的团聚的方式。

　　（三）儿童早期亲子依恋的类型

　　根据陌生情境技术测定的儿童的行为特征尤其是儿童依恋的安全程度，爱因斯沃斯把美国婴儿的依恋划分为以下三大类、八小类：

　　A 型：焦虑－回避型依恋

　　这种依恋类型大约占 20%。婴儿的人际关系倾向于冷淡、疏远。他们在母亲离开时并无特别的焦虑，能接受陌生人的关注，与陌生人在一起并不十分伤感。在整个人际互动中，婴儿表现出一些回避现象，如避免成人注视或扭身走开。这一类型又可分为以下两类：

　　A1：婴儿对重新见到母亲或与母亲接触不感兴趣，忽视她的回来。

　　A2：当母亲回来时，婴儿对与母亲接触表现出一些兴趣，但同时还可能转身走开，或不看母亲。

　　B 型：安全型依恋

　　这种依恋类型占 65%~70%。婴儿的人际关系表现出舒适、安全的总体特征。在陌生情境中，婴儿能以母亲为安全基地，接受与母亲的分离，重逢时表现出很大的热情；同时，婴儿对陌生人也表现出积极的兴趣。这一类型又可分为以下四类：

B1：愿意与母亲互动，但并不特别地表现出身体接触，与母亲分离时不太悲伤。

B2：母亲一离开就寻找母亲，渴望重聚，与母亲分离时不太悲伤。

B3：努力获得和保持与母亲的接触，分离时非常悲伤。

B4：重聚时尤其想接触母亲，好像沉湎其中，一直感到焦虑。

C型：焦虑－反抗型（或拒绝型）

这种依恋类型占10%～15%。婴儿的人际关系表现出相互矛盾的特征。这一类型又可分为以下两类：

C1：婴儿对母亲有明显的矛盾行为，拒绝陌生人，对母亲和陌生人都有气愤的攻击性行为。

C2：婴儿对母亲也有明显的矛盾行为，但显得更加被动和退缩。

A型依恋和C型依恋被看作焦虑型或不安全型依恋。

1990年，梅因（M. Main）等人又提出一种新的依恋类型——混乱型不安全依恋，又称为D型依恋。这一依恋类型在陌生情景中的表现为行为杂乱无章，缺乏目的性、组织性，前后不连贯，A型、B型、C型三种类型的依恋行为被以非同寻常的方式复杂地组合在一起。如婴儿接近陌生人，但又转过头去，突然表情茫然，僵立不动等。有研究表明，这一类型的依恋在被虐待的儿童和母亲有抑郁症的儿童中多见；在正常样本中，这一类型的依恋则与母亲遭受心灵创伤或还没有从失去亲人的痛苦中解脱出来有关。

三、影响早期亲子关系的因素

亲子关系随着儿童发展的不同阶段表现出不同的发展态势，如可能出现"依赖期""反抗期""平稳期""冲突高发期""冷落期""深沉期"等。亲子关系对儿童社会性发展至关重要。

良好亲子关系的建立与安全的依恋关系的形成紧密联系，表现为亲子之间关系和谐、相互信任与支持和理解与悦纳。良好亲子关系的建立和发展深受父母，特别是母亲、儿童以及家庭和社会文化环境的影响，这些因素通过影响依恋关系进而影响亲子关系。了解这些影响因素，便于父母理智地处理与孩子的亲子关系，便于学前教育工作者等更好地帮助家长建立良好的亲子关系，以有利于儿童良好人际关系的建立、社会性的发展以及社会适应。

（一）父母的内在工作模式

为什么父母都期望与孩子建立良好的亲子关系，但实际结果却千差万别？研究指出，照料者（主要是母亲）的内在工作模式不同是产生这种差异的原因。梅因等人为了了解父母有关依恋的"心理状态"，设计了成人依恋访谈，通过向成人提问以了解父母对儿时依恋的回忆和对这些回忆的评价。父母的解释，而不是事情本身的积极或消极的特性，展示了他们的内在工作模式。研究发现，内在工作模式共有四种有代表性的类型，并且明显地与父母婴儿期和童年早期的依恋有关（表7-2），但我们在应用这一相关成果时必须注意，不能假设父母儿时的经历对他们孩子的依恋质量有直接的影响。内在工作模式是一种重建的记忆，有很多因素对其产生影响，包括成长经历中的关系、人格以及对现实生活的满意度。拥有不幸成长历程的父母并不注定成为不敏感的父母，能从消极事件的阴影中走出来，能以理解的方式来回顾和宽恕他们的父辈的新一代父母可能易与孩子建立安全的依恋关系，形成良好的亲子关系。

表7-2　母亲的内在工作模式和婴儿依恋类型 [1]

母亲内在工作模式	描述	婴儿依恋类型
有主见的／安全的	这些母亲客观地讨论她们童年时的经历，不管是积极的还是消极的，她们既没有把她们的父母理想化，又不对过去表示愤怒。她们的解释是前后一致的，可信的	安全的
松散的	这些母亲贬低了依恋关系的重要性。她们回忆不起具体的经历，却把自己的父母理想化。她们只是理智地回忆，并没有情绪	回避的
过分干涉的	这些母亲满含感情地谈着她们儿时的经历，有时对父母表示愤怒。她们对儿时的依恋比较模糊，无法连贯地讨论	抗拒的
不果断的	这些母亲表现出和前三类一样的特征；同时，当谈到所爱的人去世，或所经历的不良经历时，她们的解释是语无伦次的	紊乱的／混乱的

（二）父母的抚养品质

为什么同在稳定的家庭中，同由母亲、父亲等照料抚养着的孩子，却出现不同的依恋类型，表现出不同的亲子关系？大量的研究表明，照料者的抚养品质，如敏感性、接受性等也会直接影响着儿童的安全依恋和亲子关系。

爱因斯沃斯等人研究了母亲在孩子出生后最初3个月的喂养方式对孩子社会性发展的影响。研究发现，高敏感性的母亲能使1岁的孩子形成安全性依恋，反之，那些低敏感性、低反应性的母亲喂养的孩子大多形成回避型或反抗型依恋。爱因斯沃斯对母亲抚养的行为特征的研究发现，安全型依恋婴儿的母亲多能保持一致的、稳定的敏感、接纳、合作、易接近等特征；而回避型依恋婴儿的母亲倾向于不敏感、拒绝；反抗型依恋婴儿的母亲则倾向于

---

[1] 转引自贝克. 儿童发展：第五版 [M]. 吴颖，等译. 南京：江苏教育出版社，2002：594.

干涉或忽略、拒绝。

克拉克（A. Clarke）等人的研究再次有力地支持了爱因斯沃斯等人的结论。他们从反应性、积极的情绪表达、社会性刺激量 3 个维度来描绘母亲的抚养质量，把儿童依恋分成与爱因斯沃斯分类相似的五种类型，并按依恋强度进行排列。克拉克等人的这一相关性研究表明，非依恋型儿童（相当于爱因斯沃斯的回避型依恋）与不良依恋儿童（相当于爱因斯沃斯的反抗型依恋）的母亲在上述 3 个维度得分较低，安全型依恋儿童的母亲则得分较高，她们均具有很高的反应性，能准确地理解孩子的信号表达并能给予适当迅速的反应，积极情感表达的频率较高，能给孩子提供大量有益的社会性刺激。

沃尔夫（D. Wolff）等人的研究揭示，同步行为这一特殊交流方式会有助于增强依恋安全。他们对 4 000 余对母子的 66 项研究表明，母亲对孩子的信号始终能作出敏感的、合适的、积极的回应，对孩子的照顾温柔而细致，孩子安全依恋的程度就比较高；相反，不安全依恋的孩子，母亲往往很少和他们身体接触，抱孩子的方式也很笨拙，行为举止很常规化，并且有时会表现出消极的、憎恨的、拒绝的行为和态度。

一些研究发现，和安全型依恋的孩子相比，回避型依恋的孩子可能受到了太多的刺激打扰，如孩子正在张望四周或就要睡着时，母亲同他大声说话。为逃避母亲，孩子试图从强行交流中逃出。反抗型依恋的孩子可能经历了前后不一致的照料。他们的母亲很少照料孩子或很少对孩子的情感交流信号作出反应，所以当孩子开始探索时，母亲开始干涉，使孩子把注意力转移到她们身上，结果孩子表现出过分地依赖，同时，他们对母亲的不在表现出愤怒和沮丧。

（三）父母的缺失、不稳定

依恋问题被重视，缘于照料者（主要是母亲）的缺失，在一系列研究中，鲍尔比的研究最具划时代的意义。之后，史比兹（R. Spitz）对孤儿院孩子进行的研究也能说明这一点。这些孩子在 3 个月至 1 岁时被母亲抛弃。他们被安置在一个大的房间内，七八个孩子都由一个护士照料。他们哭泣较多，对周围环境退缩，体重减轻，入睡困难。如果孩子所见到的照料者无法替代母亲，那么这种伤害就会更加严重。

安娜·弗洛伊德（A. Freud）等人研究了因历史原因而被一起封闭喂养三四年的一群儿童，发现这些儿童虽然在正常抚养环境中接受补偿以后能形成对抚养者正常的依恋，但其社会性发展仍存在很大的缺陷。这些儿童最初对同伴之间的隔离表现出极度焦虑和烦恼，对成人充满恐惧和怀疑、反抗，形成正常依恋后对成人有极强的占有欲，嫉妒同伴，情绪不稳定。这种情况在由原来的同伴之间的相互依恋向依恋成人转变时尤为明显。

蒂泽德（Tizard）等人的一项研究更进一步表明，照料者的稳定情况也是影响儿童依恋的要素之一。他们对孤儿院的一些婴儿进行了追踪研究。孤儿院有很好的护士、很多图书和玩具，但这些婴儿在随后的儿童期和青春期中，表现出更多的情绪和社会性交往问题，比如过分渴望成人的关注，对陌生成人和同龄人过分友好但却没有什么朋友。他们分析孤儿院的养育特征发现，孤儿院员工调整过于频繁，4 岁半大的孩子平均每人遇到过 50 个不同的照料者。这一研究还发现，不少孩子 4 岁后被收养，稳定地与养父母生活在一起，他们中很多都和养父母建立了很深的联系，这可能也表明第一次安全型依恋关系可以在 4 岁至 6 岁时建立。

一般认为，儿童与照料者（母亲等）短期分离的消极效应是不影响发展大局的，但却是带有创伤性的。儿童在照料者缺失的初期往往表现为持续的分离焦虑与自我防御，这种分离焦虑与自我防御以后逐渐减弱，其长期的消极效应并不显著；而长期分离，特别是缺乏稳定的照料者的消极效应影响深远。

（四）儿童的情况

关注儿童在亲子关系中的作用，是近几十年来发展心理学进步的标志。目前的研究大多注意到儿童的气质、智力和生理特征、出生顺序等会直接影响依恋关系、亲子关系。

如气质因素方面，容易照看型儿童与母亲关系融洽；难以照看型儿童经常哭泣，纠缠母亲，与母亲关系不和谐，在不正常的家庭气氛中比其他儿童更容易受到伤害。儿童的气质特征往往影响（至少是部分地决定着）母亲的照看方式。

智力和生理特征方面，有关缺陷儿童的研究表明，儿童的智力水平及生理缺陷对依恋的发展具有重要影响。大多数智力障碍儿童在与母亲交往时往往消极被动，不像那些正常儿童一样能掌握一定的交往主动权。他们注视母亲的时间较少，因而较少有情绪等各方面的交流。而生理缺陷，如嘴唇或上颚豁裂，会使孩子的依恋安全性受到影响。这些孩子因面部的畸形，会出现进食的困难，耳部容易感染，这些使他们更易烦躁，社会反应减弱。聋儿因与父母之间未能建立有效的信号反应系统，故对父母的依恋通常发展缓慢。

现在的一些研究表明，如果照料者调整他们的行为去适应孩子的需要，孩子就会有更高的依恋安全性，如父母与聋儿之间建立相互理解的符号系统，情况也会有所改善；但如果父母的能力有限，或因为他们的个性或拮据的生活条件不良，那么适应困难的孩子就更易出现依恋困难。

通过对 1 000 多对母婴的 34 项研究表明，母亲的问题，如精神问题、少年母亲、虐待孩子，都会引起孩子高度的依恋不安全感。相反，孩子的问题，如早熟或发育迟缓、生理疾患、心理问题，对依恋的影响微乎其微。

（五）家庭情况

研究表明，失业、经济困难、婚姻失败都会影响父母对其子女照料的质量，父母之间经常争吵，相互挑剔，会使孩子体验大多消极情绪，从而影响安全型依恋的形成。

弟妹的出生也会影响儿童的依恋安全性。有研究指出，第一个出生的孩子会因第二个孩子的出生而降低其依恋安全性。不过出现这种状况的孩子，其母亲在临产前期是消沉的、急躁的、充满敌意的，这样的情绪状态会引起母亲和第一个孩子之间的情绪摩擦。如果母亲处理得当，对第一个孩子一如既往地关爱，这种消极的影响将会减少，甚至不会产生。

（六）社会文化因素

目前的研究多表明，在同种文化背景下，依恋类型存在一定的稳定性，如前面所说的爱因斯沃斯等人关于依恋类型的研究结果。其他跨文化研究也得到这一总体相似的分布模式，即安全型依恋最多，焦虑－回避型依恋其次，焦虑－反抗型、混乱型最少，即安全模式在各种文化背景中都是最多的，似乎又最容易建立起来，但又总不可避免地存在其他不安全的模式。这种分布特征表明早期亲子依恋与儿童自身特征及其发展规律、文化的稳态特征，以及母性、父性的进化特征、规律紧密关联。

跨文化的研究同时也表明，在不同的文化背景下，依恋类型的具体表现比例有所变化。如法国的孩子约有 40% 属于焦虑－回避型，日本的焦虑－反抗型儿童约有 30%。

第二节 早期同伴关系的发展

同伴是指与儿童相处，且具有相同或相近社会认知能力的人。同伴关系主要指同龄儿童或心理发展水平相当的个体之间在交往过程中建立和发展起来的一种人际关系。[①]

美国学者哈吐普（W. Hartup）考察了儿童在成长过程中与他人形成的人际关系，将其分为两种：垂直关系和水平关系。垂直关系是指儿童与拥有更多知识和更大权利的成人，主要是父母和教师之间建立的一种人际关系。这种关系的性质具有互补性，即成人控制，儿童服从；或儿童寻求帮助，成人

---

① 张文新. 儿童社会性发展 [M]. 北京：北京师范大学出版社，1999：133.

提供解决方法。垂直关系的主要功能是为儿童提供安全和保护，帮助儿童学习知识和技能。水平关系系指儿童与具有相同社会权利的同伴之间建立的一种关系。同伴关系的性质主要是平等和互惠，即儿童之间的活动和交往可自由互换角色，活动过程可自由控制，这种关系的主要功能明显地与成人的垂直关系不同。

一、同伴关系的功能

关注儿童同伴关系，最早是从社会学研究领域开始的。20 世纪 30 年代，国外心理学界开始研究同伴关系，20 世纪七八十年代对同伴关系的研究已经比较系统深入并取得了丰硕的成果。

同伴关系的研究使人们清晰地认识到同伴关系对儿童发展和社会适应的重要作用。如库利的首属群体理论认为，儿童的同伴群体是首属群体，它和家庭、邻里等共同构成儿童最为直接的社会现实，也是其所受社会影响的最直接的来源，对个人的社会化起着重要作用。哈吐普的两种不同性质人际关系理论则直接指出，在儿童的社会性发展中，水平关系的影响更强烈、更广泛。米尔斯（Mills）的他人重要理论认为，儿童社会性发展中的重要他人包括父母、教师、同伴等，随着儿童年龄的增长，其主导类型大体是沿着这样一个演变趋势而逐渐发生变化：父母—教师—同伴—无现实存在的重要他人。哈里斯结合自己在儿童发展领域的多年研究和行为遗传学的发现以及进化论理论，在群体社会化理论中明确提出，家庭环境对儿童的心理特征没有长期影响。家庭外社会行为的习得、社会文化的传递，主要是通过儿童参与并认同的同伴群体完成的。同伴关系的社会适应功能主要有以下两种：

（一）同伴关系是满足团体归属感的重要源泉

满足儿童的归属感以及尊重和爱的基本需要的途径是多样的。亲子关系的满足更带有生物性，儿童更多的是获取；而平等的同伴关系更能满足儿童的社交需求，儿童从中获得社会性的支持、安全感，以及培养今后社会生存所必需的责任感。

（二）同伴关系是发展社会认知和社会技能的重要基础

社会认知和社会技能是交往的产物。儿童在社会交往中，逐渐认识到自己的特征及自己在同伴心目中的形象和地位。儿童与同伴的冲突能促进儿童社会观点采择能力的发展以及社会交流所需技能的获得。

二、同伴关系的发展

（一）早期同伴交往的发展阶段

儿童的同伴交往经历着由无到有、由简单到复杂、由低级到高级、由不熟练到熟练的发生发展过程。

1. 0—2岁

大量的观察研究表明，儿童之间的交往很早就发生了，刚出生不久的婴儿在听到别的婴儿哭时会跟着哇哇哭起来，把3—4个月大的婴儿成对地放在育婴箱里，他们会出现互相观察和触摸对方的现象。但真正意义上的同伴交往行为，一般认为是在出生后的6个月开始的，这时婴儿虽仍以单向性的社会行为为主，但同伴之间的微笑、咿呀发声以及模仿彼此的动作来进行双向交流的现象偶尔出现并逐渐增多。

大量的观察研究证实，儿童早期（0—2岁）的同伴交往以一种固定的程序展开。

第一阶段，客体中心阶段。这时的儿童更多地把注意力集中在玩具或具体物品上而忽视同伴的存在和需求。6—8个月大的儿童通常互不理睬，只有短暂的接触，如朝同伴偶尔看看、笑笑等。这种情况一直持续到1岁。有研究者观察了6—10个月大婴儿的行为表现，发现其60%的行为都属于这种情况，然而这种单方面的社交是同伴交往的第一步，当一个婴儿的主动交往行为成功引发另一个婴儿的反应时，儿童之间的交往新阶段就出现了。

第二阶段，简单交往阶段。这时的儿童已能对同伴的社交行为作出反应，经常试图去控制另一个儿童的行为。马萨提（Musatti）和帕尼（Panni）观察了一个日托中心内6名12—18个月大、相互熟悉的婴儿的社会交往行为，结果发现，所有的婴儿对其周围的同伴都是非常留心注意的，并经常地表现出与同伴的身体接触、相互对笑和说话，甚至相互地给或取玩具等。研究结果表明，该时期的儿童在进行独立活动的同时，通过对周围环境的留意来获取同伴的信息，并且由于观察和模仿同伴的行为，他们开始直接相互接触和影响。进入了简单交往阶段。

研究者在对这一时期儿童的交往行为进行分析时，引入了"社交指向行为"这一指标。"社交指向行为"指婴儿意在指向同伴的各种具体行为，婴儿在发生这些行为时，总是伴随着对同伴的注意，也总能得到同伴的反应。具体如微笑和大笑，发声和说话，给或拿玩具，身体抚摸、轻拍或推拉，以及有较大的动作（如走到同伴旁边，然后跑开），玩与同伴相同或类似的玩具等。这些行为的目的都在于引起同伴的注意，与同伴取得联系。这个阶段的儿童就是通过这种交往行为积极地找寻自己的同伴的，同时也对同伴的行为作出反应，进而相互影响。

第三阶段，互补性交往阶段。这时的儿童出现了更多、更复杂的社交行为，相互之间的模仿已较普遍，儿童不仅能较好地控制自己的行为，而且还可以与同伴开展需要合作的游戏，表现出相互影响的时间增长，游戏内容和形式也更为复杂，角色关系互补或互动，如"追赶者"和"逃跑者""给予者"和"接受者"大量出现，同时伴随微笑或其他恰当的积极表情。

这一阶段儿童交往最主要的特征是同伴之间的社会性游戏的数量明显增长。伊克曼（Eckman）等人曾研究三个年龄组的婴儿：10—12 个月组、16—18 个月组、22—24 个月组；并让他们分别与自己的母亲、不熟悉的同伴以及同伴的母亲在一起，以研究这三组儿童究竟喜欢和谁玩、怎样玩。结果发现，16—18 个月大、22—24 个月大的儿童的社会性游戏明显多于单独游戏。同时，在这三组儿童中，即便是 10—12 个月大的儿童也最喜欢与同伴玩，而相对较少与母亲玩，并且随着年龄增长，婴儿与同伴游戏的数量更明显多于与母亲游戏的数量，并且特别不愿意与陌生人玩。另外，16—18 个月是个转折期，此时儿童的社会性游戏迅速增长，其选择的对象多是同伴，与母亲游戏的数量显著下降（图 7-1、图 7-2）。①

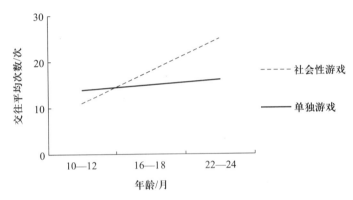

图 7-1   10—24 个月大儿童两类游戏的发展

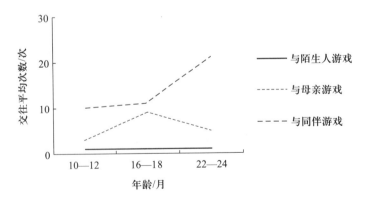

图 7-2   10—24 个月大儿童多种交往的发展

---

① 庞丽娟，李辉. 婴儿心理学［M］. 杭州：浙江教育出版社，1993：353-355.

2. 2—6 岁

2 至 6 岁儿童同伴之间的交往随着儿童认知能力、言语技能和社会交往技能等的发展在数量和质量上都有了很大的变化。帕顿在对幼儿园儿童的观察研究中发现，儿童的合作－互动游戏会随着年龄的增长而增加，其必然地经历三个阶段：最初是非社会活动，包括偶然的行为或无所事事、旁观和独自游戏；然后发展为一种有限的社会参与活动，即平行游戏，儿童玩着和附近儿童相同或相近的玩具，但不和他们交谈；最后一个阶段包括协同游戏和合作游戏，这是真正意义上的社会交往行为。

豪伊斯（Howes）根据这一时期儿童之间接触的密切程度将其社会性游戏分为更易把握和区分的 5 种:（1）互不注意的平行游戏（简单的平行游戏）。（2）互相注意的平行游戏。这时的儿童有视线注意和接触，但无言语或其他社会性交往活动。（3）简单的社会性游戏。儿童之间进行类似的活动，同时伴有如交谈、微笑、互借玩具等社交性活动，甚至有身体上的接触和攻击性行为等，但彼此之间的活动没有关系。（4）互补性的社会性游戏。儿童有自发的共同性的活动，有一起玩的意识，如轮流玩球、滑滑梯等互相关联的活动，但相互之间并不交流，也没有共同的活动计划。（5）互补互惠的社会性游戏。儿童有共同的活动计划，有邀请和合作。如一起玩娃娃家，有角色的分配和合作等。豪伊斯等在纵向研究中进一步发现，儿童在发展过程中确实会依次出现前述几种形式的游戏，但并不会出现由一种游戏形式替代另一种游戏的现象。相反，有些学者认为，各种形式的游戏在 3—6 岁儿童的发展过程中是并存的，并且非社会活动是 3—4 岁儿童行为中最常见的形式。

（二）儿童友谊发展的阶段

儿童进入学校之后，与同伴交往的意识和机会大大增加。同伴在社会交往中越来越占据重要地位，同伴的影响也越来越突出了。儿童逐渐建立友谊关系，对友谊这种特殊人际关系的认识也增强。塞尔曼（R. Selman）提出儿童友谊的几个发展阶段：

第一阶段（3—7 岁），暂时的游戏伙伴阶段。这个时期儿童还没有形成友谊的概念。儿童之间的关系只是短暂的游戏同伴关系。这时的朋友往往与有玩具、家住得近等紧密联系。

第二阶段（4—9 岁），单向帮助阶段。这个时期儿童要求的朋友标准是能够服从自己的愿望和要求的，如果顺从自己就是朋友，否则就不是朋友。

第三阶段（6—12 岁），双向帮助阶段。这个时期儿童对友谊的交互性有了一定的了解，但具有明显的功利性特点，处于不能患难的合作阶段。

第四阶段（9—15 岁），亲密的共享阶段。这个时期儿童发展了朋友的概念，认为朋友之间可以相互分享，友谊是随着时间推移而逐渐形成和发展起来的，朋友之间应保持信任和忠诚，可以倾诉秘密，同甘共苦。儿童还开始从品质方面来描述朋友，认为自己与朋友的共同兴趣也是友谊的基础。形成的朋友关系开始具有一定的稳定性，但这一时期的友谊带有强烈的排他性和独占性。

第五阶段（从 12 岁开始），友谊发展的最高阶段。随着年龄的增长，儿童对朋友的选择性逐渐增强，选择朋友更加严格，建立起来的友谊关系持续的时间也变长。

我国学者顾援研究发现，我国 0—18 岁儿童的友谊认知发展水平随年龄增长而缓慢上升，大致可分为四个相对的发展阶段：4—6 岁是儿童友谊认知发展的自然发展阶段，7—11 岁是儿童友谊认知发展的主观阶段，12—16 岁是儿童友谊认知发展的前水平阶段，17—18 岁是儿童友谊认知发展的社会阶段。

总之，在整个儿童期，同伴交往的基本趋势是从最初简单的、零零散散的相互作用逐步发展到各种复杂的、互惠性的相互作用。

三、同伴关系的测量、类型及特征

（一）同伴关系的测量

目前心理学界使用的同伴关系测量方法主要有以下几种：

1. 观察法

即研究者对自然状态下儿童的同伴关系进行观察的方法。实践和研究成果都表明，观察可发现同伴之间密切程度不同的关系，发现大多数群体中同伴接纳性的差异。但这种方法比较费时，且常带有直觉性、主观性，从而影响其结果的科学性，因此这种方法已很少使用。

2. 社会（社交）测量技术

即研究者要求儿童自己主观评价对同伴的喜欢程度的方法。这是一种自我报告式的同伴关系测量方法，主要包括：

（1）同伴提名法。同伴提名法是指在某一社会群体中，如幼儿园的一个班中，让每个儿童根据所给定的名单或照片进行限定提名，一般是让儿童说出自己最喜欢或最不喜欢的同伴。如"你最（不）喜欢与谁玩"等问题，然后根据从每个儿童那里获得的正负提名的数量，对儿童的同伴关系特点进行分析。

同伴提名法可以测出同伴地位的重要差异，但在测量过程中儿童可能会因某种原因遗忘或不能说出最（不）喜欢的同伴名字而使研究结果的不准确；另外，同伴提名法容易忽略处于中间位置的儿童。鉴于这种方法的局限性，在此种研究中，常有学者提倡使用同伴评定法。

（2）同伴评定法。同伴评定法要求每个儿童根据具体化的量表对群体内的所有同伴进行评定，如"你喜欢不喜欢与××玩？"，并给出评定等级，如很喜欢、喜欢、一般、不喜欢、很不喜欢等。

同伴评定法比较可靠有效，获得的结果与实际同伴交往情况、实际观察获得的数据具有较高的正相关。但此方法会涉及一些个人隐私等道德伦理问题，需特别注意，特别是在较大年龄的儿童中使用时。

对利用这样的测量方法获得的结果，加以整理，可作出社交关系图（图7-3），直观地分析儿童的同伴关系状况。[①]

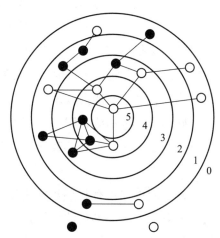

图7-3　一个学前儿童的社会关系分析图（模拟）
注：空圆圈代表女孩，黑圆点代表男孩。

（二）同伴关系的类型

用上述方法对儿童的社会接纳性进行分类描述，一般可把儿童分为以下几类：

受欢迎的儿童，指那些获得许多同伴积极提名或评定的儿童；被拒斥的儿童，指那些获得许多同伴消极提名或评定的儿童；被忽视的儿童，指那些被很少提名（包括积极提名和消极提名）的儿童；一般的儿童，指那些在同伴提名中没有获得极端的等级（最喜欢或最不喜欢）的儿童，他们的同伴接纳程度处于一般的状态；矛盾的儿童：指那些被某些同伴积极提名或评定，同时又被另一些同伴消极提名或评定的儿童。

郑健成考察了幼儿园大班儿童的社会交往，发现大班儿童的交往有了一定的稳定性，并且同性之间的交往比例高于异性之间。庞丽娟利用同伴提名

[①] 艾森克. 心理学：一条整合的途径 [M]. 闫巩固，译. 上海：华东师范大学出版社，2000：474.

法对幼儿园儿童的交往关系进行了研究，划分出此阶段儿童同伴关系的四种类型：受欢迎型、被拒绝型、被忽视型和一般型。

（三）同伴关系的特征

在以上的同伴关系类型中，受欢迎型儿童、被拒绝型儿童、被忽视型儿童是被研究较多的，他们在行为、认知和情感三个方面都表现出自己的特征。

受欢迎型儿童：有较多积极、友好的行为和很少的消极行为；性格一般较外向，不易冲动和发脾气，活泼、爱说话、胆子较大；掌握使用的社交技能与策略较多，有效性、主动性、独立性、友好性等均较强。

被拒绝型儿童：体质强，力气大，行为表现最为消极，不友好，积极行为很少；能力较强，聪明，会玩，性格外向，脾气急躁，容易冲动，过于活泼好动，在交往中积极主动但又很不善于交往；对自己的社交地位缺乏正确评价，并常常过高估计自己，对没有朋友一起玩不太在乎。

被忽视型儿童：体质弱，力气小，能力较差；积极行为与消极行为均较少，性格内向，慢性子，好静，不太活泼，胆小，不爱说话，不爱交往，在交往中缺乏积极主动性且不善于交往；孤独感较强，对没有同伴与自己一起玩感到比较难过和不安。[①]

大量的研究表明，积极的同伴关系有利于儿童社会价值的获得、社会能力的培养以及认知和人格的健康发展，不良的同伴关系更易造成这类儿童社会适应不良及相应的心理问题的发生，因此，帮助儿童改善自己与同伴的关系，是心理学者致力研究的热点问题。

目前，心理学者重点研究的是同伴关系不良的儿童，如被拒绝型儿童、被忽视型儿童，主要从认知角度（解决人际问题的认知技能训练）、行为角度（榜样策略和行为塑造）、情感角度（移情训练）对他们进行训练和教育干预。实践研究发现，行为训练法、认知训练法、情感训练法都可以促进儿童同伴交往水平的提高；对被拒绝型儿童采用认知训练法效果更好，对被忽视型儿童采用行为训练法效果更好；从4岁到6岁，行为训练法的效果逐渐减弱，而认知训练法和情感训练方法的效果逐渐提高。庞丽娟采用教导、角色扮演和及时强化等方法，对上述两种类型的儿童进行教育实验。结果显示，被忽视型儿童和被拒绝型儿童的交往行为特征和社交地位都发生了显著的变化。陈会昌采用有结构的故事讲解加系列提问的方法，对6岁儿童进行2周的训练，有效地促进了他们对友谊特性的认知，同时，互相帮助和冲突解决的行为都有了明显的进步。

---

① 陈帼眉. 学前心理学 [M]. 北京：北京师范大学出版社，2000：366.

四、影响同伴接纳性的因素

同伴接纳性是指儿童在同伴群体中被喜欢和被接受的程度，包含受欢迎的程度和社交地位两种属性。

研究发现，影响同伴接纳的因素，除了前面提到的儿童的行为、认知和情感三个方面之外，还有家长的教养方式、教师的影响，以及儿童的出生顺序、姓名、身体特征、年龄、认知水平、学业成绩等。家长的因素在前面一节已有所说明，教师的影响将在下一节介绍，这里主要论及以下几个方面：

（一）面部的吸引力

在婴儿期，儿童就开始显示出对面部特征的偏好。如3—6个月大的婴儿对有吸引力的面孔注视的时间会更长一些。12个月大的婴儿会对"漂亮"的成人表现出更多的积极情感，更愿意和他们玩。研究发现，3—5岁儿童已能区分漂亮和不漂亮的儿童，并且对身体特征的判断基础与成人相同。幼儿园的儿童更喜欢和那些长得漂亮、穿戴整齐的儿童玩，并且长相漂亮在对于女孩的同伴接纳中比对于男孩的同伴接纳占有更重要的地位。

伊斯（Ilse）等对3—5岁儿童的调查研究发现，到5岁时，"漂亮"的儿童确实具有许多人们所期望的优秀品质，而"不漂亮"的儿童则表现出更多的攻击性行为。这种在二三岁期间没有显现的现象，有学者解释更可能是另一种"期望效应"。

（二）身体特征

研究发现，身体特征，如体型和成熟的速度同样会对儿童的同伴接纳性有所影响。具有良好体型的儿童更易受同伴欢迎，成熟早的儿童比成熟晚的儿童受欢迎。无论是教师还是儿童，都更喜欢运动员式的体型，这会增加这类儿童的自信，他们也更容易保持良好的同伴关系。[①]

（三）出生顺序

在一个家庭中，一般先出生的孩子权威性较强，比较霸道；后出生的孩子比较随和，人际关系更好。有兄弟姐妹的儿童比独生子女更受同伴欢迎。有关研究见表7-3。

表7-3　出生顺序与心理活动特征之间关系的研究

研究者	结果概要
本德	长子、独生子，显示出稍高的支配性；幼子显示出稍低的支配性
加曼	孩子出生顺序早的对痛苦的耐受性强

---

① 李幼穗. 儿童社会性发展及其培养 [M]. 上海：华东师范大学出版社，2004：144–146.

续表

研究者	结果概要
艾森伯格	长子、独生子比中间的孩子、幼子更有优越感
埃利斯	小家庭中长子成为名人的概率大，而大家庭中幼子成为名人的概率大
古迪纳夫等	长子有缺乏攻击性、富于指导性和自信的倾向；中间子攻击性的缺乏与长子差不多；独生子最具攻击性和自信
维特	在过激的人中，独生子所占的比例较大；在保守的人中，长子较多，幼子也较多
伯曼	在躁狂病患者100例中，长子占48例，中间子占30例，幼子占22例

第三节　师幼关系的发展

如前所述，儿童在人际交往的垂直关系中，还有一个重要的既区别于父母亲情又不同于同伴友情的师生关系。师生关系是指师生在教育教学和交往过程中形成的比较稳定的人际关系。师生关系是儿童进入社会教育机构之后必然建立的，与亲子关系、同伴关系等相比，师生关系的独特之处就是它蕴含着带有明显的目的性和计划性的"教育教学关系"。

一、师幼关系的特点及价值

（一）师幼关系的特点

这里讲的师幼关系是指在托儿所、幼儿园或其他早期教育机构中形成的师生关系。因早期教育机构与基础教育其他阶段教育机构的主要培养目标、内部人际互动方式有区别，师幼关系除了有双向性（即儿童和教师的双向交流）、双重性（即效果可能积极，也可能消极）、差异性（即教师与不同儿童形成的师幼关系会不同）等一般表现之外，还具有以下几方面的特点：

1. 游戏性

儿童早期身心发展的水平决定了早期教育机构的活动以游戏为主，教育目标的实现大多以带有游戏性的教育活动为载体，这明显地区别于学校教育上课的形式，因而师幼关系更强调幼儿和教师在活动中获得的游戏性体验，按照刘焱的分析，游戏性体验包括兴趣性、自主性、胜任感或成就感、幽默感和生理快感等体验。

2. 稳定性和亲密性

早期教育机构中的教师与幼儿之间关系的建立，贯穿一日生活的每个时间段、每个活动。教师既是教育者，也是幼儿生活的照顾者，比中小学教师与学生的接触长久、广泛、全面，因而与幼儿建立的人际关系也更稳定和亲密。

3. 内隐的长久性

早期教育机构中的幼儿在顺利进入下一阶段学习生活之后，因身心迅速发展，常会出现不能清晰地记忆早年师幼关系的现象，不再依恋以前的教师，表现出外显的缺失但内隐的长期影响。

（二）师幼关系的价值

师幼关系的价值，是近 30 多年来被重视的研究领域。研究证实，和同伴关系的价值一样，幼儿与教师之间也会建立形成应对外部社会环境的各种策略和风格，这些策略和风格逐渐巩固和保持下来，对幼儿以后起着重要作用；教师在自己的职业生涯中，与教育对象和谐关系的建立，会促进教师教育行为及态度的改善以及自我的发展。[①] 以下从幼儿的角度阐述师幼关系的价值。

1. 对儿童的学习和教育机构生活适应发挥着重要作用

相对于亲子关系和同伴关系，师幼关系对幼儿的学习和教育机构生活的适应方面的影响最为突出。研究表明，那些感受到教师支持和温暖的幼儿更可能具有强烈的学习动机，对自己的能力更自信。同时，不同的师幼关系提供给幼儿的社会性资源不同，因而对幼儿之后的学校适应造成的影响也不同。一般来说，和谐的师幼关系给幼儿提供的是支持、帮助和安全感，不和谐的师幼关系让幼儿感受到的是压力、冲突和紧张感。

2. 对幼儿社会性，尤其是自我的发展具有极大作用

幼儿容易受到教师期望、评价、批评与表扬，甚至情绪、态度的影响。通过教师的直接指导，幼儿能够获取社会知识，学习一定社会的行为规范和价值标准；通过教师的示范以及自己的观察学习，幼儿能习得分享、合作、同情、谦让等亲社会行为。研究证实，那些感受到教师关爱和高期望的幼儿更可能具有高水平的自我意识，更倾向于自信、自尊。

3. 对幼儿的亲子关系、同伴关系产生一定影响

研究发现，积极良好的师幼关系有利于弥补和调整不安全的亲子关系，并促进亲子关系向安全方向发展。另外，师幼关系的性质和特征，如亲密性，对幼儿同伴交往中的主动性、能力、社交地位等，也有明显的影响。实践观察也发现，被教师肯定、与教师建立和谐关系的幼儿更倾向于被同伴接纳；对教师有更高情感安全感的幼儿在同伴交往中更少出现退缩行为、敌意和攻击性行为。

师幼关系、同伴关系等构成了教育机构的精神环境，它是无形的但却是

---

① 庞丽娟. 教师与儿童发展［M］. 北京：北京师范大学出版社，2003：317-318.

可感受和可体验的，为学习、生活在其中的幼儿及其他相关人员提供了活动进行的心理背景与基调，直接深刻地影响着其情感、社会性及个性的发展。Pianta 的研究表明，幼儿与幼儿园教师的关系对幼儿发展有着更为重要的意义，其重要性远远超过了幼儿以后建立的师生关系。

二、师幼关系的类型

师幼关系的类型是研究者们较为关注的问题，因研究角度不同，研究者建立了许多关系模式。随着测量方法的综合，关于类型问题的研究越来越深入。

我国学者刘晶波以依恋性与主动性为分类指标，通过观察分析将师幼交往分为假相倚型、非对称相倚型、反应相倚型、彼此相倚型四种类型。

姜勇等主要运用研究者观察、教师访谈和问卷调查的方法，从师生交往的目的（即教师在交往过程中关注哪些重要方面）、师生交往的情感性（即教师在交往中积极投入自身的情感程度、注意与幼儿情感互动的程度）、师生交往的宽容性（即教师对幼儿的理解和宽容程度）、交往中教师的发现意识（即教师在与幼儿的互动中主动发现幼儿的优点与长处，向幼儿学习的意识程度）、师生交往的方式（即教师在师幼交往中合理运用丰富的表情与动作的程度）五个维度，将我国幼儿园教师与幼儿的师幼关系划分为以下四种类型：

一是严厉型。这一类型中的教师在师幼交往的目的、发现意识、交往方式方面得分较高，但在交往的宽容性方面得分比其他三类要低得多，在交往的情感性方面得分中等。表现在师幼交往中，教师缺少对幼儿的情感支持，通常比较冷漠，批评和惩罚较多。

二是灌输型。这一类型中的教师除了宽容性略高于严厉型之外，其他几项得分都很低，特别是在师幼交往的目的、情感性上与其他类型差异很大，表现为重知识传授，很少根据幼儿的实际情况调整教育活动，在集体教育活动中总是说得多，导致幼儿的自主探究很少。

三是开放学习型。这一类型中的教师在师幼交往方式、宽容性、发现意识、情感性等方面的得分很高，特别是在宽容性和情感性方面得分是四类中最高的，在交往的目的性方面以知识为中心，表现为非常重视幼儿知识的获得，采用的方式是鼓励幼儿自主探究、自我发现。

四是民主型。这一类型中的教师在各方面的得分都较高，特别是在师幼交往的目的（非知识中心）性、发现意识方面处于最高水平，表现为重视幼儿的全面发展，并能充分理解和尊重幼儿的兴趣和需要。

三、影响师幼关系的主要因素

探明影响师幼关系的主要因素是建立和谐师幼关系的前提条件。师幼关系作为人际关系的一种，主要受其中有关联的人员，如幼儿、教师和家长，以及客观环境、社会文化性因素等的影响。[1][2]

（一）幼儿自身特征

幼儿自身特征，包括性别、外貌、气质特征、认知水平、人际经验、行为表现等都直接影响着教师的主观认识及幼儿对教师的主观感受，直接影响着和谐师幼关系的建立。

研究发现，女孩拥有比男孩更多的"让教师满意的技能"，女孩较少出现行为问题，参与活动的合作性更高，即使高攻击性的女孩也比男孩更会迎合教师的要求，与教师发生矛盾和冲突的机会更少，因此，她们与教师所形成的师幼关系也更为积极。

一些研究者采用标准的智力测验对幼儿进行测试，然后计算幼儿智商与其师幼关系的相关性，结果发现两者存在显著的正相关；另外，幼儿的认知水平、亲子交往和同伴交往的人际经验，会通过影响幼儿在游戏活动室中的行为而间接影响师幼关系；此外，幼儿由经验丰富而导致的认知成熟也会促进师幼关系的密切性。

从行为表现分析，有混乱行为、攻击性行为以及抗拒行为等问题的幼儿，与教师的社会接触互动比其他幼儿要少，教师面对有这样行为表现的幼儿时更倾向于批评和惩罚。更进一步的研究发现，有"行为问题"的幼儿即使作出了令人满意的行为也难以立即得到教师的积极反馈、表扬，而一旦出现不良行为就必然会受到消极的评价，甚至训斥。

关于气质特征、外貌的影响，在同伴关系的发展内容中已进行了说明。

（二）教师自身特征

教师自身的特征，如教师关于幼儿和教育的知识观念、沟通交流的敏感度，甚至教师的压力感、教学效能感、自我认识、期望、班级管理风格、受教育程度、教龄等很多方面都直接影响着师幼关系的和谐。

研究发现，教师持有幼儿是一个"主体性的个体"的观念，掌握情感支持行为、学习帮助行为、交流参与行为、约束控制行为、评价行为的实施策略方法等，对其与幼儿的关系影响巨大；教师所掌握的关于幼儿行为问题的知识和对幼儿行为的感知，会影响他们怎样看待幼儿以及与幼儿的互动。教师的专业知识较多，对幼儿的行为就会持较为积极的看法，对幼儿的需要就

---

① 庞丽娟. 教师与儿童发展 [M]. 北京：北京师范大学出版社，2003：321-323.
② 刘晶波. 师幼互动行为的研究 [M]. 南京：南京师范大学出版社，1999：28-36.

比较敏感，能够很好地倾听、参与，易与幼儿建立比较积极和谐的关系。

还有研究发现，教师本人幼年时的依恋史也可用来预测其与幼儿的关系。那些回忆自己年幼有较少父母惩罚的教师，与幼儿的关系会更亲密。

（三）幼儿特征与教师特征的组合

近年的研究发现，幼儿的能力、动机和行为风格与教师的期望等之间存在着一个协调和匹配的问题。一个认同规则和纪律的教师可能会想方设法地管束和控制一个有外显行为问题的幼儿，而最终使师幼关系陷入僵局；而一个喜欢在活动中给幼儿很多智力挑战的教师往往会觉得那些聪明的幼儿更能吸引自己，因而与他们建立更亲密的师幼关系。有行为问题的幼儿并不一定就会有消极的师幼关系，如果教师有较高的受教育水平和丰富的教育经验，那么其师幼关系也会比较好。同样，受训练较多，教育教学经验丰富的教师也并不一定就会有积极的师幼关系。

（四）教师与家长之间的关系

教师与家长之间的关系会影响教师对待幼儿的态度、行为方式以及幼儿对教师的感受，从而影响师幼关系。一些教师可能因种种原因与某些幼儿的家长关系紧张，并常不自觉地将对这些家长的消极态度传递到这些幼儿身上。即使教师能有意识地将对家长和对幼儿的态度进行区分，幼儿仍然能通过教师与父母交往时双方的言行举止或教师之间、家长之间的谈话语气中察觉到这种不和谐，进而产生师幼交往时的消极心理感受。

（五）客观环境因素

研究表明，幼儿园班级的规模、教师与幼儿人数的比例等客观环境因素对师幼关系也有一定的影响。教师与幼儿人数的比率越低，班级规模越小，教师与幼儿之间形成安全依赖关系的可能性越大；但教师与幼儿人数要保持一定比例，并非越小越好。此外，教师人选的稳定性也是影响师幼关系的因素，在经常更换教师的班级中，侵犯性强的幼儿比例高，师幼关系不和谐的也相对较多。

（六）社会文化因素

师幼关系还受到社会文化的深刻影响。我国的师幼关系，受"师道尊严"的影响，至今明显表现出强调幼儿服从教师的特征。研究发现，在师幼关系的类型中，与国外近些年的研究结果相比，我国拥有独特的一种类型——开放学习型，并且这种类型是我国幼儿园师幼关系中比例最高的一种类型，达到36.2%，这表明师幼关系受我国重视知识教育传统文化的深刻影响。

第四节 儿童性别角色的发展

性别是高级生命体先天固有的生物性标签之一，性别角色是社会成员应发展的最基本的身份之一，其获得的过程和状态对个体在社会生活中的适应起着重要的作用。

一、儿童性别角色概述

儿童性别角色的发展是儿童社会化过程的又一重要内容和社会性结果。但曾经在很长的一段时间内，关于此问题的研究结论，分歧很大，甚至互相矛盾。休斯顿（Huston）认为，概念上的混乱是导致这一结果的主要原因。综合多种文献，我们认为，性别角色是指个体在一定的社会文化背景下，基于生物性性别的不同而产生的品质特征，包括性别概念、性别角色知识、性别行为模式三个方面。

（一）性别概念

性别概念是指儿童对自己及他人的性别的认识和稳定。关于性别概念的发生时间，目前的研究结论有一定差异，但一般认同谢夫（Schaffer）的研究结果：儿童对自我性别的认同出现于1岁半—2岁，对自我性别认同的稳定时间为3—4岁；儿童对他人性别认同的稳定时间是在6—7岁（见表7-4）。

表7-4 儿童性别概念发展的顺序[①]

步骤	年龄	测验问题	特点
性别认同	1岁半—2岁	"你是个男孩还是个女孩？"	正确地把自己和他人认作男性或女性
性别稳定	3—4岁	"你长大后是当妈妈还是当爸爸？"	理解人一生性别保持不变
性别恒常性	6—7岁	"如果一个男孩穿上女孩的衣服，他会是一个女孩吗？"	意识到性别不取决于外表（如头发或衣服等）

注：把达到或超过75%的正确反应率作为每一测题的通过率。

（二）性别角色知识

性别角色知识是指个体对不同性别行为模式的认识。库恩（kuhn）等人的研究显示，2岁半的儿童就表现出了有较为稳定的性别角色知识。他们向2岁半和3岁的儿童出示一个男布娃娃和女布娃娃，问儿童男孩、女孩都会做哪些动作，如做饭、缝纫、玩火车游戏、长谈、打斗、爬树等，结果这两个年龄段的儿童较为一致地认为：女孩喜欢玩布娃娃，喜欢帮助母亲，喜欢

---

① 转引自张文新. 儿童社会性发展 [M]. 北京：北京师范大学出版社，1999：428.

做饭，喜欢打扫房间，说话多，不打架，喜欢说"来帮帮我"；男孩喜欢帮助父亲。

柯尔伯格从认知发展的角度，将个体性别角色的早期（从出生至 8 岁）发展分为以下三个阶段：

第一阶段，从出生至 3 岁左右。性别角色发展的任务是获得性别身份的确认。儿童首先要学会用正确的性别身份符号来称呼自己。通过学习，儿童开始了解到自己是男孩还是女孩。但此时儿童对自身性别身份的这种认识还是外在的、标签式的。也就是说，儿童之所以把自己看成男孩或女孩，完全是因为父母或其他成人都这样说或教他这样说的。儿童给自己的性别身份贴上标签后，开始给别人贴标签，认识他人的性别身份。在此过程中，儿童逐渐认识到性别身份标签所包含的意义，开始获得关于自身和他人的性别身份的确认。

第二阶段，3、4 岁至 6 岁左右，即幼儿园阶段。这一阶段的主要任务是性别角色的获得。儿童开始具有关于不同性别的一些比较固定的看法。同时由于自身性别身份的确认，儿童的行为也开始在环境的影响下，根据自己的性别身份逐渐固定下来。在此阶段，儿童的性别恒常性概念开始形成，这对儿童性别角色的发展具有重要意义。儿童认识到自己的性别并不因为长大而发生变化。这就促进了儿童对同性成人长辈的心理认同和模仿，而且为儿童性别角色的习得和性别行为的定型奠定了基础。

第三阶段，6 至 8 岁，即学龄初期。在前两个阶段的发展中，儿童已经形成了牢固的关于性别身份的确认和性别恒常性的概念。因此，在进入小学后，伴随着儿童认知能力的提高，儿童按照社会所规定和赞许的合乎自身性别身份的性别角色标准进行自我强化，不断地根据社会文化的角色期望对自己已有的性别角色概念进行调整和合理化，使自己成为一个符合社会要求的合格的社会成员。这时，儿童的性别角色规范开始稳固下来并内化到个体的人格结构之中，成为个体各种社会观念和价值体系中的一个重要组成部分。

（三）性别行为模式

许多研究都表明，2 岁前男孩和女孩的行为没有太多的差异，只是女孩对人更敏感，对成人更亲近；在不能控制的情境中，男孩有更多痛苦的表现；女孩开始说话的时间比男孩要早。

2 岁以后，男孩和女孩的性别行为偏向逐渐明显。首先，二三岁的儿童在游戏材料及内容的选择上，表现出差异：女孩对布娃娃、表演和娃娃家游戏更感兴趣，男孩更多选择汽车、坦克类交通玩具、积木及需要运用大肌肉的活动，如扔球、踢球、奔跑等。其次，游戏时在同性同伴的选择上，女孩更早表现出偏好，但女孩在遵从性别相适行为上没有男孩那么严格，这可能与社会对女子气的男孩容忍度更低有关。

（四）儿童性别角色发展的类型化及双性化

随着儿童年龄的增长，其性别角色的发展最终类型化，即个体在一定的社会环境及活动中获得性别角色特征。一般有以下几种情况：

一致化，即男孩或女孩获得的符合所处文化对男性或女性的期望特征；交叉化，即男孩或女孩获得的符合所处文化对女性或男性的期望特征；双性化，即男孩或女孩在获得符合所处文化对男性或女性的期望特征的同时，还兼具女性或男性的特质；未分化，即男孩或女孩未获得符合所处文化对男性或女性的期望特征。

传统的观点认为，一致化的儿童，其心理健康程度高，具有良好的社会适应能力，但从 20 世纪六七十年代之后，贝姆（S. Bem）的"心理双性化"观点的提出，使人们更倾向于认为，一个在事业上独立、自信、支配感强，在家庭中具关怀、同情心的男性拥有更强的灵活性和适应性，更能适应环境的要求。

二、影响儿童性别角色发展的因素

（一）生物学因素

性激素对儿童性别角色的发展影响深远，并随生物学、医学的发展引起人们的高度重视。在胎儿正常发育的过程中，雄性激素或许更早作用于男孩，使得他们对身体活动更加积极，对打斗游戏更感兴趣。

这种关于性激素影响的观点受到质疑，主要在于，目前人们认识到这种性激素的差异只是导致儿童的活动水平差异、对性别适宜游戏和玩具的偏好，而不是直接导致成长过程中的最终性别差异，不同文化中的性别角色有很大的差异。

（二）环境因素

现代的一系列研究表明，成人从儿童一出生，就倾向于以一种性别刻板的方式来评论儿童的身体特征以及他们的个性特点。对于刚做父母的人来说，这些性别偏见知觉似乎更强烈。在一项研究中，研究者对出生 24 小时的新生儿的父母进行了访问，尽管刚出生的男孩和女孩在身长、重量及其他方面并没有不同，但父母感觉他们不同。他们认为儿子更结实、更容易合作、更警觉、更强壮并且能吃苦，而女儿则更温柔、容貌姣好、更细腻但不灵活，且缺乏注意力。

伴随着儿童的成长，成人以刻板的方式来规定儿童的行为，如给学龄前的孩子"性别适宜的"玩具，并且认为男孩和女孩的抚养方式应该不同。例如，当问及父母养育孩子的价值观时，父母倾向于认为成功、竞争以及情绪的控制对男孩子来说是重要的，温暖、"女士式的"行为以及活动的密切指导对女孩来说是重要的。

父母对孩子性别角色发展的影响，似乎父亲的作用更为特殊。有的心理学家认为男孩缺乏男子气与男孩从小没有一个可供模仿的父亲有关；也与母亲的养育方式直接关联，在没有父亲的家庭里，母亲往往给予男孩过度的关心和照顾，使他们从小就无法从事男孩的冒险活动。

出于对班集体纪律的维护，教师更多地强化着两种性别的儿童"女性化的"而不是"男性化的"行为。在教室中，听话的学生常常会得到重视。有人认为这种"女性化的偏见"导致了学校中男孩的不适，但是它对女孩同样甚至更加有害，她们会习惯于对独立和自尊的负面认识。

此外，同伴、媒体的强化，以及自我的社会化对儿童性别角色的发展都具有一定的影响。

＊第五节　儿童社会性发展的认知神经科学研究

如鱼得水的社会交往，依赖许多技能。儿童在发展过程中逐渐习得这些技能并将其灵活地运用于日常生活。越来越多的研究者开始关注儿童社会认知技能发展的神经基础。

一、依恋发展的神经生物学研究

研究揭示，心理学的依恋理论存在一个简单行为、生理和神经的过程作为其基础。显然，早期婴儿依恋的特质反映了早期婴儿感觉和运动整合、早期学习、交流、动机和通过母婴交互对生物行为系统的调节的特质。下面介绍通过神经生物学方法来试图回答"依恋"概念中三个主要问题的研究成果。[①]

（一）母婴依恋的建立

婴儿如何能找到他的母亲，并与她亲密相处呢？发展认知神经科学家确信婴儿在出生前已经通过声音的熟悉而偏爱母亲的声音。新生的幼鼠对自己母亲羊水的气味有偏爱，这有助于幼鼠找到母鼠的乳头并得到哺乳。在围生期过渡时，新生的幼鼠已经具备了发展依恋所需要的运动功能。在子宫内胎鼠正进行一系列自发的运动，包括卷曲、伸展及躯干和四肢的运动。幼鼠

---

① 参阅 NELSON C A. Handbook of developmental cognitive neuroscience[M]. Cambridge, MA: MIT Press, 2001: 599-616.

在出生一天以内对来自上方的柔软表面的温柔刺激表现出异常活跃的行为反应。在出生后两天，它们已经能分辨出自己母亲的气味，并对住的窝的气味产生偏爱。

神经生物学家发现幼鼠早期母婴依恋的建立主要依赖对气味辨别的学习，其次体感信息对母婴交互也很重要。幼鼠气味偏爱学习的神经基础在于出生后第一周内嗅球的神经变化。许多神经递质如5-羟色胺等都在新生幼鼠的嗅觉学习中起作用，但其中去甲肾上腺素对嗅觉发育和形成中的神经可塑性最为重要。实验显示，嗅球中的去甲肾上腺素在幼鼠气味学习的过程中增加，且嗅球结构中的僧帽细胞（mitral cell）对学习过的气味产生反应；另外如果在某一气味学习过程中向幼鼠的嗅球注射去甲肾上腺素，会导致幼鼠对这一气味的偏爱。对于母鼠而言，去甲肾上腺素也能易化其对幼鼠的认知。嗅球中的去甲肾上腺素是由脑桥蓝斑核去甲肾上腺素能神经元投射而来的。研究发现，新生的蓝斑对感觉刺激的反应比成年蓝斑更为显著，反应时间也长得多（前者20~30秒，后者大约只有几秒）。而研究显示杏仁核与海马在幼鼠的气味学习过程中似乎都未发生作用。目前来看，对于理解母婴依恋的神经生理基础研究，还有许多未尽之工作。

（二）分离焦虑

为何母婴分离会带给婴儿如此严重的生理和行为反应呢？实验研究发现，将母鼠带离幼鼠之后，导致幼鼠生长激素水平迅速下降，而通过积极抚触来模仿母鼠的舔毛可以抑制生长激素的下降。这一反应的脑机制，是由于母鼠的舔触通过神经递质5-羟色胺2A和2C受体，调节了生长激素释放因子和生长激素抑制素之间的平衡。生长激素释放因子与生长激素抑制素都对垂体下叶生长激素的释放起调节作用。由分离导致的母鼠舔触减少，使得生长激素释放因子下降、生长激素抑制素升高，并带来生长激素分泌的减少。

早期婴儿社交隔离引发的反应之一是婴儿的分离呼喊，这在许多物种中也有发现。幼鼠与母鼠在分离后出现的分离呼喊，又称为超声发声（ultrasonic vocalization，USV）模型，已被广泛运用于抗焦虑药物的研制中。对幼鼠进行神经解剖发现，对导水管周围灰质进行刺激可以诱发USV，而化学损坏该区域后USV被阻断。参与猫和灵长类动物分离呼喊的高级中枢有下丘脑、杏仁核、丘脑和海马等。分离呼喊也通过自主神经系统和肾上腺素皮质系统来调节。

（三）母婴早期交互对婴儿发展的影响

母婴交互的模式对婴儿的发育具有深远影响。研究发现，在断奶前，母婴之间的交互会对婴儿下丘脑－垂体－肾上腺皮质轴（hypothalamus-pituitary-adrenal axis，HPAA）的发育产生影响。例如，出生9—12天幼鼠的皮质酮和促肾上腺皮质激素水平对分离的反应幅度在 24 小时的母婴分离后增加了 5 倍。

研究者发现在断奶前母婴交互模式对 HPAA 的影响还具有长期效应。有些母鼠有比同类更高水平的舔触（licking）、梳毛（grooming）和高弓背喂养方式（high-arched back nursing position），可简写为 LG/ABN。试验者发现 LG/ABN 组的幼鼠在后来的一系列行为学试验中表现得更加勇敢，并且其 HPAA 对受限压力的反应比很少接受该种母婴交互模式的幼鼠要小。从这一结果可以推断，母婴交互模式可以改变婴儿成年后的惧怕行为和生理反应特性。

二、儿童面孔加工的脑机制研究

（一）新生儿期

研究新生儿的面孔知觉和记忆能力是非常重要的，因为这可以使我们评价婴儿出生时的代表性偏爱，而这种偏爱可以对其随后的学习进行指导。从出生后视觉经验开始时这些偏爱就在人的感觉中固有，它们并不依赖面孔出现的视觉经验。在视觉环境中新生儿对面孔类似刺激偏爱的神经基础是什么？有假设认为这是被皮层下的视网膜背盖通路所控制的，因为新生儿仅仅在皮层下系统敏感的条件下才表现出偏爱。

新生儿不仅对面孔进行偏好定向，他们还加工关于面孔的信息，婴儿在出生后几小时或几天时看母亲的脸就比看陌生人脸的时间长。这种早期的学习由海马来调节，海马系统参与记忆，且比视觉相关新皮质的功能成熟得更早。海马系统类似一般目的机制而不是面孔－特定机制，因为新生儿也能够再认他们已经熟悉的非面孔刺激。不但如此，研究结果表明新生儿还能够加工关于面部表情的信息。

（二）婴儿期

婴儿对面孔的视觉注意的标志性变化大约发生在出生后 8 周。此时，婴儿对周围移动面孔的偏好开始减弱，而对出现在中央视野里的面孔比对其他的刺激形式有更多的偏爱，这种行为上的变化可归因于视觉皮层通路的功能性发展。较小的婴儿对面孔的反应与成人似乎有很大不同，主要是基于眼睛而不是全部的面孔特征。在 6 个月大时，婴儿对面孔的反应与成人也有所不同，用 ERP 检验面孔加工的神经关联发现，成人对人类面孔反应的 ERP 成分比婴儿更为特异化。

大约在两个月时，婴儿的视觉加工发生了一些变化，影响了他们对面孔信息本身的加工。一是婴儿对精致面孔的内部特征变得更加敏感，如 2—3 个月大的婴儿能够依据面孔的内部特征来记住面孔。二是婴儿开始在个体面孔之间连接信息。1 个月大和 3 个月大婴儿之间的变化可能反映了颞叶皮层的发展以及它们与海马之间的联系。1 个月大婴儿的记忆可能反映了海马编码的"纯粹"形式，从尚未发展完善的皮层输入的视觉前加工没有影响海马的输入，这使得婴儿可以在没有其他加工信息的情况下单独地学习面孔经验。随着经验的逐渐积累，腹侧视觉通路的新皮层回路会逐渐改变海马的输入。6 个月大的婴儿对母亲面孔再认的 ERP 活动在右半球比在左半球更显著，而对于熟悉的玩具的 ERP 活动则在两半球是相同的。

婴儿能够区分一系列不同的面部情绪表达。研究表明，7 个月大的婴儿像成人一样显示出对面部表情的分类知觉。现在对婴儿期面孔再认的神经通路的发展还知之甚少。有一些证据表明杏仁核在婴儿期参与了对面部表情的加工，但是目前还不清楚对不同表情的加工是否由不同的通路来完成。

（三）童年期

儿童对面孔的心理反应也与成人不同。成人有显著的异族效应，即对其他种族面孔的再认比相同种族表现得更差。相反，在儿童身上就没有出现这样的模式。6 岁的白人儿童能够对白人和亚洲人同样熟练地进行再认。面孔加工的 ERP 研究显示了在童年期面孔反应的变化：在 5 岁儿童大脑可以观察到 N170，它的潜伏期随着年龄的增长而减小，且右半球电位的幅度随着年龄增长而增加。此外，成人在额叶－中央区的一个面孔特异性正成分在 12 岁以下的儿童中未出现。此电生理指标的功能性变化可能反映了 10—12 岁儿童面孔加工机制的转化。

在对面孔的记忆方面，大约 4 岁时，儿童对熟悉的已知面孔就达到了成人的水平，但是对不熟悉面孔的再认直到儿童晚期也未能达到成人的水平，这些变化的机制还不是很清楚。目前有四种假说试图解释这些变化：编码转变假说、基于标准面孔编码假说、加工深度假说和右半球发展假说。儿童面孔加工记忆的变化可能部分地归因于梭状回和左额叶的功能发展，因为已知这两个区域参与成人对面孔的记忆，而这些变化部分地由经验操纵。

三、性别角色发展的认知神经科学研究

（一）性别的发育与分化

雄性和雌性的区别表现在许多方面，从身材、肌肉到激素功能等。儿童遗传的性别决定了其解剖上的性别。在发育过程中，胎儿在何时并如何分化为不同的性别？遗传怎样导致雄性或雌性性腺的发育？我们必须了解在发育过程中性腺的独特地位，不像肺和肝等其他器官，发育成性腺的基本细胞不是只有单独的发育通路。

在妊娠的最初 6 周，性腺处于未分化状态，它可以发育成卵巢或睾丸。

未分化的性腺具有两个关键的结构：Mülleran 管和 Wolffan 管。如果胎儿具有 Y 染色体和 SRY 基因，睾丸激素就会产生，Wolffan 管发育成雄性生殖系统。同时 Mülleran 管在 Mülleran 抑制因子的作用下停止发育。相反，如果没有 Y 染色体和睾丸激素的增加，Mülleran 管就发育成雌性生殖系统，而 Wolffan 管则退化。雄性和雌性外生殖器从相同的尿生殖器发育而来。这也是为什么有婴儿可能在出生时会出现介于雄性和雌性中间状态的生殖器，就是所谓的两性畸形。[①]

但是最近研究却发现，"蛇属"之外的一部分爬虫类动物的性别是由孵化温度决定的。例如，"蜥蜴属"中的美洲鳄（短吻鳄）如果孵化环境温度升高的话，雌鳄的出生率就会下降，超过一定温度以后，孵化出来的都是雄鳄；而低于 28 ℃孵化出来的都是雌鳄。海龟则刚好相反，孵化温度超过 32 ℃时孵化出来的都是雌海龟。这种由温度而不是染色体决定性别的现象称为 TDS。

（二）认知发展与中枢神经系统的性别二态性

在认知能力的发展上，似乎存在着显著的性别差异。例如，女性在速度感知、口语流畅性、客体定位（序列的）、辨别物体特定属性、精巧的手工任务和算术等方面比较擅长；而男性在空间任务，如三维物体的心理旋转、目标导向的动作技巧、复杂图形中的测点定位和数学推理等方面比较擅长。在情绪回忆方面，女性比男性更多地使用边缘系统；女性在判断不同的情绪类型方面也较男性擅长。大量关于青少年的心理测验表明，男孩在数学、科学、社会研究方面的得分比较高，女孩在阅读理解、速度感知、事实和概念等方面的记忆比较好。男孩的得分差距很大，且他们的写作得分显著低于女孩。

总之，男孩与女孩在脑动态功能和脑解剖结构方面的差异，是基因、性激素、环境与经验共同作用的结果。

本章小结

社会性发展（社会化）是儿童作为人类社会群体中的一员，在成长发展过程中必然面临和必须解决的重大课题。儿童社会性的发展包括多个方面，其中人际关系的发展是其核心和主线，尤为影响深远的是儿童早期与"重要他人"的交往并建立的人际关系。

儿童早期与父母，特别是与母亲建立的依恋关系，直接并深刻地影响着

---

① 贝尔，柯勒斯，帕罗蒂斯. 神经科学：探索脑 [M]. 王建军，主译. 北京：高等教育出版社，2004：525.

儿童今后人际关系的建立及其社会性的发展。

儿童早期亲子依恋的形成和发展表现出阶段性，按照鲍尔比的研究，亲子依恋有四个阶段：前依恋期、依恋关系建立期、依恋关系明确期、互惠关系的形成期。

儿童早期亲子依恋有多种类型，爱因斯沃斯运用陌生情境技术将之分为三大类八小类，后来梅因等人提出了第四类——混乱型。这些类型最终可概括成两类：安全型和不安全型。

早期亲子关系的建立和发展受到父母，特别是母亲的内在工作模式、抚养品质、缺失及不稳定情况，儿童的气质、智力和生理特征等以及家庭情况和社会文化环境的影响。

同伴关系的良好发展是儿童走出家庭、发展自我、适应社会的又一保证。在这一发展过程中，儿童早期的同伴关系就表现出有的受到同伴的接纳欢迎；有的处于拒斥、忽视、矛盾和一般等复杂的境地。这种状态在人生发展的早年出现，有多种多样的影响因素，主要有家长的教养方式、教师的影响，以及儿童的个体特征等。

师幼关系的建立和发展是儿童社会性发展的又一表现和结果，对于儿童及相关的教师的发展和适应同样具有重要价值。师幼关系表现出游戏性、稳定性和亲密性、内隐的长久性和特点。由于儿童自身特征、教师自身特征、儿童和教师特征的匹配、教师和家长之间的关系、客观环境、不同民族的文化传统等因素的复杂交互影响，师幼关系显示出多种多样的类型，有的高度适切，有的不和谐。

儿童性别角色发展的状态对其社会适应、心理健康具有重要影响。性别角色形成的三方面共同受到生物性、社会环境、自我等多方面因素的交互作用，早期家长和教师的影响因素更明显。

进一步学习资源

- 关于人类个体社会性发展的知识体系，可参阅：

艾森克. 心理学：一条整合的途径 [M]. 闫巩固，译. 上海：华东师范大学出版社，2000.

- 关于儿童社会性发展各方面的知识，可参阅：

1. 俞国良，辛自强. 社会性发展心理学 [M]. 合肥：安徽教育出版社，2004.

2. 克斯特尔尼克，等. 儿童社会性发展指南：理论到实践 [M]. 邹晓燕，等译. 北京：人民教育出版社，2009.

3. 杨丽珠，吴文菊. 幼儿社会性发展与教育 [M]. 大连：辽宁师范大学出版社，2000.

4. 李幼穗. 儿童社会性发展及其培养 [M]. 上海：华东师范大学出版社，2004.

- 关于国内外儿童社会性发展研究的最新信息，可参阅以下相关杂志：
《心理发展与教育》、*Child Development*。

思考与探究

1. 依恋对个体生存及发展的意义是什么？

2. 亲子关系形成的时间及标志是什么？

3. 儿童早期亲子关系发展分为几个阶段？

4. 儿童早期亲子依恋关系有哪些类型？怎样较为准确地得出亲子依恋的某种类型？

5. 儿童早期同伴关系发生发展分为几个阶段？今后将怎样发展？

6. 你能用哪些方法对某一儿童的同伴接纳程度作出较为科学的评价？

7. 你觉得如何有效提高被忽视儿童的同伴重视程度？

8. 幼儿园教师经常感慨："幼儿园的孩子一进小学，马上就把我们忘记了，见到我都认不出来了。"你怎样看待这一现象？

9. 如果你是教师，你将会与幼儿建立起怎样的师幼关系？

10. 你怎样理解早期亲子关系、同伴关系、师幼关系的重要性。

11. 在学前儿童的行为中，你看到的性别差异有哪些？

12. 你认为怎样的性别角色类型最为良好？

13. 在学前儿童性别行为角色发展中，家长、教师的影响是什么？

趣味现象·做做看

草地上，妈妈和宝宝正在游戏。你与宝宝应是不熟悉的，你拿着宝宝喜欢的玩具（如气球、拖拉鸭）在旁边玩，观察宝宝的反应3分钟。注意在此过程中，妈妈和宝宝的游戏应是较为安静的，你的位置应在妈妈一侧，距离宝宝3米左右，可有意逗引宝宝。逗引时，妈妈的脸有意转向另一侧。

该过程考察儿童的探究反应情况。不同的儿童表现出的探究反应状态是不同的，这反映了他们与自己母亲建立的不同的依恋类型。一般地，安全型依恋的儿童更多表现出对玩具、逗引的积极回应，面带快乐的表情走向你；不安全型依恋的儿童可能表现出更多的迟疑、退缩，有想玩又怕的矛盾心理。

第八章 　 儿童个性的发展

本章导航

本章将有助于你掌握:
- 儿童早期气质的类型
- 气质的稳定性及其对认知和行为的影响
- 抚养和教育方式与儿童气质的适应
- 儿童早期性格的发展

- 儿童能力发展的一般趋势
- 关于智力定义的研究及儿童智力发展的趋势

- 儿童自我的产生及发展的一般趋势
- 儿童自我概念的发展及其形成和发展的条件
- 儿童自尊的发展及其影响因素
- 儿童自我控制和自我调节的发展

- 儿童气质与自我发展的认知神经科学研究

七八个月大的佳佳，看到镜子中的自己时，好奇地注视着，并用手抚摸镜子中的自己，对他微笑并"咿咿呀呀"地招呼着，表现出对同伴的反应特征，似乎这个镜像是另一个人。他还会把自己的手指、脚趾放进嘴巴里，用刚生出的几颗牙齿咬，有时咬疼了就哭叫起来。

15 个月大时，佳佳再次看到自己的镜像时，会重复地摆动手、摇头，做出多种动作，观看欣赏着镜像的变化，似乎已知道这是自己。这时的佳佳还明确了这是"佳佳"的手，这是妈妈的手。

2 岁以后，佳佳开始用"我"来称呼自己，常用"这是我的。""我要……"来说明自己对玩具食物的拥有，以及对妈妈、爸爸发出指令。

4 岁左右的佳佳，当被问到"谁是好孩子？"时，会说"我是。""老师说我是好孩子。""我分巧克力给闹闹吃了。"

☞视频：什么是个性

佳佳的这一系列行为表现，随年龄增长有着明显的变化，这是儿童个性发展，特别是自我发展的一个缩影。

个性是一个人具有一定倾向性的各种心理特征的总和，反映着一个人的心理面貌和精神面貌。个性在每个人身上都有所体现，在每个人毕生发展的过程中连续且分阶段地表现着，变化着。

我国传统上强调个性的个别性、独特性，现在更多重视的是个性作为较为稳定的个体心理面貌和精神面貌的整体性、统合性，因而在发展的趋势方面，一般认为，学前期是个性萌芽、初步形成的时期，学龄期是个性逐渐形成、最终完成的时期。

个性是一个多维度、多层次的复杂心理结构，因而其发展的内容是多种多样的。本章有所侧重地从个性心理特征及自我意识系统两个方面来介绍，以特别体现学前儿童个性发展的主要方面。

第一节　儿童早期气质、性格的发展

气质是与个体生理特征，特别是与脑神经活动特征紧密联系的心理活动的动力特征，一般认为它是个体最早表现出来的个性心理特征，是一个人个性和社会性发展的基础。性格是人在对现实的稳定的态度和习惯化了的行为方式中所表现出来的个性心理特征。我国学者认为性格是具有核心意义的个性心理特征，主要是在后天因素的影响下发展起来的。

一、儿童早期气质类型的测定

气质问题的研究有着久远的历史，可以追溯到 2 世纪古希腊学者希波克里特，但对儿童气质发展的科学研究及应用应是从 20 世纪初期开始的。

目前关于儿童气质发展的研究，最为丰硕的成果集中在儿童气质维度方面。通过这些研究成果，我们能对儿童的气质类型有明确的了解。

（一）0—3 岁儿童的气质类型

在所有关于儿童气质类型的研究中，0—3 岁是最受气质研究者们关注的阶段。研究者对儿童气质类型的分类主要有以下几种：

1. 容易抚育型、抚育困难型、发动缓慢型

这是美国学者托马斯和切斯（A. Thomas & S. Chess）提出的，是儿童气质研究中最有代表性的一项成果。

托马斯和切斯进行了长达 10 多年的追踪研究，通过对儿童的父母进行访谈和问卷调查收集资料，结合自己丰富的临床经验，他们提出 9 个相对稳定的维度：活动水平、规律性、常规变化适应性、对新情境的反应、感觉阈限水平、反应强度、积极情绪或消极情绪、注意分散度、坚持性和注意广度（见表 8-1）。他们把 0—2 岁儿童的气质分为基本的三种类型：容易抚育型、抚育困难型、发动缓慢型（不同气质类型的行为特点见表 8-2）。

表 8-1　9 种气质维度及表现 [1]

名称	表现
活动水平	在睡眠、饮食、玩耍、穿衣等方面身体活动的数量
规律性	机体的功能性，表现在睡眠、饮食、排便等方面
常规变化适应性	以社会要求的方式调整最初反应的难易性
对新情境的反应	对新刺激、食物、地点、人、玩具或玩法的最初反应
感觉阈限水平	产生一个反应需要的外部刺激量
反应强度	反应的能量内容，不考虑反应质量
积极情绪或消极情绪	高兴或不高兴行为的数量
注意分散度	外部刺激（声音、玩具）干扰正在进行的活动的有效性
坚持性和注意广度	在有或没有外部障碍的条件下，某种具体活动的保持时间

表 8-2　3 种气质类型的行为特点 [2]

特征维度	类型		
	容易抚育型	抚育困难型	发动缓慢型
活动水平	变动	变动	低于正常
生理节律	规律	不规律	形成慢
注意分散度	变动	变动	变动

---

① 艾森克. 心理学：一条整合的途径 [M]. 闫巩固，译. 上海：华东师范大学出版社，2000：465.
② 庞丽娟，李辉. 婴儿心理学 [M]. 杭州：浙江教育出版社，1993：313.

续表

特征维度	类型		
	容易抚育型	抚育困难型	发动缓慢型
趋避性	接近	逃避	起初逃避
适应性	强	慢	慢
注意广度、持久性	高或低	高或低	高或低
反应强度	中等	强	弱
反应阈限	高或低	高或低	高或低
心境	积极	烦躁	低落

按照托马斯和切斯的测定，容易抚育型约占40%、抚育困难型约占10%、发动缓慢型约占15%，这三类共占全体被试的65%。其余35%具以上2种或甚至3种类型混合的特点，可归为交叉型。

托马斯和切斯于1986年又把这9个维度归纳为5个：生物节律性和可预测性、对新异刺激的趋避性、对新经历和常规改变时的适应性、情绪反应强度、典型心境（典型的情绪状态）。

这3种气质的儿童在生活中比较容易区分：容易抚育型婴儿，生理节律规则化，愉快情绪多，情绪反应适中，对新异刺激一般反应积极，较易适应环境；抚育困难型婴儿，生理节律的规律性差，成人较难掌握他们的睡眠、喂食、排泄等方面的不规则变化，负性情绪多，情绪反应强烈，对新异刺激反应消极，较难适应新环境；发动缓慢型婴儿在活动性、适应性、情绪性反应上均较慢，情绪方面经常不甚愉快，在没有压力的情况下，对新异刺激会慢慢感兴趣，并慢慢活跃起来。[①]

2. 抑制型、非抑制型

这是20世纪80年代美国心理学家凯根（J. Kagan）提出的基于不同研究思路的气质类型。

以往气质研究的一般思路——通过采访或提问父母、教师或其他熟悉儿童的人（如儿科医生）来估测气质——受到了许多的质疑。一般认为，虽然这些成人与儿童交流更方便，他们也更了解儿童，但同时，他们提供的信息特别是来自家长的信息往往更主观且存在偏见。如父母在孩子出生前对孩子的气质期望会在婴儿出生后极大地影响回答结果。母亲的某些心理特征，如焦虑、消沉、自卑，会使她们认为自己的孩子有更多的困难。因此，父母对孩子的评价与对孩子行为的观察只有适度的相关。

凯根从自然科学的研究方法中汲取营养，增加实验室观察的方法研究儿

---

① 陈帼眉. 学前心理学 [M]. 北京：北京师范大学出版社，2000：340-341.

童的气质。他的这一经典研究对 117 名智力水平相当的美国中产白人儿童进行追踪。研究从儿童 14 个月大开始，分别在儿童 20 个月、32 个月、48 个月、66 个月、89 个月大时进行实验室观察和母亲访谈。实验室观察主要采用陌生情境法，让母亲和孩子一起来到实验室，观察儿童在不同陌生情境（陌生环境；陌生人，包括成年女性以及同年龄、同性别的同伴；陌生物体，如机器人、面具、隧道玩具）下的反应，对其在每个情境中的行为抑制性或非抑制性进行编码，并与针对母亲的问卷调查等的研究相结合，最后确定其抑制或非抑制的类型。

在对气质特质抑制—非抑制这一项内容的研究中，凯根把儿童划分为抑制型和非抑制型。抑制型儿童的主导特征是拘束克制、谨慎小心和温和谦让，行为抑制，经常有高度情绪性和低度社交性。非抑制型儿童表现出活泼愉快、无拘无束、精力旺盛、冲动性强。凯根研究发现，在白人儿童中，大约 10% 属于抑制型，25% 属于非抑制型。

（二）3—7 儿童的气质类型

明确提出 3—7 岁儿童气质类型的，是基于神经机制理论的研究者马丁（H. Martin）。他将这一时期儿童的气质特质分为 5 种：抑制、负情绪、活动水平、缺少任务坚持性、冲动性；据此归纳出 7 种气质类型：抑制型、高情绪型、冲动型、典型型、沉默型、积极型、非抑制型。

刘文、杨丽珠等人根据气质的 5 个基本维度（情绪性、活动性、反应性、社会性、专注性），将我国 3—9 岁儿童的气质类型划分为活泼型、专注型、抑制型、均衡型和敏捷型（见表 8-3）。

表 8-3　3—9 岁儿童气质类型及典型行为表现特点[①]

类型	表现
活泼型	精力旺盛、好动、活动量大且时间长；情绪易激动、不稳定、耐受性差；对外界的刺激包括认知活动的反应一般；对环境和人的适应性、灵活性表现一般；坚持性差，注意力易分散
专注型	注意力持久，坚持性强，注意力不易分散；喜欢安静的活动，活动量小；情绪稳定，不易激动，耐受性强；对外界刺激的反应包括认知活动反应一般；对环境和人的适应性、灵活性一般
抑制型	对环境和人的适应性、灵活性较差，退缩、害羞；不喜欢大运动量的活动，情绪稳定、不易激动；对外界刺激反应包括认知活动的反应水平低；坚持性强、注意力不易分散
均衡型	情绪基本稳定；活动强度、时间适中；对各种刺激反应一般；对环境和人的适应性、灵活性一般；注意力持久的程度中等
敏感型	对外界各种刺激的感受性强、敏锐、反应快、接受新事物快；注意力持久，易集中、不易分散；活动强度和时间适中，对环境和人适应快、灵活；情绪表现比较稳定，积极情绪占主导

[①] 刘文，杨丽珠，邹萍. 3—9 岁儿童气质类型研究 [J]. 心理与行为研究，2004（4）：603-609.

这些关于儿童早期气质类型的研究成果，让我们深刻地体会到儿童气质的差异以及气质作为个性发展基础的意义。

二、气质的稳定性及其对认知和行为的影响

（一）气质的稳定性及影响因素

气质是脑神经活动多种特性的独特整合，有着明显的先天遗传性，表现出相当的稳定性。正如凯根在多年的研究中发现的，行为抑制性是一种从出生就有所表现，并一直保持到成年的心理品质。我国民间流传的"江山易改，本性难移""三岁看大，七岁看老"，就是指人的气质的稳定性。

但同时，气质并不是一直稳定不变的。作为气质基础的神经系统本身是随年龄的变化而变化的，且其早期表现的行为特征在以后的发展中常会被重组，成为一个更新、更复杂的系统。这种稳定中的不稳定性，表明了气质是多种影响因素共同作用的结果。

1. 遗传特征

大量研究证明，同卵双胞胎比异卵双胞胎在气质特征方面，如活动水平强度、社交性、害羞程度、情绪反应强度、指向性、注意稳定程度等，表现出更多的共同点、相似性。

现代分子生物学研究也揭示，儿童血浆中谷氨酸脱羧酶活性的水平及其相关基因多态性与气质的关系密切。

2. 环境特征

大多数人认为，在相同的家庭环境中长大的孩子，他们的气质会更接近。但是，发展心理学家在研究婴儿气质稳定性时，却得出了相反的结论。一对同胞兄弟，从小在一起长大；另一对同胞兄弟，由于某种原因，其中一个从小就被别的家庭领养。那这两对同胞兄弟，哪一对在长大后气质上更接近呢？研究表明，从小就被分开的这一对同胞兄弟，他们在长大后气质上更接近些。为什么同胞兄弟在不同的环境下却更容易出现气质接近的结果呢？

为了很好地说明环境对气质的影响，贝克把环境分为显著不同的两类：（1）共享的环境影响，即对生活在同一家庭的所有孩子影响程度相同；（2）非共享的环境影响，即使同胞兄弟姐妹产生差异。[①]生活在同一家庭的同胞气质不同或相距很大说明共享环境因素（如家庭整体气氛）对气质影响不大，重要的是那些非共享环境因素，是它们使每个孩子独一无二。

行为主义基因学家分析认为，父母总会强调孩子之间的差异。一项研究发现，父母将两个孩子的气质类型分别评价为容易抚育型的和抚育困难型，

---

① 贝克. 儿童发展：第五版 [M]. 吴颖，等译. 南京：江苏教育出版社，2002：576.

他们对两个孩子许多相同行为的评价也截然不同。也就是说，当一个孩子被认为是容易抚育型的时候，那么另一个则更容易被视为是抚育困难型的。父母的这种观念，又会影响他们对孩子的态度和反应。这些反应则又会唤起和强化两个孩子不同的行为特质。除了在家庭中会出现这种情况外，在同伴、教师以及其他团体中也会出现相同的效应，这样就会造成兄弟姐妹之间虽然看似在同样的环境中长大，但是他们的感受、体验却十分不同。也就是说，兄弟姐妹之间，虽然成长的物理环境是相近或相同的，但是成长的心理环境却不完全相同，且有很大的差异。此外，进入青春期后，青少年都希望自己与众不同，以加强自己的存在感。兄弟姐妹也不例外，他们也会尽量使自己与身边的人区别开来。基于以上这些原因，双胞胎之间和兄弟姐妹之间在气质上到成年后差异会越来越大。

然而，并不是所有的研究者都认同这种观点。有的研究者也对儿童成长的环境进行了细分，如将家庭环境分为家庭压力、父母的抚养方式、家庭的物理环境、家庭结构等。他们发现，这些因素的确会对儿童的气质产生不同的影响，即有些因素在共同的抚养环境中会使儿童的气质更相近，有的因素则会使儿童的气质差异更大。

3. 人种和文化特征

一些跨文化比较研究显示，中国儿童与外国儿童在一些行为特征上存在着差异。相对欧美白种婴儿，中国婴儿的活动量、哭闹和发声都比较少，而且对外界刺激没有太强烈的情绪反应。他们没有差异的行为是微笑。

（二）气质对认知和行为的影响

气质对儿童的认知、行为具有很大的影响。

1. 气质与认知表现的关系

目前关于气质与认知表现关系的研究，主要集中于学龄阶段，表现在气质与学业成绩方面。这些研究发现，抚育困难型儿童和发动缓慢型儿童比容易抚育型儿童学习成绩差一些。但林崇德的研究表明：不同气质类型具有不同的记忆优势。对于数量多、难度大的实际材料，高级神经活动强型的人较弱型的人效果要好。高级神经活动强型的人记忆无意义音节效果较好，而弱型的人记忆大量有意义的文章效果较好。在动觉记忆方面，对于不太复杂的任务，高级神经活动弱型的人比强型的人记忆要好；而对于复杂的任务，高级神经活动强型的人比弱型的人记忆要好。这说明儿童先天的气质差异在智力发展方面各有优势。

☞视频：气质对儿童发展的影响

关于学前儿童气质与认知的关系，马丁的一项从儿童4个月起为时4年的纵向研究得出了非常出乎意料的结论：抚育困难型儿童的智商要高于容易抚育型儿童的智商。

关于兴趣和毅力的气质特征与学习和认知行为紧密相关。例如，Matheny 的研究表明，1 岁时的毅力水平与婴儿期的情绪测试分数和学龄前的智商相关。1 岁儿童的毅力水平与其心理测试的得分和智商水平也是相关的。在儿童期中期，在教师的培养下，毅力继续影响智商并影响学习成绩，它也是教师评价学生学习能力的一个方面。相反，注意力不集中和过于活跃的儿童学习成绩一般不佳。

2. 气质与社会行为的关系

气质对任何年龄段儿童的社会行为都有着重要的预测作用。研究表明，高度活跃的学前儿童特别善于和同伴交往，但也更易卷入冲突；情绪敏感、易激动的儿童更易出现打人、抢玩具等不良社会行为。内向儿童过高的焦虑使他们在做错事之后感到更深的自责，对他人有强烈的责任感。相反，易怒的冲动的儿童就更有侵犯性和反社会的可能。

三、抚育和教育方式与儿童气质的适应

研究表明，气质虽然随年龄而发生变化（主要为掩蔽），但还是具有很强的稳定性。

这一气质研究的成果使我们改变儿童养育问题的切入点，从传统的"什么气质类型的儿童在幼儿园和学校会表现最好？"转换为"什么样的家长和教师，或怎样的抚养和教育方式对各种类型的儿童更为有利？"

托马斯和奇斯提出了"拟合优度模式"来描述气质和环境因素是怎样共同作用以产生良好结果的。[①]

"拟合优度模式"解释了不易适应环境的儿童在成长过程中遇到较多行为和心理问题的原因，即常常受到不适合其气质倾向的对待，他们对新奇事物的迟缓反应被看成缺乏探索欲望而遭到消极的评价。同时，"拟合优度模式"又为改善亲子关系、师幼关系和完善养育方式提供了一个可实现的思路。首先家长和教师要能识别每一个孩子的气质类型，并明确每种气质类型的特点；其次，家长和教师要有耐心，鼓励每个儿童表现出更多的恰当行为；最后，家长和教师应知道气质是先天和后天的"合金"，虽然相对稳定，但也不是一成不变的。此外，家长和教师还应注意对儿童气质进行不同的补失教育。

四、儿童早期性格的发展

性格是遗传因素和环境因素相互作用的结果，其中，遗传因素是性格的

---

① 贝克. 儿童发展：第五版 [M]. 吴颖，等译. 南京：江苏教育出版社，2002：580.

自然前提，在此基础上，环境因素对性格的形成和发展起决定作用。性格是人在实践活动中，在与环境相互作用的过程中形成和发展起来的。性格是一个人生活经历的反映。

儿童性格的发展一般分为以下三个大的阶段：

第一阶段是学前期。这一阶段是儿童性格初步形成的时期。儿童的行为直接依从具体的生活情景，直接反映外界的影响，儿童还尚未形成稳定的态度，性格容易塑造。

第二阶段是学龄初期和中期。这时的儿童逐渐形成较为稳定的行为习惯，态度、理智、情绪和意志等特征也逐渐稳定，性格已较难改造。

第三阶段是学龄晚期，这是儿童性格的完成期。儿童的行为多受内心态度倾向的制约，其行为习惯已形成，性格改造更加困难。

陈帼眉在相关研究的基础上，丰富了学前期是儿童性格初步形成期的研究成果。儿童性格的最初表现是在婴儿期，到学前期，出现了最初的性格而不仅仅是气质方面的差异，如合群性（有些婴儿更随和、更富同情心、更少攻击性行为）、独立性（二三岁婴儿有的能独立吃饭、睡觉）、自制力（有些婴儿能不随便要东西、抢玩具、无休止哭闹）、活动性（有些婴儿好动、精力充沛）等。儿童性格的初步形成是在进入幼儿期之后，表现为性格差异日益明显，活泼好动、喜欢交往、好奇好问、好模仿、好冲动等性格的年龄特征也越来越显著，但同时儿童性格中的高层次的因素还远未形成，其性格还易受情境的影响，具有极大的可塑性。[1]

第二节　儿童能力的发展

能力是一种心理特征，是顺利实现某种活动所必须具备的个性心理特征。如一位画家所具有的色彩鉴别力、形象记忆力等，这些能力是保证一位画家顺利完成绘画活动的心理条件。

能力的结构一般划分为三大类[2]：第一类是一般能力和特殊能力。一般能力指大多数活动所共同需要的能力。如智力、观察力、记忆力、思维力、想象力和注意力等都属于一般能力。特殊能力指为某项专门活动所必须具备的能力。它只在特殊领域内发挥作用，是完成有关活动不可缺少的能力，如数学能力、音乐能力、绘画能力等。第二类是模仿能力和创造能力。模仿能力是指仿效他人的举止行为而引起的与之类似活动的能力。创造能力是指产生

① 陈帼眉. 学前心理学［M］. 北京：北京师范大学出版社，2000：345-348.
② 陈帼眉. 学前心理学［M］. 北京：北京师范大学出版社，2000：349.

新思想，发现和创造新事物的能力。模仿能力和创造能力是相互联系的，创造能力是在模仿能力的基础上发展起来的。第三类是认识能力、操作能力和社交能力。认识能力是指学习、研究、理解、概括和分析的能力。操作能力是指操纵、制作和运动的能力。社交能力是指在社会交往活动中所表现出来的能力。

一、儿童能力发展的一般趋势

（一）操作能力最早表现，并逐步发展

新生儿具有先天的抓握反射的能力，在此基础上，经过无意识抓握的练习，儿童逐渐学会有目的地抓握动作。六七个月大的儿童双手协调能力开始发展，手的灵活性也逐渐提高。1 岁儿童随着操作物体能力的进一步发展，开始参与一些游戏活动。到了幼儿期，各种游戏如角色游戏、建构游戏在幼儿游戏活动中占有主要地位，使得幼儿的操作能力进一步发展。

（二）身体运动能力不断发展

从出生开始，个体已具有一定的运动能力。之后随着身体的不断成长，身体运动能力不断发展。[①]2—3 个月大的儿童能够抬头，4—5 个月大的儿童能够翻身，6 个月左右大的儿童开始学会坐。特别是 6 个月以后，儿童的动作发展更为明显，儿童逐渐学会爬、站、走。2 岁以后，儿童能跑、跳、攀登、踢球、越过小障碍等。3 岁以后，儿童的身体运动能力进一步得到发展，儿童会将基本的走、跑、跳、攀、钻、爬、踢、跨等灵活组合运用，动作也越来越复杂化。

（三）语言能力发展迅速

1 岁左右，儿童开始发展语言能力。在之后短短的几年时间里，儿童从不会说话，到能使用单个字，再到能使用单个词，最终能使用简单句比较清楚地表达意思。3 岁以后，儿童的语言表达能力进一步提高，特别是语言的连贯性、完整性和逻辑性迅速发展。

（四）模仿能力迅速发展

与创造能力相比，模仿能力是儿童较早发展，也是较多展露的能力之一。模仿能力的发展为儿童进行学习打下基础。儿童的模仿能力最早是通过延迟模仿发展起来的，延迟模仿发生在 18—24 个月，儿童会模仿曾经看到或听到过的事情或语言，如儿童模仿妈妈给自己喂饭的动作给洋娃娃喂饭。模仿能力的发展对儿童身心发展具有重要意义，它不仅对儿童语言、动作的发展具有促进作用，而且儿童对成人和同伴行为的模仿对其个性形成也具有

---

① 陈帼眉，等. 学前儿童发展心理学［M］. 北京：北京师范大学出版社，1999：335.

一定的作用。

（五）各种特殊能力逐渐展现

在儿童期，一些特殊才能开始有所表现，如音乐、绘画、体育等，尤其是音乐才能在学前期就较早地表现了出来。

二、儿童智力的发展

（一）关于智力定义的研究

智力是儿童认识世界能力的综合体现，是儿童完成各种活动的最基本的心理条件，是能力中非常重要的组成部分，在儿童的心理活动中占有重要地位。[①] 但是关于智力是什么，什么是儿童的智力，如何判定儿童智力的高低却是一项具有争议的事情，因为反映儿童智力的行为随着年龄增长而不断变化。

因素分析是研究智力的主要方法。早期的因素分析如英国心理学家斯皮尔曼（C. E. Spearman）提出智力可以分为一般因素和特殊因素。当代因素分析最有影响的是卡特尔（R. B. Cattel）和卡罗尔（J. B. Carroll）。卡特尔提出晶体智力和流体智力。晶体智力依赖携带文化的以事实为导向的信息，与其相联系的任务包括词汇、一般信息和审美问题。流体智力需要较少的专业知识，包括理解复杂关系和解决问题的能力。[②] 卡罗尔提出智力三层理论，最高层是一般能力，第二层是一般能力下的八类能力，最底层是狭义的能力。

尽管因素分析已经成为定义智力的主要方法，但是许多研究者认为它把太多的注意力放在辨别因素上，而较少注意分清构成它们基础的认知过程。

斯腾伯格（R. J. Sternberg）提出的三元智力理论为我们更好地理解智力提供了另一个思路。他认为智力由三部分组成：一是成分子理论，说明了智力行为基础的信息加工技巧。二是经验子理论，斯腾伯格认为儿童对智力要素的使用并不仅仅是一个内部能力的问题，它也是智力实现的环境函数。智力较高的人与智力较低的人相比，在新奇的环境中能更有技巧地加工信息。三是环境子理论。聪明的个体能有技巧地把他们的信息加工技巧应用到日常生活的个人愿望和需求中。斯腾伯格的理论强调了人类智力技能的复杂性，特别是对环境的敏感性。

加德纳（H. Gardner）提出多元智力理论，为研究智力提供了新的角度。加德纳认为智力应该以多种不同的加工操作的形式来定义，他提出智力由八种相互独立的智力构成，分别是语言、逻辑－数学、音乐、空间、身体－运动、人际关系、内省、自然。他认为每一种智力都具有唯一的生理潜能，以及不同

[①] 陈帼眉，等. 学前儿童发展心理学 [M]. 北京：北京师范大学出版社，1999：336.
[②] 贝克. 儿童发展：第五版 [M]. 吴颖，等译. 南京：江苏教育出版社，2002：444.

的发展过程。加德纳的理论对于理解和培养儿童的特殊能力特别有帮助。

（二）儿童智力发展的趋势

从出生到入学前的阶段，是个体智力发展最迅速的时期。布卢姆搜集了20世纪前半期多种研究儿童智力发展的纵向追踪材料和系统测验数据，分析后发现，儿童智力发展有一定的规律。经过统计处理，布卢姆得出了一条儿童智力发展的理论曲线。

布卢姆以17岁为智力发展最高点，假定其智力为100%，得出各年龄段儿童智力发展百分比：1岁为20%；4岁为50%；8岁为80%；13岁为92%；17岁为100%。

这些数据说明，出生后头4年儿童的智力发展最快，4岁时已经发展了50%。4—8岁，即出生后的第二个4年，发展30%，其速度比前4年减慢。由此我们也可以看出学前期是儿童智力发展的关键期。

智力除在一定年龄段总体发展呈快速增长的趋势外，还表现出智力结构随着年龄的增长而有所变化，其发展趋势是越来越复杂化、复合化和抽象化。关于儿童智力的各个方面，如观察力、注意力、记忆力等的发展，在前面的章节已进行了详细介绍，在这里不做介绍。

（三）儿童智力测验

对智力的测量一直是智力研究重要的内容之一。智力测验有助于了解儿童的智力发展水平，并对其进行因材施教。智力测验是按照量表测定个体智力的工具。一般包括标准化的题目和用来对得分进行评定的常模。通过智力测验得出的分数称为智商。常用的儿童智力测验量表主要有以下几种：

1. 斯坦福－比纳智力量表

此量表适用于2岁儿童至成人，测量四种智力因素：字词推理、定量推理、抽象／视觉推理和短时记忆。此量表具有较少的文化偏差，并减少了性别偏见。斯坦福－比纳智力量表后来被引进中国，在陆志韦等修订的基础上，由吴天敏再次修订，于1982年正式出版，其使用范围是2—18岁。

2. 韦克斯勒儿童智力量表

韦克斯勒儿童智力量表是一种适用于6—16岁儿童的量表，被广泛使用。对其进行延伸，用于学前儿童和小学儿童的韦克斯勒智力量表，适用于3—8岁儿童。韦克斯勒儿童智力量表测量两种广泛的智力因素：言辞和绩效。每一个智力因素都包括6个子测试，总共得出12个单独分数。绩效项目要求儿童排列实物而不是和测试者谈话。这使得使用不同语言的儿童与语言失调的儿童都能通过该量表测量智力。

3. 婴儿智力测验

测量婴儿的智力是一项很困难的工作，因为婴儿不像幼儿那样能回答问题或遵循指导。绝大部分婴儿的智力测验由知觉与运动反应项目构成。贝氏婴儿发展量表是一个被广泛运用的婴儿智力测验。它包括两部分：一是心智测验，包括如转向声音、寻找一个已落下的物体等；二是运动测验，评价精细的和粗大的运动技能，如抓握、坐、喝水等。但是一些研究者认为，这些反映婴儿知觉与运动行为的测验并不能准确地反映婴儿的智力。因此，贝氏婴儿发展量表被大幅度修改。新的版本包括婴儿记忆、解决问题、分类等项目。婴儿智力测验对得分非常低的婴儿具有某种预见性，因此也较多地用来筛选可能在未来有发展问题的婴儿。

其他的婴儿智力测验还有费根婴儿智力测验。这个测验由一系列习惯化 – 去习惯化项目构成。测验时，婴儿坐在母亲的膝盖上，看一系列图片。测验者在展示了每一张图片后，考察婴儿对一张新图片的定看时间，该图片与一张有记录的熟悉的图片是成对的。费根婴儿智力测验得分与学龄前期智商相关，对辨别不久将显示出智力发展严重迟缓的婴儿很有效。

依据皮亚杰理论的婴儿智力测验如尤兹格瑞斯（I. C. Euzgrale）和亨特（J. Hunt）的婴儿心理发展测验包括八个子测验，每一个测验评价一个重要的感觉运动的里程碑，如模仿和物体的恒常性。

第三节　儿童自我的发展

自我是个性的一个组成部分，是衡量个性成熟水平的标志，是整合、统一个性各个部分的核心力量，也是推动个性发展的内部动因。自我是一个由多种成分构成的动力系统，它具有两个基本特征：一是区别于他人的"分离感"，即意识到自己作为一个独立的个体，在身体、情感和认知方面都具有自身的独特性。二是跨时间、跨空间的"稳定的同一感"，即一个人知道自己是长期地持续存在的，不随环境及自身的变化而否认自己是同一个人。

自我是由知、情、意三个方面统一构成的高级反映形式。"知"是指自我认识，"情"是指自我体验，"意"是指自我控制和自我调节。[①]

自我认识属于自我的认知成分，是指个体对自己身心特征和活动状态的认知和评价。自我认识包括自我观察、自我概念、自我评价等，其中自我概念和自我评价是自我认识最主要的两个方面，反映个体自我认识的发展水平。自我概念指个体对自己的印象，包括对自己存在的认识，以及对个人身体、能力、性格、态度、思想等方面的认识。

---

① 张文新. 儿童社会性发展［M］. 北京：北京师范大学出版社，1999：378.

自我体验属于自我的情感成分，是指个体对自己所持有的一种态度。自我体验包括自尊、自信、自备、自豪感、内疚感和自我欣赏等。其中自尊是自我体验的重要体现，也影响自我认识和自我控制和自我调节。

自我控制和自我调节属于自我的意志成分，是指个体对自己思想、情感和行为的调节和控制。自制、自立、自主、自我监督等都属于自我控制和自我调节的范畴。

一、儿童自我的产生及发展的一般趋势

（一）儿童自我的产生

自我的产生体现在两个方面：一是自我的分化，二是自我再认的出现。

一般来说，在出生后的第一年，婴儿能把自身和物体分开，把自己和他人分开，从而产生了主体我。唐迪（Dondi）等人的研究显示，当新生儿听到别的婴儿哭泣的录音时会感到悲伤，而对自己的录音却没有反应，这暗示刚出生的个体已经有了自我和他人的分化了。路易斯（Lewis）认为，大约3个月大时，婴儿已经可以区分出"我"和"他"，体现在婴儿触摸自己身体和触摸别人身体时有不同的感受。1—2岁时，儿童已开始学习说话，从把自己称为"宝宝"，逐渐到学会称自己为"我"，这是自我命名的过程，也标志着客体我的产生。

大约从出生后15个月开始，儿童产生了自我再认，即认识自我和反省自我的能力。相关的有名的实验即"点红实验"。研究者在婴儿未察觉的情况下，假装给婴儿擦鼻子，在婴儿鼻子上抹上红点，观察婴儿在镜前看自己形象时的反应。结果发现，9个月的婴儿比涂上红点之前表现出更多的对自己微笑、摸自己等指向自己的行为，说明婴儿已经建立了形象与自身动作的一致性。

我国学者刘金花重复了"点红实验"，发现婴儿自我认识出现所经历的阶段与路易斯等人的研究结果基本一致。9、10个月大的婴儿对镜子很感兴趣，而对镜中自我的镜像并不感兴趣。1岁及稍大几个月的婴儿对镜中自我的镜像很感兴趣，他们会亲吻、微笑，还到镜子的反面去找这位伙伴；18个月大左右，婴儿特别注意镜子里的镜像与镜子外的物体的对应关系，对镜中镜像的动作伴随自己的动作更是感到好奇。18—24个月大的婴儿看到镜子中自己的镜像立即去摸自己的鼻子的次数迅速增加。

根据国内外的有关文献，我国学者周宗奎对两岁以前儿童自我发展的阶段进行了以下划分，见表8-4。

表 8-4　两岁以前儿童自我的发展阶段

年龄	自我发展情况
0—3 个月	对人特别是婴儿感兴趣，对自己的身体与他人的身体开始有区分
3—8 个月	利用动作一致性线索认出自己，对自己与他人的区分更巩固
8—12 个月	利用动作一致性和自身的外部特征认出自己，开始认识到自己是永久存在的，具有稳定的、连续的特征
12—24 个月	巩固基本的自我特征，如年龄、性别，能单独用部分特征线索认出自己，可以不需要动作一致性线索

（二）儿童自我发展的一般趋势

随着年龄的增长，儿童的自我系统不断地发展变化。我国学者张文新认为儿童自我发展的趋势主要表现在以下几个方面：

第一，自我认知的内容从反映外部的、可观察的、具体的、有明确参照系统的自我特点到反映内部的、不能直接观察的、抽象的、参照系统模糊的自我特点。如儿童最初认识到的是生理自我，然后才逐渐认识到行为自我、社会自我；到了青春期，对心理自我的认知才获得充分的发展。

第二，儿童自我的结构逐渐分化和层次化，最后形成复杂的、整合的自我结构系统。

第三，自我的功能逐渐社会化，社会适应性逐渐提高。儿童区分外部自我和内部自我的能力逐渐增强，儿童渐渐能够比较实际地判断社会交往情境，并根据这些判断表现出复杂的社会自我。

二、儿童自我概念的发展

自我概念是指个体对自己的知觉。它是自我系统中的认知方面或描述性内容，所表达的是人们关于自己身心特点的主观认识，所回答的是"我是谁"的问题。

（一）儿童自我概念发展的历程

1. 婴儿期

婴儿的自我概念仅仅是对自我镜像的再认。盖洛普（Gallup）观察到，黑猩猩使用镜子以对它们自己看不到的身体部位加以整饰，例如，剔除牙齿上的食物残渣。它们不是把镜子里的镜像当作另外一只动物对待，而是似乎将其解释为某种自我镜像。由此，盖洛普设计了一套程序对婴儿进行检验，之后这套程序经适当调整被应用于对学步儿的研究中，也就是我们在前面介绍过的"点红实验"。在 9—24 个月大的、鼻子上点了红点的婴儿中，15—24 个月大的学步儿表现出看了镜子摸鼻子的举动，小于 15 个月大的婴儿没有表现出这种行为。除了用手摸鼻子之外，学步儿还说"鼻子"。他们既在镜子中，也在录像回放和静止的相片中，清楚地表现出对他们自己的再认，并且使用自己的名字指称他们所看到的自己的外在镜像。

这种镜前行为并不依赖儿童使用过镜子的经验。研究表明，没有使用过镜子的婴儿也表现出与其他婴儿相同的自我辨认行为。

2. 学前期

学前儿童自我概念的特点是具体化。哈特（Harter）要求某个学前儿童描述他自己，他作出如下描述：

我是一个男孩，我的名字叫贾森。我与我的爸爸、妈妈住在一所大房子里。我有一只橙色的小猫，一个名叫莎莉的姐姐和一台电视机在我自己的房间里。我 4 岁了，我知道所有的字母。听我说，A、B、C、D、E、F、G、H、J、L、K、O、M、P、R、Q、X、Z。我可以跑得比谁都快。我喜欢吃馅饼。我有一位好老师。我能数到 100，想听我数数吗？我喜欢我的狗——斯基伯。我能爬到这个梯子的最上面。我有棕色的头发。我上幼儿园。我真的很强壮。我能够举起这个椅子，看！

从这些描述中，我们可以看到学前儿童自我概念是非常具体的。他们用以描述自我的，主要是可以观察到的特征，如名字、外貌、拥有什么东西以及日常行为。此外，贾森对字母表的错误背诵使我们怀疑他自我评估的正确性。学前儿童对其能力持有过于乐观的看法，也被其他研究者验证。Bjorklund 等人认为，这种过于乐观的看法是有益的，并且有助于学前儿童适应他们所处的环境，因为这种看法可以鼓励儿童去尝试一些任务，如果他们具有的是比较现实的自我评价，那么这种自我评价将会阻止他们去尝试这样的任务。但是到 11 岁或 12 岁时，当儿童能够清楚地认识自己的能力时，他们的热情和乐观均有所衰减，因为他们认识到在某些领域他们有着固有的局限，不是简单地努力去尝试就能克服的。

3. 学龄期

随着儿童的成长，他们逐渐地将自己的内心世界与外部行为、短期行为和长期行为整合起来，从而认识到自己身上的一些稳定的特点。在 8—11 岁时，儿童的自我描述发生了重大的变化。他们开始提到自己的人格特质，这些描述随着年龄的增长而增多。例如，蒙特马约尔（Montemayor）等人进行了一项研究，一个 11 岁儿童对"你是谁"问题的回答如下：

我的名字是 A。我是个女孩，很诚实。我不漂亮，我的成绩马马虎虎。我是个不错的大提琴手，我的个头在同龄人中算高的了。我非常擅长游泳。我愿意帮助别人。总的来说我是不错的，但是脾气不很好，有些男生和女生不喜欢我。

从上面的描述中，我们可以看到这个儿童比较强调能力，如擅长游泳。

此外，她描述自己既有积极的方面，也有不足的方面。这些表明，儿童已经开始注意自身所具有的内在特点，能够用比较客观的眼光来看待自己了。

4. 青少年期

在青少年早期，青少年已经能够将各种分散的特征联系起来，如将"机敏""有创造性"整合为更高层次、抽象水平更高的"富有智慧"。[①] 但是在青少年早期，这些关于自我的描述还没有系统化，它们之间还缺少有机的联系。因此，有时青少年会对自己产生互相矛盾的看法。青少年开始意识到自己在不同的情境下不完全相同，如他们有时会觉得自己是内向的，有时又是外向的，对此感到很困惑甚至苦恼。这是因为青少年在不同的情境和人面前，面临着不同的社会压力和要求，对自我有着不同的要求，会表现出自我的不同侧面。他们还不能将这些特征有机地联系起来，尚没有认识到它们之间的内在一致性。因此他们常常会出现不知自己到底是什么样的人的困惑。例如，在蒙特马约尔等人的研究中，一个17岁少年对"你是谁"问题的回答如下：

我是双鱼座的。我的情绪比较爱波动，还优柔寡断。我有我的抱负。我好奇心很强。我有点儿孤独。……我没法被归为一类（我也不愿意）。

对那些稍年长的青少年来说，自我形象的不一致造成的困扰要少一些。他们已经能够将这些看似相悖的观点系统化，并且能在更高的层次上对其加以整合，更容易以连贯的方式看待自己。如他们会这样评价自己："我这个人适应能力很强。在好朋友面前我很健谈，而在家中我很少说话。因为父母很少真正想听我的想法。"

总之，从婴儿到青春期，个体的自我概念变得更抽象化、更加完整一致。青少年变成了经验丰富的自我理论家，对自我人格能真正加以反省和理解。[②]

（二）儿童自我概念形成和发展的条件

儿童自我概念形成和发展的首要条件是社会互动。[③] 社会心理学家库利（C. Cooley）和米德（G. Mead）的"镜我理论"指出，儿童自我概念形成的过程是通过镜映形成"镜像自我"的过程，即儿童把他人当作一面镜子，通过他人对自己的表情、评价和态度等来了解和界定自己，从而形成相应的自我概念。该理论认为，社会互动对儿童自我概念的影响一方面是通过"重要他人"实现的。在儿童不同的发展阶段，重要他人是不同的。学前儿童的重要他人一般是家长；进入小学，教师的影响力可能慢慢超越家长；中学阶段，同伴对儿童的影响显示其优势。这些"重要他人"对儿童的看法、评价等都

① 桑标. 当代儿童发展心理学 [M]. 上海：上海教育出版社，2003：391.
② 谢弗. 发展心理学：儿童与青少年：第六版 [M]. 邹泓，等译. 北京：中国轻工业出版社，2005：445.
③ 张文新. 儿童社会性发展 [M]. 北京：北京师范大学出版社，1999：385.

影响着儿童自我概念的形成和发展。另一方面，社会互动的作用也表现在对儿童的自我整合过程的作用上。① 儿童在与社会接触的过程中，由于环境的复杂变化，儿童的自我需求、角色责任及社会期望间必然存在许多不一致，这使得儿童的自我表现出不确定性。特别是到青春期，儿童一方面将意识的焦点转向内部，另一方面他们对他人的态度非常敏感，关心他人对自己的评价，自我表现出不确定性。在这期间社会交往对儿童自我的重新构建具有深远的意义。在社会交往中，内外信息、观念的交流使儿童获得丰富的信息，这有助于他们协调各种信息，形成统一协调的自我概念。

　　儿童自我概念发展的另一个条件是儿童的社会认知发展水平。儿童自我概念的发展离不开儿童现有的认知发展。儿童早期认知能力的具体形象性使儿童的自我概念局限于具体特征，如身体特征，自我被看作身体的组成部分。由此，塞尔曼（R. Selman）认为，儿童最初的自我概念是"物理概念"。随后，儿童的认知水平向抽象性发展，其自我概念也由外部转向内部，由具体变为抽象，儿童知道根据主观的内部状态来定义"真正的自我"。儿童的社会认知发展水平具体可以分为观点采择能力和社会比较能力。观点采择能力是指个体在自我认知或社会交往中脱离自我中心的限制，进行思维运算的能力。观点采择能力的发展有利于儿童提高自我认知的客观化程度。社会比较能力是指个体在头脑中同时将自己的观点与他人的观点，或自我的特征与他人的特征联系起来加以对比的能力。

　　此外，儿童所处文化的传统价值观和信念对其自我概念的形成也有很大的影响。如对什么是受赞许的自我概念，东西方就存在着很大的文化差异。② 西方社会如美国、加拿大和欧洲工业国家等崇尚个人主义的国家更崇尚竞争和个体主动性，强调人与人的差异；相反，许多东方国家如中国、印度、日本等崇尚集体主义的国家更崇尚人们之间的合作和相互依赖而非竞争和独立，他们的身份是和其所属的群体紧密联系的，而非强调个人的成就和特征。

三、儿童自尊的发展

（一）自尊发展的历程

　　大量研究发现，儿童的自我体验大约产生在 4 岁左右。伴随着自我评价和自我体验的产生，学前儿童的自尊也随之出现，但由于自我评价和自我体验的水平较低，个体自尊也显得笼统而不稳定。③

　　在小学阶段，儿童自我评价的独立性和稳定性逐渐增强，其自我评价与

① 张文新. 儿童社会性发展 [M]. 北京：北京师范大学出版社，1999：386.
② 谢弗. 发展心理学：儿童与青少年：第六版 [M]. 邹泓，等译. 北京：中国轻工业出版社，2005：446.
③ 李幼穗. 儿童社会性发展及其培养 [M]. 上海：华东师范大学出版社，2004：303.

自我体验的发展又具有较高的一致性，这使得儿童自尊较明确地显现出来。

在初中阶段，儿童对自尊的体验常常出现极端。当社会评价与个人自尊需要相一致时，会出现较高自尊，但又往往导致盲目自大；当社会评价与个人自尊需要不一致时，自尊水平降低，甚至妄自菲薄，自暴自弃。

青春期儿童经历着身体、心理和社会适应性的巨大变化，12—15岁的儿童常常会陷入"身份危机"，他们既对应该成为什么样的人感到迷茫，又不能对自身价值作出合适的评价。然而，青春期的儿童一般总是会渡过这段"危机期"从而获得稳定的自我身份的。

儿童自尊的发展从整体来看具有较高的稳定性，重测信度系数在0.70-0.90之间，自尊测验可以对儿童作出相当持久的判断。[1] 但是一些研究发现，儿童自尊的发展虽然具有稳定性，但是也经历了一些波动。杨丽珠等人的研究发现，4—5岁、7—8岁是儿童自尊发展的两个关键期或转折期。随着年龄的增长，儿童自尊呈"波浪式"发展趋势。[2] 研究发现儿童早期自尊特别高，在初小阶段开始下降。这种自尊的回落源于他们开始进行社会比较——把自己的能力、行为、外貌和其他特征与别人比较。虽然4—6岁儿童已经学会用社会比较来进行自我评价，但是都很简单，一般是将自己的行为与同伴进行比较。到了儿童中期儿童开始多项比较，这种能力随年级的增高和学校反馈的增多而得到提高。这样结果能使自尊处于更现实的状态，更符合他人的想法和客观行为。

为了保护自尊，大多数儿童最终在社会比较信息和个人的成就目标之间求得平衡。也正因为此，儿童期自尊心的下降并不一定是有害的。大多数儿童在四年级开始自尊心上升而且保持在一个较高的水平，他们对于同辈关系和运动技能感觉都特别好。

儿童自尊发展的另一个波动发生在升入初中后，这时新的环境、新的社会比较对象以及评价使儿童的自尊出现暂时下降。

（二）影响儿童自尊发展的因素

1. 文化

文化对儿童自尊的影响很大。例如，青春期发育早的女孩和发育晚的男孩对自己的评价较低——这是受文化中"美"的标准的影响，传统的性别观点对外貌和成就的期待对女性的自尊会产生负面影响。

社会比较的作用在不同的文化中是不同的。[3] 例如，亚洲的儿童很少用社会比较的方式助长自己的自尊。因为社会文化高度赞赏谦虚和社会和谐，

---

① 桑标. 当代儿童发展心理学 [M]. 上海：上海教育出版社，2003：398.

② 杨丽珠. 儿童人格发展与教育的研究 [M]. 长春：吉林人民出版社，2006：211.

③ 贝克. 儿童发展：第五版 [M]. 吴颖，等译. 南京：江苏教育出版社，2002：623.

他们的自我评价是积极的，但谈吐中更多的是赞赏别人。

2. 父母的教养方式

家庭成员特别是父母对待孩子的态度和方式直接影响儿童自尊的形成和发展。如果父母对孩子是热情的、赞许的，对其行为有合理的期望值，他们的孩子对自我的评价就特别好。父母应热情、积极地引导使孩子明白他们是有能力的、有社会价值的，坚定而合理的期望值能使孩子作出明智的选择，理智地评价自己的行为。

相反，当父母的支持、鼓励是有条件的（只有孩子达到很高的标准时才支持），他们会做一些他们认为是"错误"的行为——而不是真实地表现自己。[1]

3. 同伴关系

我国学者张文新认为，儿童的同伴关系对其自尊发展的影响主要表现在以下几个方面：一是亲密的同伴关系有利于儿童建立同伴间的依恋关系和获得社会支持，从而有助于缓解社会生活压力对其的消极影响；二是由于儿童大多选择社会背景和个性特征相似的儿童作为自己的同伴，这有利于儿童建立与同伴较为一致的价值观，促进儿童自尊的稳定性；三是那些受到同伴喜欢的儿童在与同伴交往的过程中，其自我效能感和归属感得到强化，儿童的心理承受能力得到增强，这也有利于其保持自尊的稳定性。但是儿童的同伴关系与其自尊的发展之间也可能是一种双向的相互影响关系，即自尊水平较低的儿童更容易遭到同伴的拒绝。

早在 4—5 岁时，儿童就开始认识到他们与同伴的区别，通过与同伴的比较获知自己和同伴的优缺点。随着年龄的增长，这种比较不断增加而且变得微妙起来，这对儿童自尊的形成有重要作用。到了青春期同伴群体对自尊的影响变得更加明显。与某些关系密切的朋友的友谊质量是影响青少年自我赞许的最重要因素。

4. 儿童自身原因

儿童自身的因素对其自尊发展也具有不可忽视的影响。这些因素主要包括儿童的性别、年龄、外貌及个体的控制特点等。

对于儿童自尊发展的性别差异，不同的研究者持有不同的看法。一些研究者如布洛克（Block）等发现，从儿童早期到青春期，总的来看，男性的自尊趋于增高，而女性的自尊则趋于降低。女孩的自尊到了青春期后比男孩下降的幅度大。我国学者杨丽珠等发现，3—9 岁儿童自尊发展存在非常显著的性别差异，女生自尊发展水平显著高于男生。[2] 一些其他的研究者提出了不

---

① 贝克. 儿童发展: 第五版 [M]. 吴颖，等译. 南京: 江苏教育出版社，2002: 624.
② 杨丽珠. 儿童人格发展与教育的研究 [M]. 长春: 吉林人民出版社，2006: 211.

同的观点，如怀利（Wylie）认为，由各个项目分数相加而得到总体自尊分数的过程不能充分证明自尊的性别差异。我国学者张文新关于我国儿童的研究发现，初中阶段学生的自尊总体上不存在显著的性别差异，但是性别与城乡因素交互作用影响儿童的得分。

关于不同年龄儿童自尊发展的研究发现，在小学阶段，儿童的自尊基本保持稳定，但是由小学转入初中后，自尊出现了明显下降。张文新关于我国儿童的研究发现，初中学生的自尊存在极其显著的年级差异，初中二年级学生的自尊有极其显著的降低。

一般来说，个体的自尊虽然不受儿童外貌本身的影响，但是受儿童对其体重的感受的影响，那些对自己的外表有积极感受并且重视他人对自己外表评价的人通常具有较高的自尊；而那些外貌较差的人具有较低的自尊。哈特（S. Harter）及其同事在对自尊的研究中发现，自尊水平与外貌的相关高达 0.70～0.80，甚至在特殊群体中，如智力超常者及学习困难群体中都一样，外貌在很大程度上影响着他们的自尊水平。

四、儿童自我控制和自我调节的发展

大多数研究发现，自我控制在婴儿出生后第二年就已出现，婴儿开始意识到自己是独立于外部世界的，自己的行为具有自主性，而且可以导致某种预期结果。有研究发现，婴儿最早出现的自我控制表现为用抿嘴和皱眉来控制自己的悲伤和愤怒。但是总体而言，2 岁以前儿童的自我控制和调节能力是极其有限的。儿童更多地表现出顺从行为。

科普（Kopp）认为，儿童自我控制和自我调节的早期发展要经历五个重要的阶段，每个阶段的发展变化都是以后更高水平的自我控制行为产生的基础。第一阶段为神经生理调节阶段。在这一阶段，儿童的生理机制保护着儿童免受过强刺激的伤害。第二阶段属于知觉运动调节阶段。这一阶段儿童能够从事一些自发的动作活动，并能根据环境的变化来调节自己的行为。例如，儿童能够伸出手去抓物体或人。儿童的行为也反映出其气质和活动水平的个体差异。第三阶段属于外部控制阶段。这一阶段儿童能够使自己的行为服从控制者的命令。儿童行为中的有意成分在增强，行为开始具有目标导向性。第四阶段属于自我控制阶段。大约 2 岁左右，儿童的自我控制能力逐渐发展起来。第五阶段属于自我调节阶段，这一阶段，儿童获得了关于自我统一性和连续性的认识，开始把自己的行为与照看者的要求联结起来。参见表 8-5。

表 8-5 儿童自我控制和自我调节的早期发展 ①

发展形式	特征	出现的年龄	中介变量
控制与系统组织	唤醒状态，早期活动的激活调节	从母亲怀孕期到出生 3 个月	神经生理的成熟、父母间的交往、儿童的生活常规
依从	对成人警告性信号的反应	9—12 个月	对社会行为的偏向，母子交往的质量
冲动控制	自我的发生、行为与语言间的平衡	第二年出现	成熟因素（如言语的发生）、照看者对儿童需要与情感的敏感性、降低压力措施的采用
自我控制	社会品质的内化、动作抑制	2 岁左右，儿童对成人的要求进行反应，3—4 岁时利用外部言语进行自动调节，6 岁时转换为内部言语的调节	社会互动与交流、言语的发展及其指导作用
自我调节	采用偶然性规则来引导行为而不顾及环境的压力	第三年出现	认知过程、社会背景因素

3 岁以后，儿童的自我控制行为明显增加。经典的延迟满足实验主要就是对 3 岁以后儿童的自我控制能力和行为的研究。实验者要求儿童在一个立即可以得到的小奖励和一个大的但需要等待一段时间才能得到的奖励之间作出选择。研究发现，当奖励就在眼前时，儿童很难抵制住诱惑去耐心等待。随着年龄的增长，延迟满足的时间会延长，10—12 岁儿童能比较容易地达到要求。

儿童自我控制能力随着年龄的增长而增强，其中一个原因在于儿童学会了更多也更有效地调控自己思想和行为的方式。大多数儿童能在成人的指导下，利用如转移注意力等策略来抵制眼前的诱惑。大多数 6—8 岁儿童已经意识到用别的活动来转移注意力可以使自己更有耐心。11—12 岁的儿童甚至意识到在思想上转移注意力也可以帮助自己。延迟满足时间延长的另一个原因是随着年龄的增长，儿童逐渐内化了那些强调自我调整和自我控制的价值观念。

* 第四节   儿童气质与自我发展的认知神经科学研究

气质的个体差异具有一定的生理基础，自我意识是儿童情绪和社会生活的核心部分。发展认知神经科学的进展，为深入理解儿童气质与自我的生理基础及其发展规律带来许多有益的启示。

---

① KOPP C B. The antecedents of self-control: a developmental anaylsis[J]. Developmental Psychology, 1982 (18): 199-204.

一、儿童气质发展的认知神经科学研究

（一）气质的神经解剖基础

巴甫洛夫（I. P. Pavlov）认为神经系统活动的强度、平衡性、灵活性是造成个体气质差异的主要原因。此后，从神经系统的角度对气质的研究逐渐增多。个体生物学模型将气质的生物基础研究指向了中枢神经系统，并指出中枢神经系统中的下丘脑、脑垂体、网状激活系统是影响气质的主要脑区。目前较为一致的看法是，边缘系统的主要结构（包括海马结构、扣带回、隔区、下丘脑和杏仁核）以及它们对运动和自主目标的反射弧是行为抑制性主要关联的脑区。

随后有研究者从心理病理学的神经科学角度出发，发现气质的调节系统和评价系统最终可分为正性情感性/接近、负性情感性/回避、亲和性、努力控制/限制四个维度，并指出这四种成分的中枢神经基础主要包括两种系统：一是皮层调节系统——背外侧前额叶、眶额皮层、前扣带回；二是中脑－边缘评价系统——颞上沟、腹侧被盖区、伏隔核、杏仁核、海马、脑岛。不同气质成分的神经基础取决于调节系统和评价系统的不同组合，但这两种系统在努力控制的维度上并没有明确的区分。

周围神经系统同样在气质形成中发挥着重要的作用。Kagan 在强调中枢神经系统作用的同时，同样关注负责情绪控制的自主神经系统，包括交感神经、副交感神经。

（二）儿童气质的电生理研究

气质能显著影响脑电。研究发现，不同气质类型者的脑电图在频率、波幅、发放率和串长方面都存在明显的区别。例如，黏液质的串长时间最长、同步反应的神经元数量最多，表明神经系统稳定性最强；而抑郁质的串长最短、同步反应的神经元数量最少，神经系统兴奋性最高也最不稳定。卡根（Calkins）等的追踪研究表明，行为抑制性－非抑制性与儿童的脑电相关。研究者先根据测查指标，将 4 个月大的婴儿划分为高运动水平、情感消极和高运动水平、情感积极两类；然后在第 9 个月时测查其脑电，在第 14 个月时测查其行为抑制性－非抑制性。结果显示：高运动水平、情感消极的婴儿表现为右侧额叶脑电活跃，频率高，并发展为抑制性儿童；而高运动水平、情感积极的婴儿表现为左侧额叶脑电活跃，并发展为非抑制性儿童。这一发现对于解释儿童行为抑制－非抑制特征发展的生理机制，以及预测儿童未来的气质发展来说都意义重大。

（三）儿童气质的脑成像研究

正电子发射断层扫描（PET）相关研究为气质的内外向维度找到了生理

基础。静息状态下的脑血流与个体的内外向有关，内向个体与其额叶、丘脑前部的脑血流量增加有关；而外向个体则和扣带前回、颞叶、丘脑后部脑血流量的增加有关。个体在内外向性格上的差异可能和额叶－纹状体－丘脑环路有关。随后的 PET 研究也为气质－人格理论寻找生理基础，结果发现：新异寻求与中央前回、海马旁回及颞叶中部的脑血流量存在显著负相关，与额中回的脑血流量存在显著正相关；而颞叶皮层部分区域、扣带前回等脑区的脑血流与伤害避免存在显著负相关；右侧颞叶中部、下部，左侧眶额皮层等脑区的脑血流量与奖励依赖存在显著正相关。fMRI 研究也发现那些在坚持性水平得分较高的个体在进行情感图片判断时，其外侧眶额皮层、前额叶中部和腹侧纹状体等脑区的活动水平明显上升，而坚持性得分低者在这些脑区的活动明显降低。

静态的大脑体积研究从另一个侧面支持克罗尼格尔（Cloniger）的气质理论。研究发现，伤害避免和左侧前额叶皮层的灰质体积呈负相关，而与左侧眶额皮层的灰质体积呈正相关。而在 BA4 区和后扣带皮层中，新异寻求和灰质体积也存在相关。对奖励依赖的研究则发现灰质体积与奖励依赖在右侧尾状核之间呈负相关。此外，研究者还发现坚持性和楔前叶的灰质体积呈负相关。

（四）儿童气质的神经生化研究

中枢神经递质主要分为单胺类神经递质、氨基酸类神经递质以及肽类物质。最早关注神经递质对气质的影响要追溯到克罗尼格尔，他在自己最初的模型中首先强调了单胺类神经递质对人的不同行为的影响，指出新异寻求和多巴胺活动性有关，而 5-羟色胺和去甲肾上腺素则分别影响伤害避免与奖励依赖行为，但是却没有提出直接的证据。

氨基酸类神经递质也是中枢神经系统重要的神经递质，可分为兴奋性氨基酸和抑制性氨基酸。氨基酸类神经递质对机体的神经活动有很大的调节作用，其浓度与气质类型也存在一定关系。研究表明，儿童气质类型与其尿液中的游离氨基酸存在相关性。研究者通过高效液相色谱法检测尿液中氨基酸水平，发现胆汁质组儿童的谷氨酸浓度高于其他三组，抑郁质组儿童的天门冬氨酸浓度低于其他三组，但其浓度差异未达显著；不同气质组抑制性－兴奋性氨基酸类神经递质比有显著差异，主要体现在胆汁质与抑郁质之间。这说明氨基酸类神经递质的浓度，特别是抑制性－兴奋性氨基酸类神经递质比与儿童气质类型有一定的关系。

阿片肽是一种在中枢神经系统内发现的神经激素，共分三大类：内啡肽、脑啡肽和强啡肽。内源性阿片肽的作用是通过和靶细胞膜上的阿片受体结合产生的。研究显示，伤害避免和脑中阿片肽 μ 受体的可利用率呈正相关。那些在伤害避免上得分较高的被试，在焦虑的调节、情绪的控制、疼痛的情感成分和内感受知觉的相关脑区倾向于有较高的 μ 受体可利用率。这些脑区包括扣带前回、腹内侧和背外侧前额叶皮层以及前部岛叶皮层等。低水平内源性阿片受体的活动性和个体感受到消极情绪的倾向性、对于新奇和厌恶刺激的敏感性有关。阿片肽系统的激活可以应对消极刺激，并且能够引发消极情绪。

（五）儿童气质发展的先天与后天

双生子与收养研究等定量行为遗传学的研究结果表明：遗传因素能解释个体认知能力、精神健康（异常行为）与人格等心理特征表型变异的40%～60%。路易斯维尔双生子追踪研究，科罗拉多收养项目等大型研究项目均表明：遗传大约可以解释气质表型方差变异的 20%～60%。可见气质并非单纯的基因的产物，也是生理基础与后天环境、养育以及生活经验共同作用的结果。

发展认知神经科学研究虽然努力探明与气质相关的生理基础，揭示了气质的先天性，但这并不代表某些气质特点会相伴终生。已有研究发现，日常的一些生活经验可以重塑儿童的主要神经通路。人类大脑的发育成熟是一个缓慢的过程：边缘系统到青春期才发育成熟，负责情感控制、理解及执行功能的额叶则要到成年早期才能发育成熟。对于那些抑制性的儿童，其神经系统对杏仁核兴奋的阈值较低，他们容易产生害怕情绪，遇到问题时容易回避，如果父母采取保护措施，其前额叶中枢就会失去学习改变对害怕的自然反射的机会。对于那些存在过激反应的儿童，如果父母能够进行适当的情感教育，其迷走神经功能就会完善，使其能较好地控制过激反应，使行为变得得体。在童年期及青春期不断重复的情感控制有助于额叶成熟定型。童年养成的习惯将参与编织与修饰神经结构的基本网络。突触在经验作用下长期不断地增殖与修剪，直到形成情感性大脑正常通路中基本的神经联结。

目前气质的生理基础研究主要基于个体神经学与个体生物学的研究视角，并未充分考虑除先天因素以外的其他因素对儿童气质的影响。事实上，早期适时适当的教育，有可能改变儿童的某些不良气质，并增进其有益气质的发展。未来的研究需要从各个影响因素及其相互作用入手，从生理、心理和社会的角度进行综合研究。对基因－环境交互作用于儿童气质发展的研究，能够为学前教育提供很多的科学证据。

二、儿童自我发展的认知神经科学研究

目前研究自我神经机制的方法主要有：脑电刺激、单细胞记录、神经解剖、脑损伤和功能性的神经外科手术、神经失调者和神经损伤者的研究、健

康人的神经功能研究等。

（一）自我面孔识别的脑激活

苏吉拉（Sugiura）等人应用 PET 技术研究自我面孔识别，结果发现被动和自动自我面孔再认都激活了左侧梭状回和右侧缘上回。自我面孔识别再认还激活了前额皮层、右侧前扣带回，而且右侧前联合运动区和左侧脑岛可能对维持自我面孔的注意有关。基歇尔（Kircher）等人进行的自我面孔识别的 fMRI 研究结果表明，当自我面孔激活的脑区减去陌生人面孔激活的脑区时，观察到右侧边缘系统的激活。而基南（Keenan）等人实验发现当被试辨认自己的面孔时其右侧额下回被选择性激活。我国学者隋洁在自我参照效应与自我面孔再认的 ERP 研究中发现，刺激呈现后 500～800 ms 的时间窗口内，自我加工在额区尤其是右额区诱发出更强的 ERP 活动。由此可推断，自我面孔识别更多涉及右半球的加工。

（二）自我参照加工的脑基础

自我参照加工（编码和提取）是目前用脑成像技术研究自我最常用的实验范式。我国学者朱滢总结了九项自我参照加工（编码）的脑成像研究发现：自我参照加工普遍地激活了内侧前额叶，它大致定位在布罗德曼（Brodmman）9 区和 10 区。自我参照效应提取的脑成像研究相对较少，Lou 等人的 PET 研究结果表明，右侧顶下回是与自我提取相关的脑区。弗萨蒂（P. Fossati）等人完成的自我参照加工提取的 fMRI 研究也证实了此观点。

（三）自我评价的脑基础 [①]

罗（Lou）等人使用 PET 与 TMS 技术，在与自我评价有关的脑区研究中，呈现一系列形容词，要求被试判断这些词是否适合形容被试自己、被试好友或公众人物。结果发现，被试作出的判断与被试自身密切程度越高，在回忆时，顶叶内侧皮层的激活程度就越高。类似的 fMRI 实验发现与自我评价相关的主要脑区是内侧额回或腹内侧前额叶。弗里德里希（Friederich）等人向年轻女性被试呈现杂志上的模特照片，要求被试比较自己与照片人物的体形。fMRI 扫描发现，被试在作体形比较时，显著激活了外侧梭状回、右内侧顶叶、内侧额回以及扣带前回。

本章小结

儿童发展的早期，其气质在不同的年龄段有不同的具体表现特点、发展类型，显示出明显的个体差异性。气质深刻地受到遗传特征影响，是与神经

---

① 罗跃嘉，古若雷，陈华，等. 社会认知神经科学研究的最新进展［J］. 心理科学进展，2008（3）：430–434.

活动特征紧密相连的，具有相对稳定的个性心理特征。性格在儿童早期显露出来并初步形成，较气质而言具有更大的可塑性。

　　能力是一种心理特征，是顺利实现某种活动所必须具备的个性心理特征。儿童能力的发展体现在多种能力显现与发展上，包括操作能力、身体运动能力、语言能力、模仿能力及其他特殊能力。智力是儿童认识世界能力的综合体现，是儿童完成各种活动的最基本的心理条件，是能力中非常重要的组成部分。

　　自我是个性的组成部分，是由知、情、意三个方面统一构成的高级反映形式。"知"是指自我认识；"情"指的是自我体验。"意"是指自我控制和自我调节。

　　自我概念是指个体对自己的知觉。儿童自我概念的发展主要经历了四个阶段：婴儿期、学前期、学龄期、青少年期。自尊是一个个体的价值判断，它表达了个体对自己所持的态度。自尊的结构随着年龄的变化而变化。

　　自我调节是指在没有外部指导和监督的情况下，个体为达到某种目的而发动和维持的积极的行为过程。自我控制是指个体抑制某种有碍于目标实现的行为的过程。自我控制和自我调节在个体成长中发挥着重要作用。大多数研究发现，自我控制在婴儿出生后第二年就已出现。

进一步学习资源

- 关于儿童个性发展的基本问题，可参阅：

  1. 王振宇. 儿童心理学［M］. 南京：江苏教育出版社，2001.

  2. 桑标. 当代儿童发展心理学［M］. 上海：上海教育出版社，2003.

- 关于儿童早期气质、性格的发展问题，可参阅：

  1. 艾森克. 心理学：一条整合的途径［M］. 闫巩固，译. 上海：华东师范大学出版社，2000.

  2. 贝克. 儿童发展：第五版［M］. 吴颖，等译. 南京：江苏教育出版社，2002.

  3. 陈帼眉. 学前心理学［M］. 北京：北京师范大学出版社，2000.

  4. 王振宇. 学前儿童发展心理学［M］. 北京：人民教育出版社，2004.

- 有关儿童自我发展的理论，可参阅：

  1. 张文新. 儿童社会性发展［M］. 北京：北京师范大学出版社，1999.

  2. 李幼穗. 儿童社会性发展及其培养［M］. 上海：华东师范大学出版社，2004.

- 有关儿童自我概念和自尊的发展及其促进的内容，可参阅：

  谢弗. 发展心理学：儿童与青少年：第六版［M］. 邹泓，等译. 北京：

中国轻工业出版社，2005.

● 有关儿童自我认识的发展知识，可参阅：

弗拉维尔，等. 认知发展［M］. 邓赐平，译. 上海：华东师范大学出版社，2002.

思考与探究

1. 试对 3 岁前或 3—7 岁儿童的气质作出你自己的类型评价。

2. 儿童气质发展的特点是什么？

3. 在你未来的教育实践中，你准备如何做到与儿童气质的拟和优度？

4. 斯腾伯格和加德纳等人的智力理论对我们理解智力有什么启示？对当今的教育又有什么影响？

5. 自我是推动个性发展的内部动因，对此你是如何理解的。

6. 如何理解自我的"知""情""意"是有机结合的三个部分？

7. 试从家庭和教育机构两个角度来谈谈如何提高儿童的自尊。

8. 中国传统家庭抚养孩子的方式对儿童自尊心的发展有何利弊？

趣味现象·做做看

实验目的：进一步观察和了解幼儿自我控制和自我调节情况

研究对象：3—6 岁幼儿。

实验工具：幼儿比较喜欢的糖果或者玩具。

程序：实验者给予幼儿比较喜欢的糖果或者玩具，给幼儿提示："你可以马上吃掉食物或者玩玩具，但是如果你能坚持二十分钟不吃糖果或不玩玩具，你将会得到更多的糖果或玩具。"为避免幼儿之间相互影响，实验者要将幼儿单独留在一个房间中，实验者可以在暗中观察或者暗中拍摄下幼儿的反应。实验者可以通过观察儿童各种不同的反应来了解不同儿童的自我调控情况，也可以将儿童的反应与其平时的表现、气质、性格等结合起来分析。

第九章　儿童道德的发展

本章导航

本章将有助于你掌握：
- 道德的心理成分
- 道德心理结构的发展特点

- 道德认知的理论模型
- 儿童道德判断的发展及其影响因素
- 儿童道德情感的发展
- 儿童道德行为的发展

有一天，午餐时间。多多班上教师给每个孩子发了一根香蕉作为餐后水果。就在大家吃得津津有味时，教师注意到只有多多一个人坐在那里看着香蕉一声不吭，不时还羡慕地看一眼旁边正在吃香蕉的小朋友。这是怎么回事呢？教师走过去询问。多多不好意思地说："妈妈很爱吃香蕉，我要把香蕉带回家给妈妈吃。"教师听了，连声夸奖多多是个好孩子，并希望全班小朋友都能向多多学习。

教师为什么会表扬多多呢？这是因为多多的做法符合人们"尊敬长辈、孝顺父母"的道德标准。其实每个人心中都有一杆道德的"秤"：符合道德准则的言行人们会赞赏它，背离道德准则的言行人们会唾弃它。

那么什么是道德？儿童的道德发展经历了哪些阶段，呈现出哪些特点，又受到哪些因素的影响呢？这些问题是本章要探讨的主要内容。

第一节　儿童道德发展概述

道德是指由社会舆论力量和个人内在信念系统所支持的、据以对人们之间相互关系进行调整的行为规范的总和。儿童的道德发展是在其心理发展的基础上，在社会和教育的影响下，将社会的道德要求逐渐转化为个体内在规则系统并具体实践的过程。这一过程包括道德各心理成分之间、个体与环境之间等一系列相互联系、相互影响的心理活动。

一、道德的心理成分

有关道德包含哪些心理成分的看法目前尚不完全一致，较为普遍的观点是道德包括道德认知、道德情感和道德行为三种成分。

（一）道德认知

道德认知是对道德规范中是非、对错、善恶、美丑等行为准则及其意义的理解和判断。道德认知是道德构成的基础，也是道德发展中社会的道德要求向个体意识转化的第一步。如随着年龄的增长，儿童逐渐懂得什么是诚实，什么是欺骗；什么是勇敢，什么是懦弱；什么是友好，什么是霸道；等等。当儿童对这些道德准则具有较为系统的认识，并在此基础上产生较为深刻的认同时，儿童才会运用它们去调节和控制自己的行为，判断和评价他人的行为。道德认知是道德情感产生的依据，并对道德行为具有定向作用。

（二）道德情感

道德情感是伴随道德认知产生的，是由人的道德需要是否得以实现而引起的内心体验。它既可以产生于人们在道德观念的支配下采取行动的过程中，如做好事帮助别人时内心感到快乐与自豪；也可以产生于人们根据道德观念评价他人或自己行为的过程中，如听到英雄事迹时深感敬佩，自己犯错误后会感到强烈的自责与羞愧等。

（三）道德行为

道德行为是指人在一定道德认知和道德情感的推动下表现出来的、对他人和社会有道德意义的活动。道德行为是道德认知的外在表现，也是道德发展与教育的最终目的。

道德行为包括道德行为技能和道德行为习惯，它们都是通过反复练习和实践形成的。道德行为习惯是一种具有较强稳定性的、自动化了的道德行为，它是衡量个体道德品质高低的重要方面。道德行为技能与道德行为习惯与一般的技能、习惯的区别仅是相对的，当一般的行为技能与习惯与完成一定的道德任务相联系时，它们便具有了道德的性质。

道德的上述三种成分并不是彼此孤立、毫无联系的，而是相互渗透、相辅相成的，共同构成道德的完整结构。在道德发展过程中，它们之间也表现出既相互制约又相互促进的关系。概言之，道德认知是道德发展的前提和基础；道德情感是道德产生和发展的内在必要条件，对道德行为具有推动作用；道德行为则是道德品质的综合表现和检验依据。

二、道德心理结构的发展特点

从道德心理结构这一整体来看，道德的各种心理成分在发展中显示了发展趋势的循序性和统一性、发展水平的差异性及发展切入点的多端性等特点。

（一）发展趋势的循序性和统一性

道德的各种心理成分在发展过程中都遵循着一定的规律，即表现出一定的循序性。一般而言，道德认知的发展遵循从表面到深刻、从具体到抽象、从现象到本质、从行为结果判断到行为动机判断等发展规律；道德情感的发展表现出从初级到高级、从简单到复杂、从不稳定到稳定的发展规律；而道德行为则按照由易到难、由低水平到高水平的顺序发展。从总体上看，三种道德心理成分的发展都较为一致地表现出由低水平到高水平的发展趋势，因而道德心理结构的发展既具循序性，又具统一性。

（二）发展水平的差异性

尽管道德心理结构的三种成分在总体发展趋势上显示出了统一性，但从发展水平来看，道德认知、道德情感和道德行为在同一时期所达到的水平并非整齐划一的，而是表现出差异性。这种差异性体现在两个方面：一是个体之间道德心理成分的发展水平存在差异，即处于同一年龄段的儿童并不一定具有完全相同的道德发展水平；二是个体各道德心理成分之间的发展水平亦存在差异，如有的儿童在发展的某一阶段会出现言行不一等道德认知与道德行为脱节的现象。

（三）发展切入点的多端性

从道德品质培养的角度看，道德心理的形成可以有不同的开端。儿童道德品质的培养，可针对儿童的不同情况选择不同的切入点，如在一些情境中可以从激发儿童的道德情感开始，在另一些情境中则可以从提高儿童的道德认知入手，或者以培养儿童良好的道德行为习惯为开端，甚至可以从多个方面入手多管齐下、相互促进。这种发展切入点的多端性为学前教育工作者选择多种方法、因人而异地培养儿童良好的道德品质提供了可能。

第二节　儿童道德认知的发展

随着自我意识和新的表象能力的出现，大约在 2 岁的时候，儿童开始成为有道德的个体。道德认知是关于道德的认识或知识，认知成熟和社会经验导致了道德理解的进步，衡量道德认知发展的水平主要看儿童对道德原则和信念掌握得如何。随着年龄的增长，儿童对道德的理解逐渐从物质权力的表面定向及外部结果发展到对人们之间的相互关系、社会惯例及法律制定系统更深刻的识别。本节主要介绍几种有关儿童道德认知的理论模型，并对道德判断的影响因素及其发展阶段进行阐释。

一、道德认知的理论模型

（一）皮亚杰的道德认知发展理论

1. 皮亚杰道德认知发展理论的内容

皮亚杰是第一位系统考察儿童道德规范形成与道德认知发展的心理学家。他通过开放式的临床访谈法，对 5—13 岁瑞士儿童对打弹子游戏规则的理解进行提问，或者给儿童讲对偶故事，故事中主人公对物品造成了损坏，但意图有好坏之分，在确保儿童理解故事的基础上，皮亚杰让其判断两个主人公谁更调皮，并解释原因。通过这种临床访谈法，皮亚杰获取了有关儿童道德认知的丰富的一手资料。根据儿童对游戏规则的认识及执行情况，对过失和说谎的道德判断以及儿童的公正观念等方面的反应，皮亚杰概括出儿童道德认知发展的 3 个阶段：前道德阶段、他律道德阶段和自律道德阶段。

（1）前道德阶段（4、5 岁之前）。这个年龄段的儿童对规则极少关注或缺乏意识，其行为直接受行为结果的支配，他们尚不能对行为作出一定的判

信息栏：皮亚杰所使用的对偶故事

断。他们常常满足于从诸如弹子游戏中的弹子多种操作方法中获得乐趣，极少考虑遵循统一的规则并在此规则下获胜。例如，两名 3 岁儿童在玩弹子游戏时，很可能会使用不同的游戏规则。

（2）他律道德阶段（4、5 岁至 8、9 岁）。到 5 岁左右，儿童开始表现出对规则的注意与尊重，他律道德成为 5—9 岁儿童道德认知的核心特征。顾名思义，"他律"意味着儿童的道德认知主要基于权威。此阶段儿童倾向于把规则看作由权威人士（如神、父母或教师）传下来的，并视其为一个永久的、不可改变的、需要严格遵循的存在。而且，他们常常依据当事人造成的直接结果进行评判，而忽略了对意图的考虑。例如，皮亚杰的对偶故事让儿童判断约翰和亨利谁更淘气：约翰在开吃饭间的门时不小心打碎了 15 个杯子，而亨利在偷拿果酱时打碎了 1 个杯子。这个阶段的儿童通常认为约翰更淘气。巴恩斯认为，正因为对权威的无条件尊崇，此阶段儿童倾向于认为成人惩罚孩子总是对的。

由于此阶段儿童对道德的看法是遵守规范，只重视行为结果，而不考虑行为动机，故他们的道德认知称为道德现实主义。显然，这种对道德规则的理解是肤浅的。皮亚杰认为这种现象受到了两个因素的限制：其一，成人的权威。成人倾向于认为儿童应该顺从，这导致儿童对规则及制订规则者的无条件尊敬；其二，认知不成熟。自我中心主义是此阶段儿童重要的认知特征，儿童的观点采择能力也处于发展之中，儿童倾向于认为所有的人都以相同的方式看待规则。

（3）自律道德阶段（9、10 岁以后）。到小学中年级，儿童不再盲从权威，开始认识到道德规范的相对性，同样的行为，是对还是错，除了要看行为结果之外，还须考虑当事人的意图。儿童开始表现出道德相对主义。社会规则不是固定不变的，是一种可以改变的社会契约。对权威的遵从既非必要，也不总是正确的。违反规则并不总是错误的，不一定非要受惩罚。儿童判断他人行为时开始考虑到动机与情感的问题，试图寻求一种更为公正、平等的公理。这一阶段的道德认知，皮亚杰称为"自律道德"。

在皮亚杰看来，儿童由他律道德转向自律道德，主要得益于认知的进一步发展和同伴交往。一般而言，自律道德阶段通常肇始于形式运算出现之时。当儿童作为平等的主体参与同龄人的活动时，他们学会了以相互受益的方式解决冲突，他们逐渐开始使用互惠性的公平标准，儿童在关注自己的利益时，对他人的利益也表现出同样的关心。皮亚杰认为，同伴交往的经验，特别是同龄人之间的意见不一致对儿童道德认知发展具有促进作用，在意见不一的场合，儿童逐渐认识到人们对道德规范可能持有不同的观点，开始日益表现出对当事人行为意图的关心。

　　2. 对皮亚杰道德认知发展理论的评价

　　皮亚杰的道德认知发展理论得到了后续追踪研究的证明，道德认知发展阶段论描述了儿童道德认知发展的普遍方向。皮亚杰所持的认知成熟、从成人控制中逐渐解脱以及与同龄人交往促成儿童道德理解的观点也得到了很多来自不同文化的研究的支持。皮亚杰及其合作者创立的临床法，在研究儿童对规则的意识和道德判断的发展方面具有良好的效果。皮亚杰认为，采用直接提问法对儿童的道德判断性质进行研究不可靠，将儿童放在实验室进行考察更不可能。只有通过深入分析儿童对特定行为的评价，才可窥及他们对问题的真实认识。

　　但也有研究者对皮亚杰的道德认知发展理论提出了批评，主要集中在以下三个方面：

　　一是研究方法问题，皮亚杰采用的对偶故事法存在的突出问题是两个故事给儿童呈现了两个不对等的后果（15 个杯子和 1 个杯子），这极易使儿童忽略当事者的意图。而且故事设计也存在问题，例如，故事中淘气的亨利去拿果酱时，可能不是故意打碎杯子的，这一点对儿童的判断也会产生干扰。因此，故事中提到的"坏的意图"值得商榷。伯西（K. Bussey）的研究表明，儿童在 4 岁时就能明确地认识到讲真话与撒谎之间的不同。还有，凯尔（R. Kail）认为，对偶故事法对儿童的记忆提出了较高要求，这对于年龄较小的儿童来说并非易事。有研究表明，若设计一些记忆负荷较小的故事，即使较小的儿童也会表现出基于主人公意图的道德认知。例如，我国学者莫雷分别用动机错误程度差异增大与后果严重程度差异缩小两个系列改编对偶故事，对 5 岁至 7 岁儿童的道德判断依据进行考察，结果表明，在上述两种情况下，儿童由原来的后果判断转为动机判断的人数均达显著水平。这表明，此阶段儿童进行道德判断时能够考虑到行为后果和行为动机两个方面的影响，只不过行为后果的影响大于行为动机的影响。因此，皮亚杰的理论只是部分正确，需要进一步完善。

　　二是皮亚杰的理论未对道德规则与习俗规则进行区分，认为儿童会以相同的方式看待不同范畴的规则。实际上，儿童对不同范畴规则的理解可能是非同步的。因此，我们应该将儿童道德范畴规则理解的研究与其他范畴规则理解的研究相区分，以更清楚地把握儿童道德认知发展的特征。有研究表明，儿童能够区分那些违背社会习俗的行为与那些违背道德原则的行为。中国学者张卫等人的研究揭示，至少 6 岁的中国儿童已经表现出对道德规则和社会习俗的直觉区分，但对两者的深刻理解则要到 8 岁才能达到。儿童对道德规则的理解，强调公平原则、他人幸福和义务责任等因素；而对社会习俗的认知，则强调社会习俗传统、团体规则和不良后果。

　　三是有关权威的推理，皮亚杰认为处于他律阶段的儿童，会用无可怀疑的尊敬来看待成人。实际上，斯梅塔纳（J. G. Smetana）有关儿童对权威理解的研究表明，甚至是学前儿童也会不顾权威人士的观点，而把某些行为（如打架或偷盗）判断为错误的，在解释时，3—4 岁儿童也会表现出对伤害或损害他人利益的担心，而不是顺应成人的命令。到 4 岁时，儿童对权威人物的合理性形成了不同的概念，并且这些概念在学龄期得到进一步完善。

　　（二）柯尔伯格的道德认知发展理论

　　皮亚杰后来专心从事逻辑和科学思维的研究，未再对道德发展进行更深入的研究，但他有关道德认知发展的创造性工作引起了诸多学者的关注，继皮亚杰之后，许多来自不同国家和地区的心理学家从不同侧面或角度进行了大量研究，进一步修正、丰富和完善了皮亚杰的道德认知发展理论。其中，以美国哈佛大学教授柯尔伯格（Lawrence Kohlberg）的系统研究最具影响力。与皮亚杰一样，柯尔伯格也采用临床访谈法；但与皮亚杰使用对偶故事法不同，柯尔伯格使用的是道德两难故事法，他通过呈现具有道德价值观冲突的故事，让儿童对主人公是否应该那样做作出判断，并解释原因。基于儿童对两难故事的推理，柯尔伯格掌握了道德认知发展的丰富资料，确认了儿童道德认知发展的三个水平六个阶段，建构了道德认知发展理论。

　　1. 柯尔伯格道德认知发展理论的主要内容

　　柯尔伯格一方面肯定了皮亚杰有关儿童道德发展的观点，例如，儿童的道德认知发展是其道德发展的必要条件；道德发展作为一个过程，由于认知结构的变化而表现出明显的阶段；他律道德和自律道德之间的差异相当于前运算阶段与具体运算阶段之间的差异；等等。同时，柯尔伯格也指出皮亚杰研究的某些局限性，例如，皮亚杰研究所采用的对偶故事中的主人公往往不是故意造成较坏后果的，而造成较轻后果者却多出于故意；利用对偶故事法不能很好地揭示儿童道德推理的过程；皮亚杰研究儿童道德发展的内容维度较窄，有些对偶故事只是研究道德判断的一个方面；等等。鉴于上述情况，柯尔伯格决定在保留皮亚杰对偶故事冲突性特征的基础上，采用"开放式"手段，即采用"道德两难法"来揭示儿童道德发展水平。在一系列道德两难故事中，尤以"海因兹偷药"最具典型性。

　　柯尔伯格于 1969 年提出三水平六阶段道德发展理论①：

　　水平 1——前习俗水平（大约在学前至小学低、中年级）：主要着眼于自身的具体结果。水平 1 又分为以下两个阶段：

　　● 阶段 1　服从与惩罚定向

① 贝克. 儿童发展：第五版 [M]. 吴颖，等译. 南京：江苏教育出版社，2002：681-682.

这种定向是为了逃避惩罚而服从权威或有权力的人，通常是父母。一个行为是否道德是依据它对身体的后果来确定的。

• 阶段2   朴素的快乐主义与工具定向

在这一阶段儿童服从获得奖赏。尽管也有一些报偿的分享，但也是有图谋的，是为自己服务的，而不是真正意义上的公正、慷慨、同情或怜悯。它很像一种交易："你让我玩四轮车，我就把自行车借给你。""如果让我看晚上的电影，我现在就做作业。"

水平2——习俗水平（大约自小学高年级开始）：习俗的规则与服从性道德，主要满足社会期望。水平2又分为以下两个阶段：

• 阶段3   好孩子道德

在此阶段，能获得赞扬和维持与他人良好关系的行为就是好的。尽管儿童仍以他人的反应为基础来判断是非，现在他们更关心他人的表扬与批评而不是他人的身体力量。他们注意遵从朋友或家庭的标准来维持好的名声；开始接受来自他人的社会调节，并依据个人违反规则时的意向来判断其行为的好坏。

• 阶段4   权威性与维持社会秩序的道德

在这一阶段个体盲目地接受社会习俗和规则，并且认为只要接受了这些社会规则就可以免受指责。他们不再只遵从个体的标准而是遵从社会秩序。遵从一系列严格规则的行为就被判断为好的。大多数个体都不能超越习俗道德水平。

水平3——后习俗水平（大约自青年末期接近人格成熟时开始）：自我接受的道德原则，主要履行自己选择的道德标准。水平3又分为以下两个阶段：

• 阶段5   契约、个人权利和民主承认的法律的道德

这一阶段出现了此前阶段所没有的道德信念的可变性。道德的基础是为了维护社会秩序的一致意见。因为它是一种社会契约，当社会中的人们经过理智的讨论找到符合群体中更多成员利益的替代物时，它也是可以修正的。

• 阶段6   个体内在良心的道德

在这一阶段个体为了避免自责而不是他人的批评，既遵从社会标准也遵从内化的理想。决策的依据是抽象的原则，如公正、同情、平等。这种道德是以尊重他人为基础的。达到这一发展水平的人将具有高度的个体化的道德信念，它有时是与大多数人所接受的社会秩序相冲突的。

柯尔伯格指出，应将上述六个阶段看成不变的和普遍的，任何地方的人们都以固定的次序通过这一系列步骤发展；每一个新阶段都应看作建立在以前阶段的道德推理之上，掌握有关公正的逻辑和道德上更适合的观念；并应

将每一阶段看成一个有组织的整体，即一个人在广泛情形下会应用有关道德推理的特定模式。

所应提及的是，柯尔伯格认为儿童道德判断的发展都是按顺序进行的，不能超越，只能循序渐进。柯尔伯格在 20 世纪 70 年代末至 80 年代对其理论进行了一些修正，增加了一些所谓的"过渡阶段"。但从整体上看，他的基本阶段模型没有变化。

2. 对柯尔伯格道德认知发展理论的评价

柯尔伯格的道德发展理论，丰富和发展了皮亚杰有关道德发展的理论，使人们对儿童道德认知发展图景有了更深入的认识。据柯尔伯格及其合作者在其他国家进行的一系列跨文化研究，儿童道德判断的三水平六阶段具有文化普适性，提示在不同的文化背后，存在着一种普遍的道德判断和评价形式。大量纵向和横向研究表明，柯尔伯格理论所说的阶段的进展确实与年龄有密切关联，这些阶段形成了一个不变的发展序列，几乎所有的人都以预定的次序通过这些阶段，一旦达到了一个阶段，就不会跃过一些步骤或返回到不太成熟的阶段。

柯尔伯格在儿童道德判断方面的研究在国际上影响深远，有研究者在其"道德两难"故事临床访谈法的基础上，发展出了更方便使用的测量工具，例如，社会道德反映测量简表（Sociomoral Reflection Measure-Short Form, SRM-SF）。其中的项目避免了柯尔伯格的道德两难故事冗长的面谈方式，回答方式也简单得多（如要求被试在类似"非常重要""重要"或"不重要"中选一个答案，然后在答案后进行简要解释等）。同柯尔伯格的临床访谈一样，社会道德反映测量简表根据人们道德价值观的评价来检测道德推理。贝辛杰（K. S. Basinger）等人的研究表明，用社会道德反映测量简表所得结果分数与临床访谈结果之间具有高相关。

对柯尔伯格道德发展理论的批评主要集中在以下几个方面：

一是方法问题。许多心理学家指出，从道德两难故事中获取的有关儿童道德判断的分数是凭直觉的，主观性太强，这会影响到儿童判断的真实性，其内部一致性并不高。而且量表的效度也值得怀疑，由柯尔伯格第一次获得的纵向样本结果得出所谓的阶段次序观点是站不住脚的。还有研究者提出，柯尔伯格实验所用材料也存在生态学问题，类似"海因兹偷药"的故事情境，在生活中发生的概率并不高。

二是社会习俗与道德规则的区分问题。特瑞尔（E. Turiel）认为，与皮亚杰一样，柯尔伯格没有很好地对习俗规则（如"你不应该在众人面前脱衣服"）和适用于公平、真理和是非原则的道德规则（如"偷窃是错误的"）予以区分，将两者混为一谈。特瑞尔的研究显示，柯尔伯格的道德发展理论并不适合儿童的习俗判断。社会习俗可以通过协商加以改变，而道德规则具有固定、不可改变的性质。

三是研究被试性别问题。柯尔伯格的道德发展理论建基于对 72 个男孩的追踪研究结果，单一的性别很可能混合男性道德发展的阶段和男性性别偏向。吉利根（C. Gilligan）的理论明确地指出了这一点。吉利根发现，女性认为，她们的两难问题在某种意义上和柯尔伯格的"公平"取向不同：柯尔伯格主要把注意力集中在"责任"上，而吉利根所关心的则是"关怀"问题。

（三）特瑞尔的领域模型

特瑞尔在皮亚杰和柯尔伯格理论的基础上，提出了领域模型，并增加了新的观点，其理论要点如下：

1. 儿童的道德推理包含道德领域和社会领域的社会认知

针对皮亚杰与柯尔伯格对社会习俗与道德规则未加区分的缺点，特瑞尔提出分别与两者相应对的社会认知领域。道德领域主要包括如撒谎、偷窃、谋杀等与公道和正义相关的问题；社会领域主要包括如礼貌、穿着、称呼等指引人们社会关系的规则。

2. 早期儿童即能区分道德推理的道德领域和社会领域

特瑞尔通过观察发现，4 岁儿童对两个范畴的差异已经有所理解，与习俗相比，他们更多地把道德规则看作具有约束力。特瑞尔的研究揭示了儿童关于社会习俗判断的发展情况，进而证明社会习俗和道德规则是两个不同的领域，儿童的习俗判断和道德判断的发展规律也各不相同。

3. 儿童对道德规则和社会习俗的理解受他们生长环境和个人经验的影响

（1）社会交往特别是同伴交往促进了儿童对道德规则的理解。儿童作为不道德行为受害者的经历或见证他人遭受非道德待遇的过程，都会影响他们对道德规则的认识。与父母的交互作用也能促进儿童对道德规则的理解，因为父母会指出儿童行为的对与错，强化儿童对道德规则的理解。（2）儿童对社会习俗的理解源于在不同社会情境中的经验，在这些情境中存在着相异的社会习俗。特瑞尔强调文化的重要作用，虽然在特定的文化中社会习俗的内容各不相同，但不同文化中的儿童在幼小的年龄段就能区分道德认知的道德领域和社会领域。

二、道德判断的发展及其影响因素

道德判断作为一种认识活动，是个体应用道德观念或道德知识对行为的是非、好坏和善恶进行评价的过程。道德判断的发展水平与道德行为之间具有明显的对应关系。儿童的道德判断能力是逐步发展起来的，这通常可以从儿童对他人行为的动机及结果的评价中看出来。儿童的道德判断水平与其所掌握的道德观念和道德知识有关，并在很大程度上受到个体认知发展、个体所参与的社会互动等的影响。

（一）道德判断的发展

1 岁儿童不可能有道德判断，因此他们也不可能有意做出道德行为。1岁以后，儿童之间开始表现出积极和消极的相互关系，通常认为这是他们道德行为的最初形态。防止儿童之间不良关系的发生，培养和巩固儿童之间的良好关系，是学前教育的重要任务。

儿童的道德判断是在儿童掌握语言以后才逐步产生的。其中，儿童与成人的交往经验特别是成人对儿童行为的反馈起了重要作用。成人表示赞许（如愉悦的表情）并评价为"好""乖"的行为，儿童便认为是好的行为；反之，成人斥责（如不愉快的表情）并评价为"不好""不乖"的行为，儿童认为是坏的行为。因此，"好""不好"是儿童道德判断发展中最初的两个类别。通常认为，3 岁的儿童已经能把人分为好人和坏人两类。可见，用合乎儿童年龄特征的方法培养儿童正确的道德判断能力，对儿童以后的道德发展乃至个性品质的形成具有非常重要的意义。

儿童的道德判断能力在学前阶段逐渐发展。在学前初期，儿童的道德判断带有很强的具体性、情绪性和受暗示性。只要成人说是好的，或自己喜欢的，或有兴趣的，儿童就认为是好的；反之，则是坏的。此时的儿童尚不能把行为的动机和结果结合起来，通常只看到行为的结果，而忽视行为的动机，更多地依据行为的结果来评判一个人的行为。至学前晚期，儿童能够比较注重人的动机和意图，开始从社会意义上来判断道德行为。穆森（P. H. Mussen）等人的研究表明，在行为的结果是积极的情况下，学前儿童对具有良好意图的行为主体比对具有不良意图的行为主体给予更多的称赞；在行为的结果是消极的情况下，同样，他们对意图积极的同伴的评价比对意图消极的同伴的评价好。

到了小学阶段，儿童的道德判断能力进一步发展。小学低年级儿童初步掌握了一些抽象的道德概念和道德判断，但是他们的理解常常是肤浅的、表面的和具体的，概括水平仍较差。有研究表明，小学儿童在四至五年级期间对道德准则的理解方能达到初步本质概括的水平，其道德判断能力有了更进一步的提升。在对包含行为动机和结果因素在内的对偶道德故事进行道德判断时，儿童从注意某一行动造成的后果，逐渐过渡到注意特定行为的动机。这种过渡的关键年龄在 9 岁至 10 岁之间。有关公正观念的研究提示，公道的公正判断取代平等的公正判断的转折年龄在 8 岁至 9 岁之间，公道的公正判断在 11 岁时已占绝对优势，服从的公正判断始终处于从属地位。

到了初中阶段，一方面受益于儿童身心发展，总体来说，儿童的道德判断水平不断提高；另一方面，由于这一时期是从幼稚向成熟的过渡阶段，故儿童的道德判断发展存在较大的个体差异。

（二）道德判断发展的影响因素

1. 个体的认知发展状况

特瑞尔认为，个体进行道德评价和判断速度快慢、确定程度、内省深思的从容与否，有赖于个体的发展状况。儿童对他人心理状态的认识是其道德判断的重要基础之一，有关心理理论（theory of mind）的研究表明，儿童对他人心理的认识是一个不断发展的过程。联系皮亚杰的认知发展阶段理论，3岁左右的儿童处于前运算阶段，在此阶段，自我中心性是一个突出的特点，该阶段的儿童尚未有很好的观点采择能力，在认知他人的行为动机方面存在困难。4—5岁儿童才能对信念、愿望及意图有较好的把握。另外，智力发展特别是语言、理解能力的发展，对儿童的道德判断产生及发展具有重要的影响作用。

2. 亲子交往互动

儿童不但从父母那里习得道德观念，而且还从亲子互动中，特别是父母的养育实践中"推断"行为的是非对错。例如，杜恩（Dunn）等人发现，在父母教育孩子时动辄诉诸武力的家庭里，孩子到二三岁时会表现出相当多的对母亲的纠缠、攻击、破坏物品等行为；而经常进行欺骗的父母，他们的孩子在这个年龄段则表现出争辩、争吵行为的增加。与此相一致，格鲁赛克和古德诺（J. E. Grusec & J. J. Goodnow）也发现，父母的养育行为与他们孩子的不当行为之间存在着微妙的关联，儿童常以父母所"给"的标准来判断行为的合适性。这提示，父母的榜样作用影响着儿童的道德判断，他们从父母身上学到了如何像父母所表现的那样进行道德判断。父母不但可以通过规则养成对儿童的道德判断产生影响，他们对子女的期望与对待方式也具有不可忽视的作用。例如，父母对待男孩与对待女孩的方式可能存在很大差异，如表现出不同的行为期待、道德观念植入标准及行为评价模式。

3. 同伴交往

哈里斯（J. R. Harris）提出的同伴社会化理论特别强调同伴关系对儿童社会化的动因作用。皮亚杰、特瑞尔、戴蒙（W. Damon）和尤尼斯（J. Youniss）等人认为，同伴互动对儿童的道德发展具有重要影响。皮亚杰指出，成人与儿童之间的互动多与约束有关，而同伴之间的交往则更多指向合作，同伴互相将彼此视为平等的人，这样在社会交往中更易采择同伴的观点并将其视为可信赖的伙伴。戴蒙和尤尼斯认为，同伴互动的效用发生于儿童协调自己与他人观点、行为的过程中，而非传达信息、意见的过程中。戴蒙进一步认为，道德重要方面的获得来自儿童与朋友的游戏，所获得的规范有时与成人所要求的并不一致；即便是那些与成人要求一致的规范，它们通常也是儿童在与同伴互动时所"发现"的。戴蒙通过对分配公平的实验研究发现，儿童与同伴讨论往往比与成人讨论会获益更多。当然，同伴之间也时常会发生冲突，研究者发现，社会冲突对道德发展同样具有重要影响。社会冲突可引发儿童思考如何兼顾自己和他人的利益需求问题，认识到他人权利的存在。基伦（M. Killen）等人的研究发现，在没有成人干预的情况下，儿童通常能够很好地解决社会冲突，所生成的解决方案会顾及各方的需求与利益。

第三节　儿童道德情感和道德行为的发展

情感在儿童道德发展中有着特殊而重要的地位。这不仅因为道德情感的丰富和成熟与道德认识一样贯穿个体道德发展的全过程，而且从教育的角度来看，情感启蒙是儿童道德启蒙的切入点，道德情感的教育是儿童道德教育的核心和基础。

一、道德情感的发展

了解儿童道德情感的发展，对于开展儿童道德教育、建立有效的道德教育机制是极其必要的。

（一）道德情感内容的发展

依恋感、移情、羞耻感与罪错感是儿童道德情感发展的主要内容。

1. 依恋及其发展

一般认为，依恋的发展经历了一个从自然依恋到社会依恋，无区别的依恋到有区别的依恋，范围较小的依恋到范围较大的依恋的过程。英国心理学家鲍尔比提出，依恋的发展可分为前依恋期（0至6周）、依恋关系建立期（6周至6~8个月）、依恋关系明确期（6~8个月至18个月~2岁）和交互关系形成期（18个月至2岁后）四个阶段。马文（B. Marvin）则认为，4岁是依恋发展的关键期，此时儿童由对照料者躯体的亲近转向活动中的相互适应和人格交流，这个时期的依恋关系转变对道德人格的成长极富意义。

2. 移情及其发展

移情是针对他人处境的一种情感反应，霍夫曼（M. L. Hoffman）将其定义为"代替性的情感反应"。例如，当个体看到别人忍受痛苦时自己也感到不安。研究表明，移情能力的发展具有个体水平、社会水平和综合水平三个阶段。儿童移情能力的发展是从个体—自我觉知和自我敏感这一水平开始的。处于个体水平的儿童，随着自我意识的发展逐渐能区分自我与他人不同的需要和情感，能敏锐地感到他人的情绪状态并唤起自己的相关经验，从而产生情感共鸣；处于社会水平的儿童，能从第三者的角度来看待他人的思想情感，并逐渐能在特定情境中设身处地为他人着想；青少年期，移情能力发展至观念性的综合水平，这与其道德经验的丰富、反省思维能力的提高密切相关，通情而至达理是这一水平的主要特点。

我国学者常宇秋、岑国桢以道德情境故事为材料，运用个别交谈法对我国 6—10 岁儿童的道德移情反应特点进行了研究。结果表明，我国 6—10 岁儿童面临道德情境时作出的道德移情反应水平随年龄增长而提高；对集体的道德移情反应强于对个人的反应；当涉及人身伤害、财物损坏、声誉损害三类情境时，儿童对声誉损害的道德移情反应最强，对财物损坏的道德移情反应在三者中最弱。另外，该研究未发现道德移情反应的性别差异。

3. 羞耻感与罪错感及其发展

在羞耻、罪错情绪中，指向自我的评价判断等认知性成分促使个体发展自我责任意识、提高社会责任感，从而推动个体的心理成熟。有关罪错感的发展阶段，霍夫曼认为：1 岁末，儿童开始有早期形式的罪错感，但由于此时儿童尚未形成真正的因果关系观念，常常对不在自己控制之内的事物也产生罪错感；2—3 岁时，儿童会因未能做出减轻别人痛苦的行为而产生罪错感；3 岁后的儿童则会对他们的错误行为和未做什么的长期后果产生罪错感。

（二）道德情感形式的发展

儿童道德情感形式的发展大致分为三个阶段："原伦理状态"道德情感阶段、前道德情感阶段、他律性或尊奉性道德情感阶段。

1. "原伦理状态"道德情感阶段（0 岁至 1.5 或 2 岁）

"原伦理状态"道德情感阶段是道德情感发展的奠基时期。具有原伦理状态的情感主要是依恋感，表现为婴儿与成人之间积极、主动的情感联系。在这一情感联系中，如果成人的应答适时适当，婴儿便因情感上的满足而产生对成人的信任。经常获得情感满足的婴儿表情丰富，情绪基调快乐、稳定、勇敢、自信。这种健康的联系感是社会性情感乃至高级道德情感的重要基质。

2. 前道德情感阶段（1.5 岁或 2 岁至 3、4 岁）

这一阶段的儿童尚未发展出严格意义上的道德情感，处于道德情感的酝酿期。此年龄段的儿童具有强烈的探索和要求行使自主权的愿望，能够觉察他人的情感，掌握大人或同伴的喜好。当其不符合成人要求的行为受到规则限制时，他们要么对规则表示抗争，要么用讨好的方式试探成人的态度。这是儿童对习俗规则、对情感交往的社会适应过程。这一适应过程也正是由内在矛盾冲突孕育形成道德情感的重要时期。

3. 他律性或尊奉性道德情感阶段（4 岁至 6 岁或 7 岁）

这一阶段儿童的道德情感发展表现出单方面尊敬的特点。成人的情感态度、是非标准是儿童情绪发展的参照系；儿童接受道德观念、学习道德经验、获得道德情感体验，是以服从"权威"的外部控制机制来完成的。这与其自我表现的要求、希望得到成人赞扬认可的要求进一步强烈有关。这一阶段儿童进入幼儿园，因受到更多集体规则的约束，而拥有更为扩展的自我发展参照系。这一阶段由于儿童的情绪具有易感性、行为极具模仿性，因而是实施道德教育的最佳启蒙期。当然，与这一阶段儿童道德情感体验的浅显性、即时性相联系，儿童道德认知的内容是一些常见的、特定场合的事，他们还不可能从道德的普遍性特征来认识事件与自己的关系及其意义。因此，这一阶段出现的有关"道德"的情感，只能说是准道德情感。

二、道德行为的发展

道德行为是个体道德认识的外在表现，是衡量个体道德品质高低的重要方面。儿童道德行为的形成和发展是道德发展的重要方面。

（一）道德行为发展的理论：班杜拉的社会学习理论

班杜拉（A. Bandura）是社会学习理论的创始人，他突破了传统行为主义的理论框架，以认知和行为联合起作用的观点来解释人的学习行为。社会学习理论认为，儿童的道德发展的决定因素是个体所处的社会环境和个人经验，因而道德行为与其他行为一样，都是社会学习的产物，都可以通过对榜样的观察与模仿而习得。社会学习理论用观察、模仿、强化、惩罚来解释道德行为的发展机制。

1. 观察和模仿

班杜拉认为，儿童习得社会行为的一个重要途径是观察榜样即儿童生活中重要人物的行为，儿童通过观察将其以心理表象或符号表征的形式储存在大脑中，进而对行为进行模仿。班杜拉在其观察学习实验中证实了榜样的效果：一项研究分别探讨了现实、电影、卡通片中成人榜样对儿童行为的影响，结果发现，无论观看的是哪类成人榜样对充气娃娃的攻击性动作，三组儿童都能够对榜样的行为精确再现，即这三类成人榜样都会导致儿童模仿其攻击性行为。

在进一步的研究中班杜拉指出，通过观察习得的行为是否会表现出来，取决于个体对这一行为后果的预期，也就是说，要看这一行为带来的是奖励还是惩罚。预期会受到奖励的行为比预期会受到惩罚的行为将更多地被表现出来。但应注意的是，无论榜样行为受到的是奖励还是惩罚，都不会影响儿童对行为的习得，而仅仅影响儿童是否将所习得的行为表现出来。

☞信息栏：班杜拉观察学习系列研究

2. 替代强化

班杜拉研究发现，儿童可以通过观察他人行为的结果是受到赞许还是惩罚来进行学习，而不必自己直接做出行为并亲自体验其结果。这个过程被称为间接强化或替代强化。如果儿童看到他人的违规行为受到斥责，儿童就可能避免犯类似的错误；反之，如果儿童看到他人的反社会行为受到赞赏，就可能去尝试这种行为。儿童所观察到的这些发生在他人身上的结果，以一种与儿童亲身经历的结果相类似的方式作用于儿童，从而影响着其道德行为的发展。因而，建立在替代基础上的学习模式，是儿童道德行为发展的一个重要形式。

3. 交互决定论

按照班杜拉的观点，道德行为是通过社会学习而习得或改变的。但个体道德行为的变化既不是由个体的内在因素单独决定的，也不是由环境等外在因素单独决定的，而是内在因素、外在因素相互作用的结果。即环境、个体与行为是相互影响的一个系统，社会学习的过程是这三个因素相互作用、相互决定的过程。班杜拉把这一观点称为交互决定论，可用图 9-1 表示。

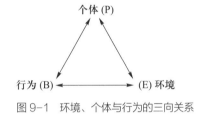

图 9-1   环境、个体与行为的三向关系

在这种交互决定论的模式里，行为、个体和环境都是作为相互交错的决定因素而起作用的，而且这些决定因素双向地相互影响。但这并不意味着这种影响的双边具有同等的强度。相互交错的决定因素的三个根源的相对影响，会因活动、个体、环境条件的不同而不同。

（二）攻击性行为及其发展

攻击性行为就其后果而言，通常指导致另一个体受到伤害的行为。有关攻击的类别，不同学者意见不一：劳伦兹（K. Lorenz）将攻击分为情感性攻击与工具性攻击；哈特普（W. Hartup）依据攻击的目的不同，将其分为敌意性攻击与攻击性攻击，敌意性攻击的目的是打击或伤害他人，而攻击性攻击的目的是为了获得某个物品而做出的抢夺、推搡等动作。道奇提出反应性攻击与主动性攻击的分类方式，诸如愤怒、发脾气、失去控制等属于反应性攻击，而夺取物品、欺侮或控制同伴等则属于主动性攻击。

1. 攻击性行为的发展

研究者们主要通过对不同年龄儿童攻击性行为过程的观察、记录来分析考察攻击性行为的发展。例如，古德伊纳夫（F. L. Goodenough）让 2—5 岁儿童的母亲每天记录孩子发脾气的过程，包括发脾气的原因和后果；哈特普对 4—5 岁和 6—7 岁儿童攻击性行为的前因后果进行了连续五周的观察分析；

卡明斯（E. M. Cummings）和同事则在研究中记录了儿童 2 岁和 5 岁时在成对游戏中的争吵。综合上述研究结果，学前儿童的攻击性行为呈现以下发展特点：

（1）引起攻击性行为的原因随年龄增长而变化。2—3 岁儿童产生攻击性行为的原因多是家长用权威方式反对他们的活动，或与同伴争玩具等物品；年长儿童产生攻击性行为的原因则更多是与同伴或兄弟姐妹发生冲突，表现为对攻击或挫折的报复性反应；无缘无故发脾气的现象在学前期呈下降趋势，尤其在 4 岁之后比较少见。

（2）攻击性行为的形式也随年龄增长而不同。年龄较小的儿童以踢打对方为主，而年龄较大的儿童则较少动手，主要采取逗弄对方、给对方起外号、嘲笑等方式。

（3）攻击性行为发生的频率随年龄增长而减少。卡明斯的研究显示，在成对游戏中，5 岁儿童表现出的攻击性行为要比 2 岁时少。这一变化的原因可能有两个：一是 5 岁儿童已从以往的经验中习得了一些和平解决冲突的方式，如协商和交流；二是 5 岁儿童处于对幼儿园情境的不断适应中，父母和教师更加注重强化其亲社会行为、纠正其攻击性行为。

2. 攻击性行为的性别差异

在生物学因素和社会性因素的共同作用下，攻击性行为表现出性别上的差异：首先在攻击倾向上，男孩的攻击性普遍比女孩强，这种差异在儿童 2 岁多时就能够显现出来；其次在攻击方式上，男童多表现为身体攻击，女童则更多使用言语攻击；最后在攻击对象上，男孩之间的攻击性行为要远多于女孩之间或异性之间的攻击性行为。

3. 影响儿童攻击性行为发展的因素

一般认为，儿童的攻击性行为具有一定的生物学基础（如性别、气质），并在发展过程中受到认知、社会文化等因素的共同作用。这里仅对家庭、媒体两个因素的影响作用加以重点分析。

（1）家庭的影响

父母教养方式与家庭情感氛围是家庭对儿童攻击性行为产生影响的两个主要途径。

研究表明，冷淡而拒绝的父母其子女很可能发展成充满敌意和攻击性的个体。究其原因，采用这种教养方式的家长不仅给孩子树立了不关心他人、冷漠无情的榜样，而且还因放纵孩子表达自己的攻击性冲动，而使其未学会对冲动的控制；甚至家长的体罚行为会使孩子加以模仿，从而以同样的暴力行为来对待与自己发生冲突的同伴。

同样，冲突、紧张的家庭情感氛围也会滋长儿童攻击性行为的发展。帕特森（G. R. Patterson）等人的研究显示，攻击性儿童成长的家庭环境常具有以下特点：家庭成员冲突频繁、争斗不断，言语交谈以讥讽、恐吓和挑衅为主。这种家庭氛围一方面使儿童情绪紧张、烦乱甚至产生情绪障碍；另一方面则是家庭成员缺乏对儿童亲社会行为的关注和赞赏，从而导致在这种环境中成长的儿童有较多的品行问题和敌意性归因缺陷，进而出现恶性循环：儿童因其品行问题受到正常同伴的排斥，最终归属于不良群体，以致攻击、违纪等问题行为得到强化和维持。

（2）媒体的影响

电影、电视、网络、电子游戏等各种媒体中大量的暴力信息，诱发并助长着儿童的攻击性行为。有研究者进行的短期控制实验和长期跟踪研究证实，电视暴力节目会增加观看者攻击性行为的发生率。在短期控制实验中，两组被试先分别观看暴力节目与非暴力节目的片段，然后研究者给他们提供电击别人的机会。结果表明，观看暴力节目的被试比观看非暴力节目的被试表现出更多的攻击性行为。长期跟踪研究的结果显示，被试童年时观看暴力节目的数量能很好地用来预测其成人后的攻击性行为，即使在统计时控制了儿童最初的攻击性水平，这种相关也依然显著。

（三）亲社会行为及其发展

亲社会行为通常指对他人有益或对社会有积极影响的行为，如和别人分享东西，帮助他人等。心理学家主要研究儿童亲社会行为的三种形式：分享、合作与助人。利他行为是亲社会行为的一个重要方面，指由同情他人或坚持内化的道德准则而表现出来的亲社会行为。利他行为比为了避免惩罚或为了获取报酬、社会赞许等产生的亲社会行为更具有道德性。儿童发展心理学研究者经常用利他行为来指代亲社会行为。

1. 亲社会行为的发展

亲社会行为的认知发展理论最初由柯尔伯格创立，其中心观点是：亲社会行为的发展与儿童智力、认知技能的发展有关。随着智力的发展，儿童逐渐获得一些重要的社会技能，这影响到儿童对亲社会问题的推理和为他人利益着想的动机。根据柯尔伯格的理论，儿童亲社会行为的发展经历了以下四个阶段：

（1）1—2岁。婴儿开始出现分享和移情能力，对别人的痛苦能作出反应，别人难过时他自己也会难过，或者试图去安慰别人。

（2）3—6岁。认知发展处于皮亚杰前运算阶段的儿童，因其较为自我中心的特点，他们的亲社会倾向通常是以为自我服务为出发点的。在为他人做好事时，儿童常常考虑是否会给自己带来好处。

（3）7—11岁、12岁。这一时期儿童的认知发展处于具体运算阶段，自我中心思维减少，他们逐渐能够从别人的角度出发考虑问题，同时学会了角色扮演技能，开始把别人的合理需要当作亲社会行为的主要依据。这一时期移情和同情也在行为中起重要作用。

（4）青少年期。认知发展处于形式运算阶段的青少年，开始理解并尊重抽象的亲社会性规则的意义，他们的行为指向亲社会行为接受者的利益，一旦违背了亲社会性规则，他们就会产生负疚感和自责心理。

2. 亲社会行为的性别差异

在人们的朴素观念中，女孩通常比男孩更喜欢帮助别人，更喜欢表达关怀与慷慨。但研究表明，婴儿的利他行为倾向并没有性别差异；虽然女孩确实比男孩更多地表现出同情或担忧的面部表情，但在说出同情经验、安抚他人的意愿和分享方面，男女之间并没有性别差异。在某些方面男孩甚至显得比女孩更乐于助人，如积极的援助行为。

另外，对于年龄较小的儿童而言，帮助、安抚对象的性别也会对其亲社会行为产生影响。查理沃斯（W. R. Charlesworth）等人的研究发现，幼儿园和小学一年级的儿童更喜欢帮助同性别的伙伴，而不管其他同伴是否需要帮助；三、四年级的儿童，则会根据他人需要帮助的程度来确定帮助谁。我国学者王美芳、庞维国对学前儿童在幼儿园的亲社会行为进行观察研究，结果表明：学前儿童的亲社会行为指向同性伙伴和异性伙伴的次数存在年龄差异，小班儿童指向同性、异性伙伴的次数接近，而中班和大班儿童的亲社会行为指向同性伙伴的次数不断增多，指向异性伙伴的次数不断减少。

3. 影响儿童亲社会行为发展的因素

（1）观点采择

亲社会行为的发生涉及知觉、推理、问题解决和行为决策等一系列认知过程，因而亲社会行为的发展与个体认知能力尤其是社会认知能力的发展密切关联。其中观点采择是影响儿童亲社会行为发展的重要认知因素之一。

观点采择常被形象地称为"站在他人的角度看问题"，是个体区分自己与他人的观点，并进而根据当前或先前的有关信息对他人的观点作出准确推断的能力。正如有些研究者所推测的："高明"的观点采择者比低水平的观点采择者更倾向于表现出利他行为，因为较强的观点采择能力有助于识别和领会引起他人苦恼或不幸的因素，昂特伍德和摩尔（B. Underwood & B. Moore）通过元分析发现，观点采择和亲社会行为显示出高相关，即使控制了年龄因素，两者之间仍然显著相关。也有研究者尝试验证观点采择和亲社会行为之间可能的因果联系，如对儿童的观点采择能力进行训练，以考察儿童的亲社会性是否随其观点采择能力的提高而增强。斯陶布（E. Staub）通过让儿童分别扮演助人者和受助者的角色来提高儿童的观点采择能力，结果发现这种训练同时增强了儿童的亲社会行为。当然需要注意的是，观点采择本身并不具有实质意义上的利他性或亲社会性，它的发展只能为儿童更好地理解情境、他人的需要及情感提供可能，因而观点采择并不必然导致儿童的亲社会行为。

（2）移情

移情是指儿童在觉察他人情绪反应时所体验到的与他人共有的情绪反应。许多研究者认为，移情使个体自愿发出亲社会行为，因而它是儿童亲社会行为的一个重要动机源泉。我国学者李百珍利用移情训练培养学前儿童亲社会行为的研究结果表明，移情训练对增强学前儿童的助人、分享、合作、礼貌等亲社会行为有非常明显的效果。但此方面的研究结论并不一致，还存在较大的分歧，如勒温和霍夫曼发现，在学前儿童中，移情与合作之间无显著相关；昂特伍德和摩尔发现，移情和利他行为的相关，在年幼儿童身上表现不明显，而从青少年前期至成年期移情与利他行为则表现出较高的相关。

（3）社会学习

观察和模仿是儿童道德行为发展的重要途径。在儿童的成长道路上，成人的亲社会行为一方面能为儿童提供社会学习的榜样，引导儿童做出相似的亲社会行为；另一方面则提升了儿童内化利他性原则的可能性，进而对利他倾向的发展起到促进作用。

父母作为孩子的"第一任老师"，其言传身教对儿童亲社会行为的发展起着至关重要的作用。布莱恩特和施瓦茨（J. Bryant & K. A. Schwartz）的一项研究采用四种条件——榜样乐善好施、榜样非常自私、榜样口头上富有爱心但行动上却相反、榜样行动上富有爱心但口头上却相反，考察榜样的不同言行对儿童亲社会行为的影响。结果显示，不管榜样的口头表现如何，只要他行为上乐善好施、慷慨助人，儿童之后的利他性水平都较高；而只要榜样在行为上自私小气、拒绝提供帮助，儿童之后的利他性水平都较低。即能对儿童利他行为产生影响的因素是榜样的行为而非说教。由此可见，成人在培养儿童亲社会行为时，言行一致、身体力行作表率是非常重要的。

本章小结

有关道德的心理成分，较为普遍的观点是三因素论，即道德包含道德认知、道德情感和道德行为，三者相互渗透、相辅相成。在道德发展过程中，三种成分表现出了发展趋势的循序性和统一性、发展水平的差异性及发展切入点的多端性特点。

对于道德认知的发展，较有代表性的理论是皮亚杰道德认知发展理论、柯尔伯格的道德认知发展理论以及特瑞尔的领域模型。道德判断作为道德认知的重要方面表现出随年龄增长由低水平向高水平发展的趋势，个体的认知发展状况、亲子交往互动、同伴交往等都对儿童道德判断的发展具有重要影响。

儿童道德情感的发展可从内容与形式两个维度进行分析，道德情感内容的发展主要表现在依恋、移情、羞耻感与罪错感三个方面，而学前儿童道德情感形式的发展则经历了"原伦理状态"道德情感阶段、前道德情感阶段、他律性或尊奉性道德情感阶段三个阶段。

对于道德行为的发展，较有代表性的理论是班杜拉的社会学习理论。社会学习理论用观察、模仿、强化、惩罚等来解释道德行为的发展机制；儿童的攻击性行为和亲社会行为则是考察道德行为发展的两个重要方面。

进一步学习资源

- 关于皮亚杰儿童道德判断的研究，可参阅：

陆有铨. 皮亚杰理论与道德教育［M］. 北京：北京大学出版社，2012.
- 关于柯尔伯格儿童道德发展阶段的完整研究，可参阅：

柯尔伯格. 道德发展心理学：道德阶段的本质与确证［M］. 郭本禹，等译. 上海：华东师范大学出版社，2004.

思考与探究

1. 道德包括哪些心理成分？它们之间的关系怎样？
2. 道德心理结构的发展特点有哪些？
3. 道德认知发展的代表性理论有哪些？
4. 影响道德判断发展的因素有哪些？
5. 儿童道德情感形式的发展经历了哪些阶段？
6. 试用班杜拉社会学习理论解释儿童道德行为的获得和发展。
7. 影响儿童攻击性行为发展的因素有哪些？
8. 儿童的亲社会行为在不同发展阶段呈现出怎样的特点？

趣味现象·做做看

找几名 3—6 岁的儿童，给他们讲下面两个故事。

故事一：有一天，小朋友们在运动场上进行足球比赛。球来了，小刚抓住机会使尽全身的力气飞起一脚，不巧的是，球踢偏了，不仅没有进球门，而且还重重地砸在球场外一位正在看比赛的小朋友脸上，这位小朋友的眼镜被打碎了，鼻子也流出血来。

　　故事二：有一天，小明趁妈妈不在家，一个人在房间里开心地踢起了足球。妈妈临出门时还特意交代小明不要在房间里踢球。小明越踢越起劲儿，越踢越高兴。突然，"啪啦"一声响，小明定睛一看，原来一不留神足球砸中了妈妈放在桌子上的眼镜，有一只镜片被打碎了。

　　故事讲完后，让儿童说说他们认为小刚和小明哪个更淘气。按照皮亚杰的道德认知发展理论，学前儿童在进行道德判断时往往更多地考虑事情的结果，而较少顾及主人公的意图，且年龄越小这种倾向就越明显。因此，可能多数 3—6 岁儿童会认为小刚比小明更淘气。

主要参考文献

[1] 梁宁建. 当代认知心理学 [M]. 上海: 上海教育出版社, 2003.

[2] 陈帼眉. 学前心理学 [M]. 北京: 北京师范大学出版社, 2000.

[3] 庞丽娟. 教师与儿童发展 [M]. 北京: 北京师范大学出版社, 2003.

[4] 王振宇. 学前儿童发展心理学 [M]. 北京: 人民教育出版社, 2004.

[5] 桑标. 当代儿童发展心理学 [M]. 上海: 上海教育出版社, 2003.

[6] 张明红. 学前儿童语言教育 [M]. 上海: 华东师范大学出版社, 2001.

[7] 寿天德. 神经生物学 [M]. 2版. 北京: 高等教育出版社, 2006.

[8] 左明雪. 人体解剖生理学 [M]. 2版. 北京: 高等教育出版社, 2006.

[9] 方富熹, 方格, 林佩芬. 幼儿认知发展与教育 [M]. 北京: 北京师范大学出版社, 2003.

[10] 贝尔, 柯勒斯, 帕罗蒂斯. 神经科学: 探索脑 [M]. 王建军, 主译. 北京: 高等教育出版社, 2004.

[11] 贝克. 儿童发展: 第五版 [M]. 吴颖, 等译. 南京: 江苏教育出版社, 2002.

[12] 芭芭拉·M. 纽曼, 菲利普·R. 纽曼. 发展心理学 [M]. 白学军, 等译. 西安: 陕西师范大学出版社, 2005.

[13] 米勒. 发展的研究方法 [M]. 郭力平, 邓锡平, 钱琴珍, 等译. 上海: 华东师范大学出版社, 2004.

[14] 坎德尔. 追寻记忆的痕迹 [M]. 喻柏雅, 译. 北京: 中国轻工业出版社, 2007.

[15] 艾森克. 心理学: 一条整合的途径 [M]. 闫巩固, 译. 上海: 华东师范大学出版社, 2000.

[16] 谢弗. 发展心理学: 儿童与青少年: 第六版 [M]. 邹泓, 等译.

北京：中国轻工业出版社，2005.

［17］Guy R. Lefrancois. 孩子们：儿童心理发展［M］. 王金志，译. 北京：北京大学出版社，2004.

［18］郭瑞芳，彭聃龄. 脑可塑性研究综述［J］. 心理科学，2005（2）.

［19］何洁，徐琴美，王旭玲. 幼儿的情绪表现规则知识发展及其与家庭情绪表露、社会行为的相关研究［J］. 心理发展与教育，2005（3）.

［20］刘皓明，张积家，刘丽虹. 颜色词与颜色认知的关系［J］. 心理科学进展，2005（1）.

［21］罗婷，焦书兰，王青. 一般流体智力研究中工作记忆与注意的关系［J］. 心理科学进展，2005（4）.

［22］罗跃嘉，古若雷，陈华，等. 社会认知神经科学研究的最新进展［J］. 心理科学进展，2008（3）.

［23］彭晓哲，周晓林. 情绪信息与注意偏向［J］. 心理科学进展，2005（4）.

［24］秦金亮. 儿童自传记忆形成与发展的机制研究评述［J］. 心理科学，2005（1）.

［25］秦金亮. 发展认知神经科学：儿童发展研究的新领域［J］. 幼儿教育，2005（Z2）.

［26］乔建中，饶虹. 国外儿童情绪调节研究的现状［J］. 心理发展与教育，2000（2）.

［27］王妍，罗跃嘉. 面部表情的 ERP 研究进展［J］. 中国临床心理学杂志，2004（4）.

［28］王莉，陈会昌，陈欣银. 儿童 2 岁时情绪调节策略预测 4 岁时社会行为［J］. 心理学报，2002（5）.

［29］王家鹤. 情绪调节：国外理论和实证研究的新视角. 社会心理科学，2005（4）.

［30］张晓，陈会昌. 儿童早期师生关系的研究概述［J］. 心理发展与教育，2006（2）.

［31］BAUER P J, WIEBE S A, CARVER L J, et al. Developments in long-term explicit memory late in the first year of life: behavioral and electrophysiological indices[J]. Psychological Science, 2003, 14（6）.

［32］FRIEDERICI A D. The developmental cognitive neuroscience of language: a new research domain[J]. Brain & Language, 2000, 71（1）.

［33］GENTARO, TAGA, KAYO, et al. Hemodynamic responses to visual stimulation in occipital and frontal cortex of newborn infants: a near-infrared optical topography study[J]. Early Human Development, 2003, 75 (1).

[34] GROSSMANN T, STRIANO T, FRIEDERICI A D. Developmental changes in infants' processing of happy and angry facial expressions: A neurobehavioral study[J]. Brain and Cognition, 2007, 64 (1).

[35] HENDERSON H A, FOX N A, RUBIN K H. Temperamental contributions to social behavior. The moderating roles of frontal EEG asymmetry and gender[J]. Journal of American Academy of child and Adolescent Psychiatry, 2001, 40 (1).

[36] KOBIELLA A, GROSSMANN T, REID V M, et al. The discrimination of angry and fearful facial expressions in 7-month-old infants: An event-related potential study[J]. Cognition & Emotion, 2008, 22 (1).

[37] KOVELMAN I, SHALINSKY M H, WHITE K S, et al. Dual language use in sign-speech bimodal bilinguals: fNIRS brain-imaging evidence[J]. Brain & Language, 2009, 109 (2-3).

[38] LEPPANEN J M, MOULSON M C, VOGEL-FARLEY V K, et al. An ERP study of emotional face processing in the adult and infant brain[J]. Child Development, 2007, 78 (1).

[39] MOSCOVITCH M, NADEL L, WINOCUR G, et al. The cognitive neuroscience of remote episodic, semantic and spatial memory[J]. Current Opinion in Neurobiology, 2006, 16 (2).

[40] PEYKARJOU S, PAUEN S, HOEHL S. Repetition adaptation for individual human faces in 9-month-old infants? an erp study[J]. Journal of Vision, 2014, 14 (10).

[41] SATO W, KUBOTA Y, OKADA T. Seeing happy emotion in fearful and angry faces: qualitative analysis of facial expression recognition in a bilateral amygdale-damaged patient[J]. Cortex, 2002 (38).

[42] STEINVORTH S, CORKIN S, HALGREN E. Ecphory of autobiographical memories: an fmri study of recent and remote memory retrieval[J]. Neuroimage, 2006, 30 (1).

[43] YOSHIFUMI M, KIICHIRO M, MASASHI Y. Effects of facial affect recognition on the auditory P300 in healthy subjects[J]. Neuroscience Research, 2001, 41 (1).

郑重声明

高等教育出版社依法对本书享有专有出版权。任何未经许可的复制、销售行为均违反《中华人民共和国著作权法》，其行为人将承担相应的民事责任和行政责任；构成犯罪的，将被依法追究刑事责任。为了维护市场秩序，保护读者的合法权益，避免读者误用盗版书造成不良后果，我社将配合行政执法部门和司法机关对违法犯罪的单位和个人进行严厉打击。社会各界人士如发现上述侵权行为，希望及时举报，我社将奖励举报有功人员。

反盗版举报电话 （010）58581999　58582371

反盗版举报邮箱　dd@hep.com.cn

通信地址　北京市西城区德外大街4号

　　　　　高等教育出版社法律事务部

邮政编码　100120

读者意见反馈

为收集对教材的意见建议，进一步完善教材编写并做好服务工作，读者可将对本教材的意见建议通过如下渠道反馈至我社。

咨询电话　400-810-0598

反馈邮箱　gjdzfwb@pub.hep.cn

通信地址　北京市朝阳区惠新东街4号富盛大厦1座

　　　　　高等教育出版社总编辑办公室

邮政编码　100029